概率统计与数据科学 ❸

递归划分方法及其应用（第二版）

Recursive Partitioning and Applications (Second Edition)

Heping Zhang
Burton H. Singer 著

王学钦 译

高等教育出版社·北京

图字：01-2019-6062 号

图书在版编目（C I P）数据

递归划分方法及其应用 /（美）张和平（Heping Zhang），（美）伯顿·辛格（Burton H. Singer）著；王学钦译. -- 北京：高等教育出版社，2021. 1

书名原文：Recursive Partitioning and Applications

ISBN 978-7-04-053573-0

Ⅰ. ①递… Ⅱ. ①张… ②伯… ③王… Ⅲ. ①递归论 Ⅳ. ① O141. 3

中国版本图书馆 CIP 数据核字（2020）第 023807 号

递归划分方法及其应用
DIGUI HUAFEN FANGFA JIQI YINGYONG

策划编辑 吴晓丽　　责任编辑 吴晓丽　　封面设计 王凌波　　版式设计 王艳红
责任校对 窦丽娜　　责任印制 赵义民

出版发行 高等教育出版社
社　　址 北京市西城区德外大街4号
邮政编码 100120
印　　刷 北京盛通印刷股份有限公司
开　　本 787mm×1092mm　1/16
印　　张 16
字　　数 280 千字
购书热线 010-58581118
咨询电话 400-810-0598

网　　址 http://www.hep.edu.cn
　　　　 http://www.hep.com.cn
网上订购 http://www.hepmall.com.cn
　　　　 http://www.hepmall.com
　　　　 http://www.hepmall.cn

版　　次 2021 年 1 月第 1 版
印　　次 2021 年 1 月第 1 次印刷
定　　价 69.00 元

物 料 号　53573-00

概率统计与数据科学

主　编　方开泰

副主编　艾春荣　唐年胜　王学钦

献给 Julan, Jeffrey 和 Leon (HZ)
以及 Eugenia, Gregory, Maureen 和 Sheila (BS)

丛书序言

为了促进概率论、统计学和数据科学的研究, 我们组织了《概率统计与数据科学》(*Lecture Notes in Probability, Statistics and Data Science*) 丛书, 由高等教育出版社出版。我们的初衷是在这个舞台上交流研究课题的思想以及建模的方法, 介绍新的研究工具和应用软件, 探讨交叉学科领域及其实际应用 (包括案例研究)。我们殷切地希望这套丛书能帮助莘莘学子和研究人员迅速进入前沿研究领域并且掌握新的研究工具, 取得丰硕的研究成果。20 世纪, 许多交叉学科如金融数学、风险管理、生物计量学、基因工程、中草药研究、人工智能等得到了前所未有的蓬勃发展, 而概率论和统计学是其基石。21 世纪更是一个信息爆炸的时代, 人们真切地感受到了大数据时代的来临, 数据科学或者说大数据的研究和应用成为国家重大战略。一方面概率论和统计学是研究大数据的基本工具, 另一方面大数据的研究中出现了许多新的问题, 这些问题的解决进一步推动了新的概率和统计的理论与方法的发展。

丛书选材不拘一格, 它们可以是多年教学或者科研成果的积累, 也可以是针对某一主题 (新领域、新方法、新软件、案例研究) 深入浅出的介绍, 或是专家在短期讨论班或暑期班上的比较成熟的讲义。列入丛书的图书篇幅也比较灵活, 可长可短, 既可以是百十来页的专题介绍, 也可以是系统的专著。案例研究应是每本书不可缺少的部分, 但是作者需要说明资料的来源和研究案例的目的, 并介绍数据分析的相关技术。在写作语言上, 使用中文或英文我们都非常欢迎。在这个快速发展的学科领域, 我们希望通过这种灵活的出版方式更快捷地传递给读者该领域的最新资讯。

我们诚挚欢迎本学科领域的资深学者为丛书撰著, 也希望各位专家踊跃投稿。

方开泰 (ktfang@uic.edu.hk)
艾春荣 (Chunrongai@ruc.edu.cn)
唐年胜 (nstang_68@hotmail.com)
王学钦 (wangxq88@mail.sysu.edu.cn)

前　言

由许多相互关联的事件和因素所表征的多维度复杂路径, 通常导致各种不适、疾病直至死亡。虽然现在有足够的数据或看似合理的解释支持许多路径是导致不适或疾病的组成因素, 但一直以来, 我们都缺乏有效的方法来识别一个完整的路径。回归分析有很强的线性假设和基于数据的对交互项的范围和阶的约束, 是传统的找出结果相关的潜在复杂解释路径的首选策略。然而, 候选解释变量之间的非线性关系在描述健康状况时是普遍存在而不得不处理的特征。值得注意的是, 在经济学、金融学、工程学等学科的数据分析中, 我们也会遇到类似的挑战。因此, 本书旨在阐释一个相对新颖有效的方法——递归划分方法, 来应对这个挑战。同时, 我们将对比递归划分方法和传统方法得到的结果的异同。这恰好突出基于递归划分方法相对于经典回归技术的决定性优势。

本书是《递归划分在健康科学中的应用》的修订版。距离我们的初版发布已经过去十年了。新版本中加入了抑或是最新的研究发现, 抑或是重要性不断提高的内容。本书也涵盖了初版中我们尚未提及的领域, 特别是与随机森林有关的部分。初版主要集中讨论了两个部分。首先, 我们全面地解释了 Breiman 等人 (1984) 提出的基于树的方法的理论框架。其次, 书中的例子均来自健康科学领域。虽然本书很难公正对待 Breiman 等人 (1994) 的所有替代方法, 但是我们仍觉得它们值得在这里强调。同时, 我们还认识到, 书中涉及的方法可应用的领域非常宽泛, 远不止健康科学领域, 且在其他社会科学领域的延伸拓展已有很长的历史。这也是我们更改了第二版标题的原因。最后, 我们经历了基因组学的快速发展。递归划分方法已经成为基因组数据理解和数据挖掘中最常用的方法之一。在本次修订版中, 我们展现了基于树和森林的方法在基因组数据分析中的实际应用。

在拓展了本书的领域后, 我们认为本书适合以下三类读者: (1) 生物医学研究者、临床医生、生物信息学家、遗传学家、心理学家、社会学家、流行病学家、医疗服务人员以及环境保护政策顾问; (2) 咨询统计学家, 递归划分方法不失为解决客户问题的一个高效且深刻的方法; (3) 对于方法和理论问题感兴趣的统计学家。本书是对递归划分方法和理论基础的新的总结。不仅如此, 本书还指出了一些尚未解决的问题, 这些问题的解决将会从根本上促进统计学科的发展。

对于前两类读者, 我们运用实例来解释方法。我们不仅考虑了根据算法自动生成的最优树模型, 而且根据实际问题背景和变量的含义科学地调整树的结构 (如分裂变量、剪枝等)。在修订版中, 我们纳入了最新且非常重要的实例, 一部分与生物信息学和遗传学相关, 其他的则不属于健康科学领域。对于面向应用的读者, 带 “*” 的部分可以略过。

在介绍新方法时, 我们同步回顾了传统的回归分析模型, 而且对同一份数据进行实例分析。在每个例子中, 我们重点突出了递归划分方法中传统方法无法揭示的深刻的科学见解。传统的方法和递归划分的分析均包含算法自动生成的模型和手动调整的模型的对比。

理论驱动的统计学家将会发现一系列具有挑战性的理论问题。递归划分方法的局限性的解决将会催生出更多更深刻的方法, 如多元适应性样条和随机森林等。

我们强调用于总结形式布尔表达和定义下树到终端结点路途的叙述的发展, 特别是在复杂的树模型中, 叙述可以帮助理解和解释算法所得到的模型结果。

我们阐述了树方法对于不同的分类损失函数的敏感性, 而选用不同分类损失函数是临床医生对不同预后的相关成本的错误的看法不同的结果。

Breiman 等人 (1984) 的书是关于递归划分的经典著作。在第 4 章中, 我们重申了该书的核心思想并从不同的方向拓展对应用实例中出现的问题的讨论。其他章节讨论的生存树、适应性样条、森林和针对多个离散因变量的分类树都是在 Breiman 等人 (1984) 工作之后的新发展。

张和平在此感谢他的同事和学生: Joan Buenconsejo, Theodore Holford, James Leckman, Ju Li, Robert Makuch, Kathleen Merikangas, Bradley Peterson, Norman Silliker, Daniel Zelterman 和 Hongyu Zhao 等人, 感谢他们帮

忙阅读本书的初版并提出宝贵的意见, 他还要特别感谢同事 Michael Bracken, Dorit Carmelli 和 Brian Leaderer 博士等愿意为本书的初版提供他们的数据集。本书的修订版获得美国国立卫生研究院基金 (项目号: K02DA017713 和 R01DA016750) 资助。Burton H. Singer 感谢 Tara Gruenewald (加州大学洛杉矶分校) 和 Jason Ku (普林斯顿大学) 协助开发了一部分新的实例。此外, 感谢 Xiang Chen, Kelly Cho, Yunxiao He, Yuan Jiang 和 Minghui Wang 博士等, 以及 Donna DelBasso 女士在计算和修订版本的校订中给予张和平的帮助。

张和平
Burton H. Singer
2010 年 3 月

目　　录

第 1 章 导 论

许多科学问题能转化为对两类变量之间的关系进行建模, 而回归分析正是 [1]
量化这些关系的方法. 作为最常用的统计方法, 线性回归适用于连续型数据, 逻辑斯谛回归适用于二分 (型) 数据, 风险比例回归适用于有删失的生存数据, 混合效应回归适用于纵向数据. 虽然这些参数 (或半参数) 的回归方法具有数学的简洁性, 然而, 当基本的模型假设不成立时, 它们并不能很好地刻画变量之间的关系. 作为弥补措施, 已有大量的文献对参数或半参数回归模型进行诊断, 但这些诊断方法的实践多是不规则的. 一个常用的简单诊断方法是可视化残差图, 但随着模型复杂度的上升, 这个方法会变得高度复杂. 此外, 在存在高阶变量交互作用的模型中, 其可解释性也是一个问题. 非参数回归可以逐步放松或去除这些严格的模型假设.

在许多情况下, 递归划分是参数回归的一个有效替代方法. 本书旨在介绍基于递归划分的非参数回归方法. 值得注意的是, 递归划分是一种重要的统计技术, 它构成两类非参数回归方法: 基础分类/回归树 (CART) 和多元自适应性样条回归 (MARS). 近二十年, 涌现了许多在 CART 和 MARS 的基础上发展的方法, 本书也将提及其中的一部分. 虽然方法相对较新, 但随着研究设计的
复杂度的持续上升, 以及数据集规模 (变量和观测的数目) 的激增, 这些方法具 [2]
有广泛深远的应用潜力.

虽然许多经过同行评议的已发表的著作未能详尽记载基于递归划分的方法的大量商业应用, 但这些方法的广泛应用是毋庸置疑的. 举例而言, 它们已被应用在金融公司 (银行业危机 (Cashin 和 Duttagupta 2008)、信用卡 (Altman

2002; Frydman, Altman 和 Kao 2002; Kumar 和 Ravi 2008) 以及投资 (Pace 1995 和 Brennan, Parameswaran 等人 2001)), 制造业与市场营销公司 (Levin, Zahavi 和 Olitsky 1995; Chen 和 Su 2008), 还有制药行业 (Chen 等人 1998). 这些方法也被应用在工程研究中. Bahl 和同事 (1989) 介绍了一种基于树的自然语言识别模型, Wieczorkowska (1999) 运用决策树来分类声乐. Desilva 和 Hull (1994) 运用决策树的思想来检测文档图片中的专有名词. Geman 和 Jedynak (1996) 将相关的思想运用到卫星图片的路线跟踪中. 此外, 决策树还被应用于科学、社会学以及音乐领域的研究中, 如天文学 (Owens, Griffiths 和 Ratnatunga 1996)、计算机和人文学科 (Shmulevich 等人 2001)、化学 (Chen, Rusinko 和 Young 1998)、环境昆虫学 (Hebertson 和 Jenkins 2008)、法医学 (Appavu 和 Rajaram 2008) 和极地生物学 (Terhune 等人 2008).

目前, 在以分类问题为中心的生物医学研究中, 树方法的应用是最广泛的且在文献中被大量记载的. 举例而言, 临床医生或者健康科学家可能会对如下问题非常感兴趣 (Goldman 等人 1982 和 1996; Zhang 等人 1998): 胸口疼的患者是心脏病发作, 还是只是肌肉拉伤? 要回答这个问题, 除了需要收集这个患者的基本资料, 我们还需要良好的诊断方法, 能根据这些信息给出正确的诊断. 而基于树的方法就是其中一种.

为了帮助读者更好地理解文中的方法和应用, 除了阐明方法本身, 本书特别强调这些方法的实际应用. 不仅如此, 读者阅读这些应用实例时应能感觉到模型的结果是极其自然、可解释且容易计算的. 特别地, 读者将发现树结构可被看作一系列有层次的布尔语句的结合, 能够将复杂的结果用简单的方式呈现.

在 1.1 节中, 我们将给出一系列运用递归划分方法来解决科学问题的例子. 在 1.2 节中, 我们将把这些科学问题整合成一个抽象的回归框架, 并引入一些必要的符号. 在本章的最后, 我们将列出本书剩余章节的大纲.

1.1 CART 运用实例

[3] 递归划分的方法已被应用到生物、物理和社会科学等领域中. 下面选出的例子不一定具有充分的代表性, 但它们将让读者了解这些应用的广泛程度.

例 1.1 胸痛

Goldman 等人 (1982, 1996) 提供了一个运用 CART 的经典例子. 他们提出要建立一个专家电脑系统, 这个系统可以帮助急诊室的医生在患者进入急诊室的几小时内, 根据临床指标将胸痛的患者分成相对相似的小组. 这个分组可以帮助医生为患者准备程度合适的药物和治疗方案. 文章中训练集包含 10682 位有急性胸痛的患者, 验证集包含 4676 位患者. 其中训练集用来训练模型的基本结构, 验证集用来调整模型和进行假设检验.

例 1.2 昏迷

Levy 等人 (1985) 是最早应用 CART 的一批学者. 为了预测由于脑缺血缺氧引起的昏迷的结果, 他们研究了 210 名脑缺血缺氧的患者, 考虑了包括年龄、性别、言语和运动反应、睁眼反应等 13 个变量. 他们运用了几种不同的方法来预测在昏迷后的前几天里, 哪些患者的结果较好, 哪些患者的结果较差.

例 1.3 哺乳动物的精子

在哺乳动物的精子获能过程中, 精子有一种被称为超激活运动的特殊运动模式. 图 1.1(a) 是兔子精子的超激活运动的环形轨迹示意图, 图 1.1(b) 是精子非超激活运动的运动轨迹. 总体来说, 超激活运动是精子从渐进运动变到高度活跃、非渐进的随机运动. 这种运动对于精子功能和生育能力的评估研究是非常有意义的. 因此, 我们必须要建立一个定量的规则来区分超激活精子和非超激活精子. Young 和 Bod (1994) 收集了 322 个超激活精子和 899 个非超激活精子, 他们根据精子运动的摆动参数、曲线运动速度, 运用 CART 给出了一个分类标准. 其错误率低于常用的根据线性判别分析得到的分类标准.

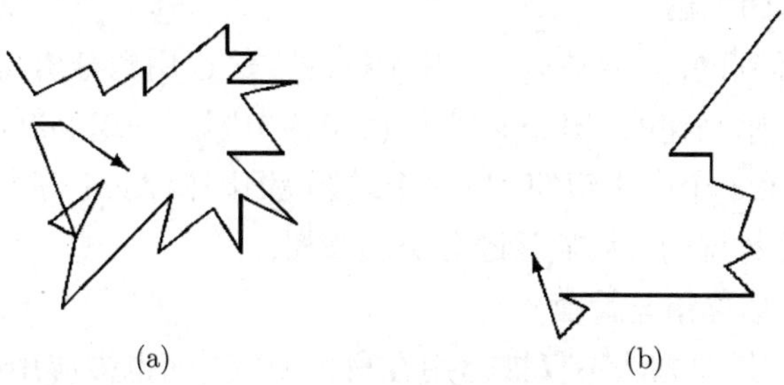

图 1.1 哺乳动物的精子运动轨迹. (a) 精子的超激活运动轨迹, (b) 精子的非超激活运动轨迹

例 1.4 婴儿高烧

医生通常需要在存在很大不确定性的情况下做出重要的医疗决策. 婴儿的急性不明原因发高烧就是一个经常遇到的不确定性案例. 为了做出正确的诊
断, 如何有效利用已有资料是非常重要的, 如既往病史、体格检查、辅助检查结 [4]
果等. 运用 1987 年到 1988 年家庭医生和罗契斯特市综合医院急诊室的儿科的 1218 名有肢体损伤的儿童的观测, McConnochie、Roghmann 和 Pasternack (1993) 揭示了逻辑斯谛回归和 CART 在临床诊断指南上的补充运用的价值.

例 1.5　妊娠结果

出生体重和孕龄是预测新生儿死亡率和发病率的重要相关变量 (见 Bracken 1984). 但是, 在欠发达国家, 在出生后的几天新生儿体重才会被首次记录, 而届时婴儿的体重可能已经显著下降了. 这些国家在获得妊娠年龄方面也存在实际问题, 因为不少文化水平较低的妇女无法准确记录自己的最后一次月经时间或者计算胎龄. 考虑到这些因素, Raymond 等人 (1994) 筛选了 1987 年到 1988 年在埃塞俄比亚的亚的斯亚贝巴中心医院出生的 843 名单胞胎婴儿, 根据对新生儿的体测, 运用 CART 构建了一个实用的筛选模型. 他们的研究表明头围和胸围可以充分地预测低出生体重 (小于 2500 克) 和早产 (孕龄不满 37 周) 风险.

例 1.6　头部损伤

在美国, 每年有 50 万患者因为头部损伤住院. 头部损伤患者常常伴有持续的后遗症. 尽早地预测头部损伤的长期后遗症是有重大意义的, 因为患者、家属以及医生可以有充足的时间来安排合适的康复计划. 不仅如此, 对于结果的预测还可以为评估治疗效果提供有用的信息. Choi 等人 (1991) 和 Temkin 等
[5] 人 (1995) 基于 514 名患者, 运用 CART 发展了一套预测头部损伤后遗症的准则. 这些规则在临床实践中是简单高效的.

例 1.7　基因表达

正如前文提到的, 一直以来, 将基于树的方法运用到分析高通量的基因数据中一直是学者感兴趣的. Zhang 等人 (2001) 分析了一组 2000 个基因的表达量数据, 包含了 22 个正常组织和 40 个结肠癌组织 (Alon 等人 1999). 图 1.2 是基于基因表达数据的结肠癌诊断分类决策树.

例 1.8　市场营销与管理

基于递归划分的方法不仅被运用在科学研究中, 也被应用在商业分析中. Levin 等人 (1995) 为富兰克林造币厂发展了一套面向客户的决策支持系统. 富兰克林造币厂是总部在费城的一个全球领先的高质量收藏品和奢侈家居饰品的直销公司. 根据客户的属性和特征, 系统将找到 “合适的” 受众作为促销对象.
[6] 在其他应用中, Alfaro Cortés 等人 (2007) 运用分类决策树和 AdaBoost 算法预测公司是否会破产.

例 1.9　化学成分

递归划分还被用来辅助药物开发. 为了筛查公司和化学实验室的大型化学数据库, Chen 等人 (1998) 运用递归划分发展了三维药效团模型, 该模型对于数据库筛查、化学库设计和优化有重要指导意义. 他们将化学成分的三维特征

编码成比特字符串, 并用其来预测这些成分的生物活性.

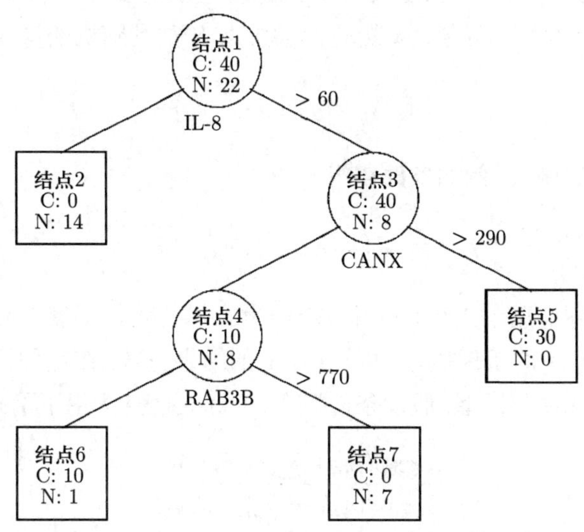

图 1.2 基于基因表达数据的结肠癌诊断分类决策树. 每个结点中包含了肿瘤组织个数 (C) 和正常组织个数 (N)

例 1.10 音乐音频

作为根特大学跨学科 MAMI 项目 (musical audio mining project) 的一部分, Martens (2002) 尝试从多音的音乐音频信号中提取背景音调, 并将其转化为有意义的字符序列. 首先, 音乐信号被分解为不同的子带, 代表了听觉外周单元的各种神经元模式. 这个过程将音乐信号最终转化为用以作为自变量的 69 维实向量. 类别标签是 24 个调 (谢巴德和弦里的 12 个大调和 12 个小调). 其运用 120 个合成声音, 其中 5 个来自: 用 Yamaha QS300 合成器合成的谢巴德模进和巴斯模进, 用 Yamaha QS300 合成器合成的钢琴模进, 用 Yamaha QS300 合成器合成的串音模进以及用 Waldorf Micro Q 合成器合成的领舞模进. 作者用分类树将这 120 个合成的声音转化为字符串.

1.2 统计问题

例 1.1—例 1.10 可以被总结为以下统计问题. 它们都有一个因变量 Y, 以及一组 p 维的自变量或者解释变量 $x_1, \cdots, x_p$. 每个例子的自变量的维数 p 各不相同. 其中 x 被视为固定变量, Y 是随机变量. 在例 1.3 中, Y 是一个二分变量, 分别代表超激活和非超激活精子. x 包括精子运动的摆动参数和曲线运动速度. 显然, 并不是所有的自变量都会在决策模型中出现. 在其他例子中, x 和 Y 也可以类似地定义. 于是, 这个统计问题就是建立 Y 和 x 之间的关系, 使得用 x 的值可以预测 Y 的值. 从数学上, 我们希望估计随机变量 Y 的条件概率,

$$\mathbb{P}\{Y = y|x_1, \cdots, x_p\} \tag{1.1}$$

[7] 或者这个概率的函数, 例如条件期望:

$$\mathbb{E}\{Y|x_1, \cdots, x_p\}. \tag{1.2}$$

在大量实际应用 (如例 1.1) 中, Y 均为二分变量 (0 或者 1), 因此 (1.2) 的条件期望与 (1.1) 的条件概率中令 $y = 1$ 的结果一致. 在这种情况下, 我们经常使用逻辑斯谛回归模型, 假设条件概率 (1.1) 可表达为以下形式:

$$\frac{\exp(\beta_0 + \sum_{i=1}^{p} \beta_i x_i)}{1 + \exp(\beta_0 + \sum_{i=1}^{p} \beta_i x_i)}, \tag{1.3}$$

其中 $\beta = (\beta_0, \beta_1, \cdots, \beta_p)$ 是需要估计的参数.

在常规的线性回归中, 我们假设 (1.1) 的条件概率服从正态分布,

$$\frac{1}{\sqrt{2\pi}}\sigma \exp\left[-\frac{(y-\mu)^2}{2\sigma^2}\right], \tag{1.4}$$

其中均值 μ 等价于 (1.2) 中的条件期望, 假设其表达形式为

$$\mu = \beta_0 + \sum_{i=1}^{p} \beta_i x_i, \tag{1.5}$$

(1.4) 中 σ^2 是未知的方差参数. 我们用 $N(\mu, \sigma^2)$ 来表示 (1.4) 的正态分布函数.

与这些模型相反, 递归划分是一个非参的方法, 不需要像 (1.3) 或者 (1.5) 一样对模型结构有特定的假设. 在接下来的章节中, 因变量 Y 还可以是带删失的变量或者一系列相关的变量. 届时, 我们会相应地引用更多的实例.

1.3 方法大纲

在本书中, 我们将介绍经典 (大部分是参数模型) 和现代的统计学模型, 可作为本书数据分析的补充工具. 表 1.1 列出了五种因变量的类型, 基本涵盖了目前大部分应用实例中的数据类型. 表 1.1 所列的方法, 不能代表文献的所有方法, 主要为了更好阐述本书的内容.

表 1.1　本书中传统方法和递归划分方法在应用上的联系

因变量的类型	参数方法	递归划分方法
连续变量	普通线性回归	回归树和自适应样条 (第 10 章)
二分变量	逻辑斯谛回归 (第 3 章)	分类树和森林 (第 4、6 章)
删失变量	比例风险回归 (第 8 章)	生存树 (第 9 章)
纵向变量	混合效应模型 (第 11 章)	回归树和自适应样条 (第 11 章)
多元离散变量	指数、边际和随机效果模型	分类树 (第 12 章)

第 2 章将会介绍树的结构, 重点是树方法的统计思想和科学评估方法. 技术细节将会在第 4 章介绍, 分类树的问题也将会在第 4 章深入讨论. 我们将引用 Breiman 等人 (1984) 的研究做进一步阐述. 4.2.3 节将会讨论嵌套最优子树, 由于技巧性较强, 对于部分读者来说可能会有难度, 但第 4 章的其他部分 [8]
都是较为容易理解的. 分类树和回归树的技术差别较小. 在第 4 章阐明分类树后, 我们将简要但充分地介绍回归树, 在 10.2 节, 我们将会讨论二者的区别. 为了进一步展示分类树的广泛应用, 我们将在 5.1 节介绍基于树的早产的危险因子分析.

这一版本中最值得注意的是第 6 章, 我们介绍了基于森林的分类和预测方法. 由于许多实例中数据量很大, 例如高通量基因数据, 基于森林的方法变得尤为重要.

第 7 章到第 9 章覆盖了删失数据的处理方法. 第一部分是生存树的结果的简要介绍. 在这一部分的最后, 我们在阐释生存树前首先介绍了生存分析的传统分析方法.

第 12 章是关于分类树在有多个二分类因变量的数据上的应用, 从方法论的角度来看, 其与生存树是非常类似的. 因此, 读者可以根据需要单独阅读这章.

我们在第 10 章开启了一个相对新颖的话题, 这对于理解自适应样条回归是很重要的, 因此在阅读第 11 章关于自适应样条方法的展开之前, 建议读者先完成第 10 章的阅读.

在讨论树和样条方法之前, 我们将会描述它们相应的参数方法, 并阐释如何运用这些更标准化的模型. 虽然本书的主题是递归划分方法, 我们仍然认为理解和欣赏这些参数模型是学习中尤为重要的一环.

第 2 章　树构建的实用指南

[9] 在本章中, 我们将基于如下的具体科学问题来介绍递归划分相关的基本想法: 哪些孕妇有早产的风险? 我们将着重强调研究者的科学评估和计算过程中信息输出的互动, 这有助于生成最合理的递归划分树.

示例是来自美国国立卫生研究院 (the National Institutes of Health, 简记为 NIH) 资助的由耶鲁大学的 Michael B. Bracken 教授领导的耶鲁妊娠结果的研究. 研究对象是 1980 年 5 月 12 日至 1982 年 3 月 12 日期间首次到美国康涅狄格州纽黑文地区的私人产科或助产士诊所、体检中心或医院进行产前检查的孕妇, 她们最后均在耶鲁的纽黑文医院完成妊娠. 作为例子, 我们根据 Bracken 等人 (1986)、Zhang 和 Bracken (1995) 提出的纳入准则, 在数据库中筛选了 3861 名孕妇, 这些孕妇都是单胎生产的.

我们感兴趣的因变量是 "是否早产". 基于已有的文献, Zhang 和 Bracken (1995) 先验地选择出 15 个可能与早产相关的候选自变量. 表 2.1 列出了这些变量的详细信息.

表 2.1　候选自变量列表

变量名	符号	变量类型	取值范围/水平
孕妇年龄	x_1	连续	13—46
婚姻状况	x_2	分类	已婚, 离婚, 分居, 丧偶, 未婚
种族	x_3	分类	白种人, 黑种人, 西班牙裔, 亚裔, 其他
服用大麻	x_4	分类	是, 否

续表

变量名	符号	变量类型	取值范围/水平
服用大麻频率	x_5	有序	⩾ 5, 3—4, 2, 1 (每天) 4—6, 1—3 (每周) 2—3, 1, < 1 (每月)
受教育年数	x_6	连续	4—27
就业	x_7	分类	是, 否
吸烟	x_8	分类	是, 否
吸食香烟支数	x_9	连续	0—66
吸二手烟	x_{10}	分类	是, 否
孕次	x_{11}	有序	1—10
孕妇母亲使用荷尔蒙/DES	x_{12}	分类	无, 荷尔蒙, DES, 二者均有, 不确定
饮酒量 (oz/天)	x_{13}	有序	0—3
饮咖啡量 (mg)	x_{14}	连续	12.6—1273
产次	x_{15}	有序	0—7

2.1 树构建的基本元素

为了明确本章的基本思路, 我们首先考虑图 2.1 中一个简单的树形图. 这 [11]
个树模型有 3 层结点. 第一层, 深度为 1, 是唯一的根结点, 即顶部的圆. 接下来第二层 (深度 2) 有一个中间结点 (圆) 和一个终端结点 (矩形 I). 第三层有两个终端结点 (矩形 II, III). 这里, 根结点也可以被看作一个中间结点. 根结点和中间结点均在下一层被划分为两个子结点, 分别称为左子结点和右子结点. 子结点又被称为孩子结点或后代结点. 根据定义, 终端结点没有任何子结点.

为了更好地理解图 2.1 的结构, 我们需要回答以下三个基本问题:

- 结点里面有什么?
- 父结点是如何被分裂为两个子结点的?
- 什么时候判定一个结点为终端结点?

根结点包含了生成树模型用到的样本信息. 这些样本被称为训练样本, 训练样本可以是整个研究的所有样本, 也可以是所有的样本的一个子集. 例如, 在我们的例子中, 根结点包含了耶鲁妊娠结果研究项目的 3861 个孕妇的信息. 在同一层的所有结点组成了根结点的一种分裂. 随着层数加深, 这个分裂也越来越细致. 因此, 树模型中的每一个结点都只是训练样本的一个子集.

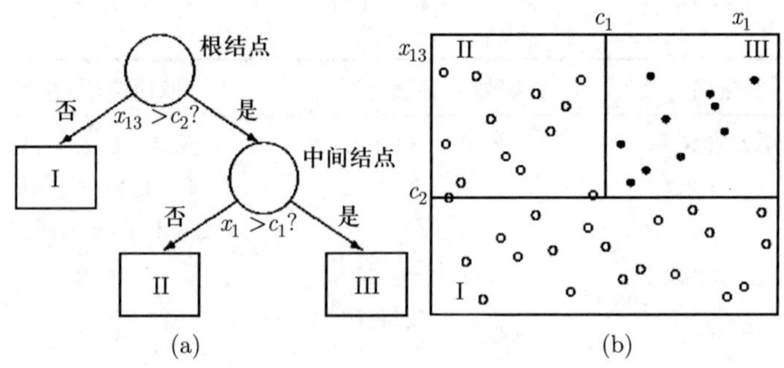

图 2.1 树结构示意图. x_1 是年龄, x_{13} 是饮酒量. 空心圆和实心圆代表是否早产

图 2.1(b) 是一个假想情形. 我们令实心圆表示早产, 空心圆表示正常生育. 横纵坐标表示如表 2.1 中定义的两个协变量 x_1 (年龄) 和 x_{13} (饮酒量). 我们可以用两条线来分开实心圆和空心圆, 并将整个空间划分为 3 个互不相交的区域: (I) $x_{13} \leqslant c_2$; (II) $x_{13} > c_2$ 和 $x_1 \leqslant c_1$; (III) $x_{13} > c_2$ 和 $x_1 > c_1$. 因此, 区域 (I) 并未被 x_1 分裂, 区域 (I) 和区域 (II) 的因变量取值是相同的, 但是被 x_1 和 x_{13} 分裂成为不同区域.

在同一幅图中, (a) 是这个分裂的树型呈现模式. 首先, 我们把实心圆和空
[12] 心圆都放入根结点中. 根结点下面的两个箭头根据 x_{13} 是否小于等于 c_2 指向终端结点 I 或第二层的中间结点. 符合 $x_{13} > c_2$ 的样本根据 x_1 是否小于等于 c_1 被进一步指向终端结点 II 或 III. 因此, (a) 中的结点与 (b) 中的区域是对应的. 当我们用线段来划分区域时, 其实就是在树模型中分裂一个结点. 在图 2.1 中, 我们可以将区域 I 到 III 与终端结点 I 到 III 一一对应起来.

递归划分的目标是以终端结点收场, 且希望终端结点中的样本是同质的: 全部是实心圆或者全部是空心圆. 我们在这个人工例子中完成了这个目标. 注意到这两个终端结点都是同质的, 因为它们只包含了空心圆或只包含了实心圆. 由于实心圆和空心圆分别代表早产和正常生育的孕妇, 图 2.1 的模型说明孕妇年龄大于某一个年龄且每日饮酒量大于某一个值, 则会早产. 因此, 这阐释了孕妇早产与年龄和饮酒量之间的一个假设关系.

完全同质的终端结点只是一个理想状态, 在实际的数据分析中是很难实现的. 因此, 在实际的分析中, 我们希望分裂得到的终端结点尽可能同质. 一个衡量结点同质程度的方法便是结点不纯度. 这个想法最简单的实现是:

$$\frac{\text{某结点中早产的孕妇人数}}{\text{某结点中孕妇的总人数}}.$$

这个比值越接近 0 或者 1, 说明结点同质程度越高.

2.2 结点分裂

我们重点讨论根结点的分裂并注意到相同的过程可应用于任意结点. 对表 2.1 中的每个自变量我们考虑了所有可能的分裂, 并适当地离散化连续变量. 为了更好地理解这一过程, 我们首先考虑变量 x_1 (年龄). 这个变量在 13 到 46 之间有 32 个不同的年龄取值. 因此, 它可能有 $32-1=31$ 个可能的分裂点. 举例而言, 其中一个分裂点可能是年龄是否大于 35 岁 (即 $x_1>35$). 通常, 对于一个有序 (如服用大麻的次数) 或者连续变量 (如咖啡因摄取量) x_j, 其可能的 [13]
分裂点数目是其不同取值个数减 1. 例如, 咖啡因的摄取量的取值范围是 0 到 1273, 3861 个样本中共有 153 个不同的取值. 那么, 根结点将会有 152 种不同的分裂方式.

对于分类变量来说, 情况将会变得更复杂一些. 在表 2.1 中, x_3 表示 5 种不同的种族群, 种族是没有特定顺序的. 表 2.2 给出了基于这个变量的 $2^{5-1}-1=15$ 种可能的分裂. 一般地, 任意一个有 k 类的分类变量有 $2^{k-1}-1$ 种可能的分裂方式.

表 2.2 种族变量的所有可能分裂情况

左子结点	右子结点
白种人	黑种人, 西班牙裔, 亚裔, 其他
黑种人	白种人, 西班牙裔, 亚裔, 其他
西班牙裔	白种人, 黑种人, 亚裔, 其他
亚裔	白种人, 黑种人, 西班牙裔, 其他
白种人, 黑种人	西班牙裔, 亚裔, 其他
白种人, 西班牙裔	黑种人, 亚裔, 其他
白种人, 亚裔	黑种人, 西班牙裔, 其他
黑种人, 西班牙裔	白种人, 亚裔, 其他
黑种人, 亚裔	白种人, 西班牙裔, 其他
西班牙裔, 亚裔	白种人, 黑种人, 其他
黑种人, 西班牙裔, 亚裔	白种人, 其他
白种人, 西班牙裔, 亚裔	黑种人, 其他
白种人, 黑种人, 亚裔	西班牙裔, 其他
白种人, 黑种人, 西班牙裔	亚裔, 其他
白种人, 黑种人, 西班牙裔, 亚裔	其他

将表 2.1 中 15 个变量的所有可能分裂相加, 我们将有 347 种不同的方式把根结点分裂为两个子结点. 根结点的可能分裂数目与变量个数和变量的取值有关, 一般来说不是一个小数目. 那么, 现在最关键的问题是: 我们应该如何从这么多可能的分裂方式中选择一个或多个合适的分裂呢?

在选择最佳分裂之前, 我们必须定义一个衡量分裂好坏的标准. 我们希望的是分裂后两个子结点是纯 (同质) 的. 但是, 事实上子结点一般都只是部分同
[14] 质的. 因此, 衡量分裂好坏必须考虑两个子结点的同质程度 (或不纯度). 如果我们将年龄视为想要分裂的变量且把取值 c 作为分裂点, 那么根据 x_1 与 c 的大小分类, 结果列表如下:

		正常妊娠	早产	
左结点 (τ_L)	$x_1 \leqslant c$	n_{11}	n_{12}	$n_{1.}$
右结点 (τ_R)	$x_1 > c$	n_{21}	n_{22}	$n_{2.}$
		$n_{.1}$	$n_{.2}$	

令 $Y = 1$ 表示妇女早产, $Y = 0$ 表示正常妊娠. 我们用 $n_{12}/n_{1.}$ 和 $n_{22}/n_{2.}$ 分别估计 $\mathbb{P}\{Y = 1|\tau_L\}$ 和 $\mathbb{P}\{Y = 1|\tau_R\}$. 左结点的熵不纯度可表示为:

$$i(\tau_L) = -\frac{n_{11}}{n_{1.}} \log\left(\frac{n_{11}}{n_{1.}}\right) - \frac{n_{12}}{n_{1.}} \log\left(\frac{n_{12}}{n_{1.}}\right). \tag{2.1}$$

类似地, 右结点的熵不纯度可表示为:

$$i(\tau_R) = -\frac{n_{21}}{n_{2.}} \log\left(\frac{n_{21}}{n_{2.}}\right) - \frac{n_{22}}{n_{2.}} \log\left(\frac{n_{22}}{n_{2.}}\right). \tag{2.2}$$

那么, 一个分裂 s 的好坏程度可表达为:

$$\Delta I(s, \tau) = i(\tau) - \mathbb{P}\{\tau_L\} i(\tau_L) - \mathbb{P}\{\tau_R\} i(\tau_R), \tag{2.3}$$

其中 τ 是 τ_L 和 τ_R 的父结点, $\mathbb{P}\{\tau_L\}$ 和 $\mathbb{P}\{\tau_R\}$ 分别是 τ 中的一个样本被分到 τ_L 和 τ_R 的概率. 这里 $\mathbb{P}\{\tau_L\}$ 可被 $n_{1.}/(n_{1.} + n_{2.})$ 代替, $\mathbb{P}\{\tau_R\}$ 可被 $n_{2.}/(n_{1.} + n_{2.})$ 代替.

准则 (2.3) 度量了从父结点到子结点不纯度下降的程度.

为了更好地理解这些概念, 我们来看一个具体的例子. 假设我们设定年龄的阈值为 $c = 35$, 那么我们得到一个 2×2 表格

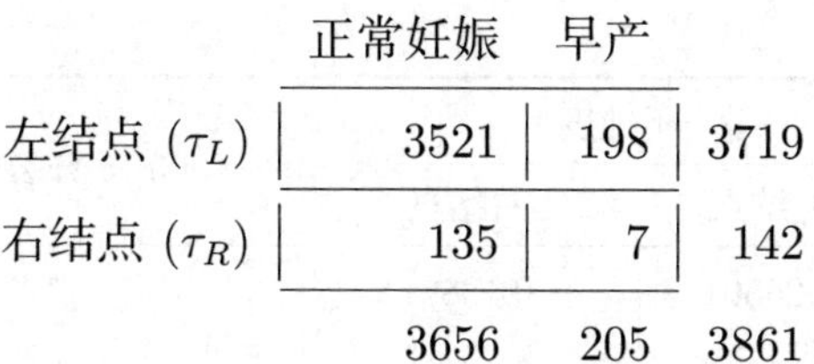

	正常妊娠	早产	
左结点 (τ_L)	3521	198	3719
右结点 (τ_R)	135	7	142
	3656	205	3861

那么, (2.1) 式中的 $i(\tau_L)$ 等于

$$-(3521/3719)\log(3521/3719)-(198/3719)\log(198/3719)=0.2079.$$

类似地, (2.2) 式中的 $i(\tau_R)=0.1964$, $i(\tau)=0.20753$. 将这些不纯度带入 (2.3) 式中, 我们有 $\Delta I(s,\tau)=0.00001$.

我们知道, 年龄变量一共有 31 种不同的分裂方式. 表 2.3 给出了其所有分裂方式的 $\Delta I(s,\tau)$. 从表 2.3 中可以看到, 不纯度下降最多的分裂点是年龄为 24 岁. 这个表格的输出对于研究员来说是一个很重要的检查工具. 特别地, 强制在年龄为 19 岁时分裂或许也是可以的, 因为这把样本分为青少年和成年人. 使用科学的判断来更改自动选择的结果, 这相当于选择数值上次好而不是 [16]
最好的分裂. 我们认为这种交互过程在构建可解释的树模型的过程中是非常重要的.

表 2.3 年龄变量不同分裂点的好坏程度

分裂值	不纯度		1000 × 分裂好坏程度 (1000Δ)
	左结点	右结点	
13	0.00000	0.20757	0.01
14	0.00000	0.20793	0.14
15	0.31969	0.20615	0.17
16	0.27331	0.20583	0.13
17	0.27366	0.20455	0.23
18	0.31822	0.19839	1.13
19	0.30738	0.19508	1.40
20	0.28448	0.19450	1.15
21	0.27440	0.19255	1.15
22	0.26616	0.18965	1.22

续表

分裂值	不纯度		1000 × 分裂好坏程度 (1000Δ)
	左结点	右结点	
23	0.25501	0.18871	1.05
24	0.25747	0.18195	1.50
25	0.24160	0.18479	0.92
26	0.23360	0.18431	0.72
27	0.22750	0.18344	0.58
28	0.22109	0.18509	0.37
29	0.21225	0.19679	0.06
30	0.20841	0.20470	0.00
31	0.20339	0.22556	0.09
32	0.20254	0.23871	0.18
33	0.20467	0.23524	0.09
34	0.20823	0.19491	0.01
35	0.20795	0.19644	0.01
36	0.20744	0.21112	0.00
37	0.20878	0.09804	0.18
38	0.20857	0.00000	0.37
39	0.20805	0.00000	0.18
40	0.20781	0.00000	0.10
41	0.20769	0.00000	0.06
42	0.20761	0.00000	0.03
43	0.20757	0.00000	0.01

年龄变量的最佳分裂点还要和其他 14 个变量的最佳分裂点进行对比. 表 2.4 给出了所有变量的最佳分裂点好坏程度的数值结果. 可以看到, 最佳分裂变量是种族变量, $1000\Delta I = 4.0$, 即 $\Delta I = 0.004$. 这个最佳分裂的分裂点是孕妇是否是黑种人. 图 2.2(a) 展现了这个分裂, 根结点 (编号 1) 被分裂为结点 2 (黑种人) 和结点 3 (非黑种人).

表 2.4 所有自变量的最佳分裂点

变量	x_1	x_2	x_3	x_4	x_5	x_6	x_7	x_8
$1000\Delta I$	1.5	2.8	4.0	0.6	0.6	3.2	0.7	0.6
变量	x_9	x_{10}	x_{11}	x_{12}	x_{13}	x_{14}	x_{15}	
$1000\Delta I$	0.7	0.2	1.8	1.1	0.5	0.8	1.2	

在分裂了根结点之后, 我们继续分裂它的两个子结点. 分裂的准则是相同的. 举例而言, 为了进一步将结点 2 分裂为图 2.2(b) 中的结点 4 和结点 5, 我们重复前面的分裂步骤, 只做了少量调整. 调整的地方是, 分裂只用到了 710 名黑种人孕妇, 而剩下的 3151 名非黑种人孕妇则暂不予考虑. 可能的分裂情况几乎没有发生改变, 除了种族这一变量不再需要分裂, 因为现在所有样本都是黑种人了. 所以, 可能的分裂情况从 347 种下降到 332 种. 我们需要注意, 可能的分裂情况数目是呈下降趋势的, 尽管我们现在并不需要关注精确的数值. 在结点 2 被分裂后, 我们有 3 个结点 (数字 3, 4, 5) 准备被分裂. 用同样的方式, 在图 2.2(b) 中, 我们可以像分裂结点 2 一样分裂结点 3. 但注意到, 这次我们仅需要考虑 3151 名非黑种人孕妇. 并且, 我们有 $2^{4-1}-1=7$ 种可能的种族变量分裂方式, 因为非黑种人包括白种人、西班牙人、亚裔和其他种族. 因此, 对于结点 3 将会有 339 种可能的分裂情况. 值得注意的是, 子结点可以重复使用先 [17]
前结点使用过的分裂变量. 在完成结点 3 的分裂后, 我们继续分裂结点 4 和结点 5, 以此类推. 这就是所谓的*递归划分*过程. 因为我们每次都将一个结点只分裂为两个结点, 所以得到的树称为二叉树.

在分裂过程中, 当第 2, 3 甚至更多变量的分裂点的好坏程度非常相近时, 我们会进一步考虑可解释性的问题. 至少以下两种情况会被考虑:

• 如果所有的候选变量在实质上都是似是而非的, 那么我们用每一个变量都生成树并继续分裂过程.

• 如果只有一个或两个变量在当前的分类问题中在实质上是似是而非可解释的, 那么选择这些可解释的变量来生成两棵树并继续分裂过程.

甚至有可能所有变量在这个分裂点都对目标分类问题毫无真正贡献. 然而, 在该问题中基于实际选出一两个与父结点相关的变量也是合理的. 一般来说, 在树模型中强制加入这样一个变量和合理地给它选择一个分裂点, 并继续分裂这个子结点. 在下一个分裂过程中, 一般都可以找到一个很好的分裂. 这个手动过程并不是现在的自动分裂算法的一部分, 因为这要求在特定的分割上提前两步考虑. 要点是, 树的这种手动生成是生成单树和森林的递归划分方法的一个重要部分.

本书着重于介绍二叉树. 对多叉树感兴趣的读者可以参考 Kass (1980), Quinlan (1993), Kim 和 Loh (2001) 和其他的相关文献. C4.5, CHAID 和 CRUISE 分别是应用这些文章的方法的程序名. 简要地, C4.5 根据分裂变量的类型创建了一个二分或多分的分裂方式, 这个分裂对于有序变量来说是二分的. 对于一个有 M 类的变量来说是 M 分的. 例如, 在图 2.2 中, 根结点用种族变量进行分裂, 那么将会产生 5 个子结点, 每一个对应一种种族. 显然, 有些情况是不需要为每个分类都创建一个子结点的, 合并一些分类或一些子结点也是合理的. CHAID 就是基于这一点改进了 C4.5. CRUISE 是另一个创建了与类别数同样多个数的子结点的程序, 但它尝试控制住对有更多可能分裂的变量的
[18] 偏袒. 此外, 软件 SSPS 中的相关决策树程序也可以建立二叉树和多叉树模型 (http://www.ssps.com).

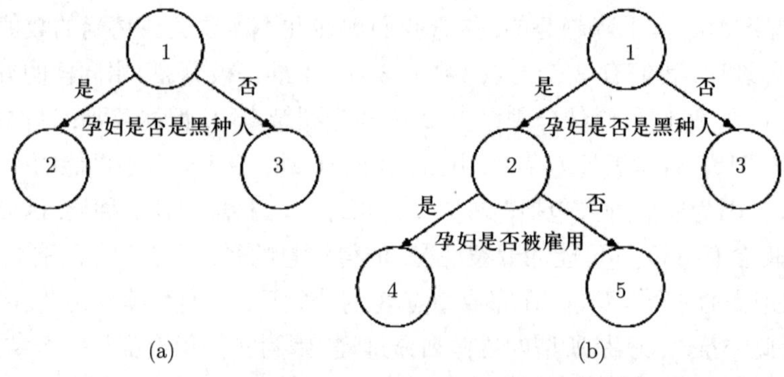

图 2.2　结点分裂的循环分裂过程. 结点 1 分裂为结点 2 和 3, 然后结点 2 分裂为结点 4 和 5

虽然现存的方法的多叉分裂只能适应分类变量, 但对于有序变量而言, 多叉分裂可能也是有用的. 例如, Gruenewald 等人 (2008) 将回归树应用到检验对于成年及以后的生活有正面或负面影响的不同路径. 他们考虑了 9 个变量, 包含社会人口学变量 (性别、婚姻状况、受教育程度), 性格 (外向和神经质), 以及交际背景 (工作压力、感情状态、资产掌控、健康情况). 根据他们的了解, 它们呈现了一个如图 2.3 所示的假想树结构, 其中根结点是根据外向得分 (即结点 1) 三叉分裂的. 受这个例子的影响, 发展允许不同类型变量多叉分裂的树模型方法将会是非常有意义的. 此外, 在分裂结点做最终选择时应要考虑惩罚因子, 这样模型才不会一直倾向于进行多叉分裂而非二叉分裂.

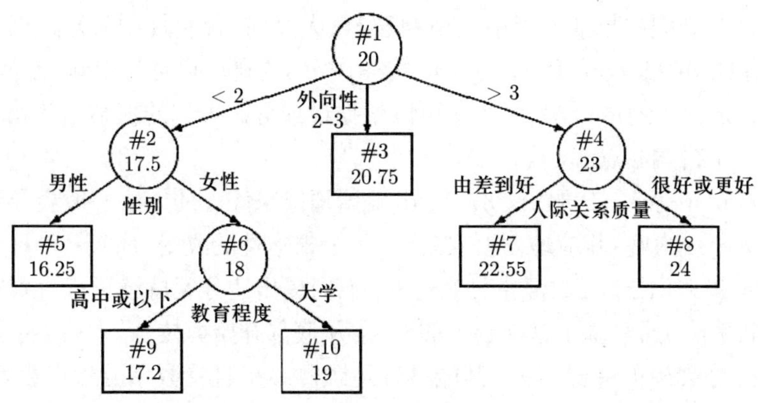

图 2.3　Gruenewald 等人 (2008) 的一个假想例子. 每个结点中最上方的数字是结点编号, 下方的是正面影响样本的均值. 中间结点的下方是分裂变量. 箭头上方的是每个结点的变量分裂点

理论上, 持续地分裂或合并结点可以做到二叉树和多叉树之间的转换. 但在现实中, 因为选择分裂的准则和性质不同, 结果往往是不一样的. 至今, 二叉树和多叉树之间的不同点一般停留在概念层次或解释层面, 并没有足够的文献来评估这两种树模型的性能. 这部分内容可以参考文章 Kim 和 Loh (2001) 中 [19]
相对新的讨论结果.

2.3　终端结点

递归划分的过程可持续进行直到子结点不能再做任何后续的分裂. 例如在一个结点中只有一个样本个体. 注意到, 一个结点的可能分裂情况数目会随着层数增加持续下降. 因此, 可能允许分裂数目会降到零, 这时候树就不能再被分裂了. 任何不能或不继续分裂的结点被称为*终端结点*. 完全分裂的树一般是过于庞大的, 以至于没有实际意义, 因为终端结点样本量太小了, 导致我们无法做合理的统计推断, 并且这种程度的细节很难被科学地解释. 故一般不需要让树完全分裂. 相对地, 我们可以先验地设置一个结点样本量的阈值. 那么当结点的样本量小于这个阈值时, 我们将停止分裂. 这个阈值的选择与样本量大小 (如样本量的 1%) 有关或者可以简单地选择为 5 个样本 (一般来说少于 5 个样本的结果没有太大意义). 在一些应用中, 我们可能还希望添加子结点必须含有不少于一定阈值 (如 5 个样本) 的条件限制, 以便做有意义的比较.

在递归分裂的早期发展中, 在树长得太大之前, 停止规则就被运用来停止分裂. 例如, 由 Morgan 和 Sonquist (1963) 提出的自动化交互检测 (Automatic Interaction Detection, AID) 程序可以根据最佳分裂得到的根结点的相对质量来判断一个终端结点.

Breiman 等人 (1984, p. 37) 指出根据阈值来停止的方法一般会导致分裂结束得太早或太晚. 相应地, 他们提出了一个根本性的改变, 加入一个称为剪枝的新的步骤. 相比于尝试停止分裂过程, 他们提出让分裂持续进行直到完全分裂或接近完全分裂. 基于这棵很大的树, 再从底部开始剪枝. 其中核心思想是要找到完全分裂树的一棵子树, 其能最好地预测结果且受数据的噪声影响最小. 这是一个复杂的过程, 我们将在第 4 章中详细叙述.

划分和剪枝步骤可以被视为线性模型中向前和向后逐步回归的变体. 树模型中结点的分裂相当于在线性模型中添加一个新项. 相应地, 修剪某些树底部的结点相当于在线性模型中去掉一些项.

2.4 软件的下载和运用

[20] 使用标准的统计相关软件例如 R 和 SPSS 便可以构建树模型. 与本书中的数据分析相关的各种电脑程序均可免费获取. 大部分都可以在张和平教授的网页 http://c2s2.yale.edu/software 上下载.

程序 RTREE 是一个专门用来构建二叉树的软件, 且它还被集成到一个称作 Willows 的程序中, 这个程序有更多后续将会讨论的功能. RTREE 可以在自动或手动两种模式中运行. 我们建议首先用自动的方法生成树的骨架, 并以此作为手动模型的参考. 第 13 章 (附录) 将提供更多使用这一程序的详细信息.

[21] 图 2.4 是电脑根据上述规则和第 4 章中的细节自动生成的一个树模型. 我们来仔细分析 2980 位有不多于四次怀孕经历的非黑种人孕妇. 对于这组孕妇的分裂是基于母亲是否使用荷尔蒙或 DES. 若母亲使用了荷尔蒙或 DES, 或者答案没有被记录, 那么样本将会被分到左结点. 右结点则包含了未使用荷尔蒙或 DES 的孕妇, 或者不清楚是否使用. 也即, 回答是 “不确定” 和回答是缺失值的孕妇被分到了父结点的不同子结点中, 虽然这两种答案实际上是一样的. 为了解决这个矛盾, 我们可以强制回答是 “不确定” 与回答是缺失值的孕妇被分到同一个结点. 为此, 我们需要手动调整这一分裂. 数值上, 分裂的好坏程度 Δ 从 0.00176 变成了 0.00148. 图 2.5 展示了手动调整后的树模型.

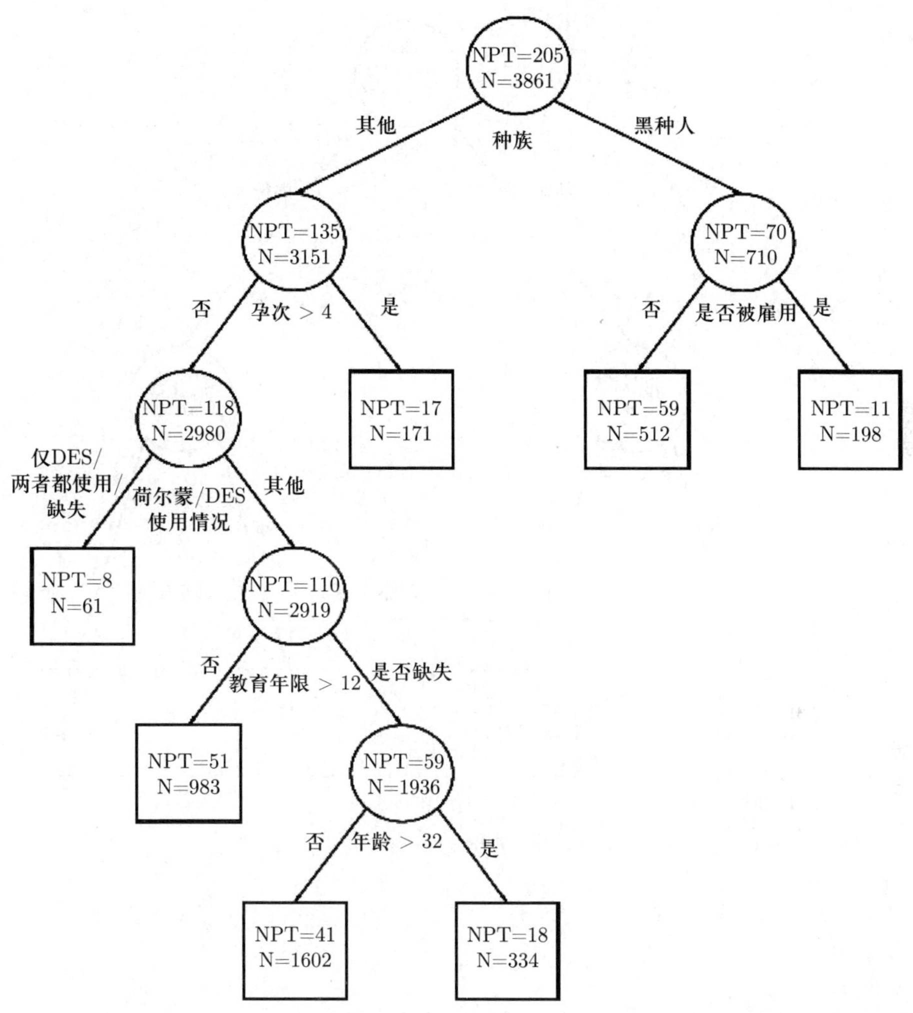

图 2.4 电脑选择的树结构. N: 样本量; NPT: 早产的样本个数

图 2.5 的树模型比图 2.4 的树模型略小一点. 这是因为后续被剪枝的结点更不稳定, 且相关分裂的重要性缺乏正当理由. 每个分裂的相对风险和置信区间是用交叉验证计算的, 在 4.6 节将会详细介绍.

图 2.5 的主要特征回答了我们最原始的问题: 哪些孕妇处于早产的风险之中: (a) 非黑种人、有四次或更少的怀孕经历且母亲服用荷尔蒙或 DES 的孕妇是高风险的. 具体而言, 这类型的孕妇有 19.4% 都经历了早产, 但母亲未服用荷尔蒙或 DES 的孕妇只有 3.8% 经历了早产; (b) 黑种人且没有固定工作的孕妇有 11.5% 经历了早产, 但有工作的黑种人孕妇只有 5.5% 经历了早产.

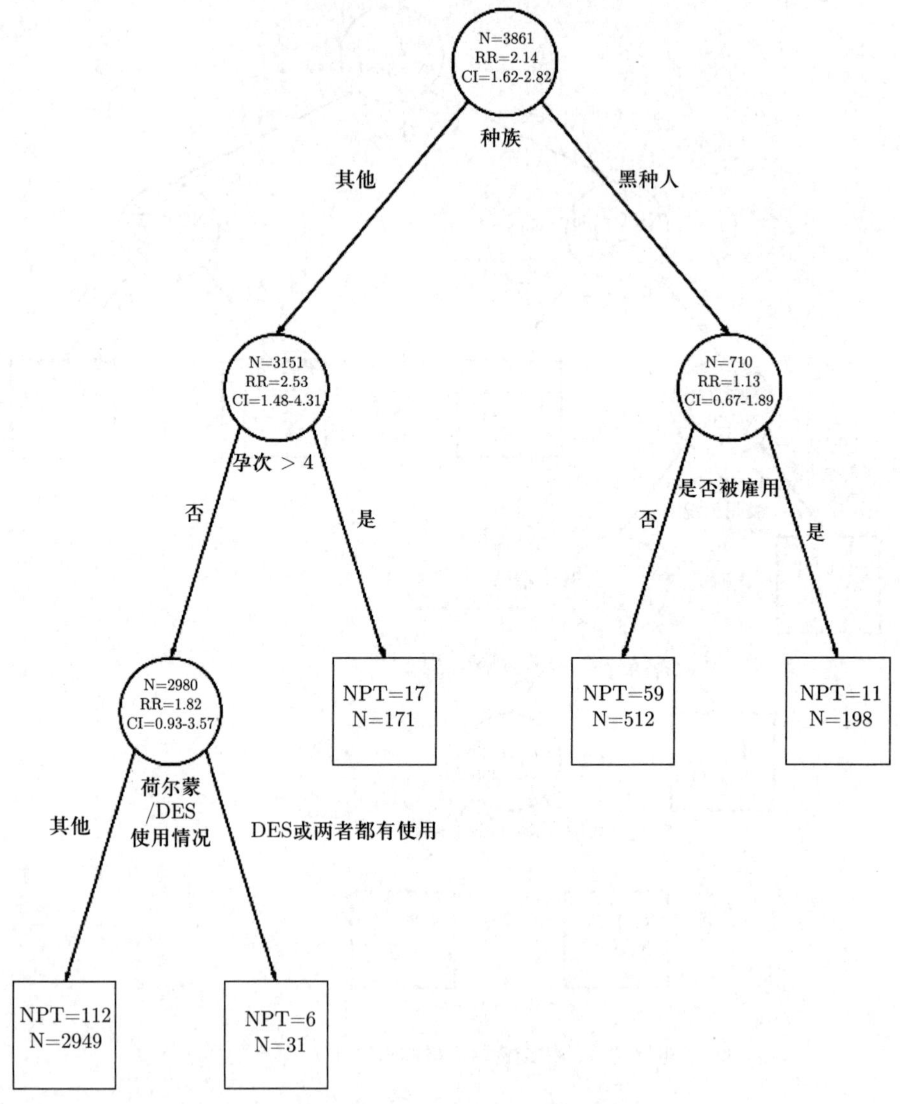

图 2.5 最终树结构. N: 样本量; RR: 交叉验证得到的相对风险; CI: 95% 区间; NPT: 早产的样本个数

为了便于说明我们对图 2.4 所做的修改是有限的. 我们可以继续探究, 找到其他值得深究的树模型. 例如, 工作状态可能是更多生理情况的一个替代变量. 如果可能, 我们可以用其他相关的生理指标替换这个变量. Zhang (1998b) 展示了另一个有趣的例子, 他替换了不同的分裂结点来获得更精确的肿瘤分类, 这个过程被 Chipman, George 和 McCulloch (1998) 称为互换 (swapping).

第 3 章　逻辑斯谛回归

我们可以从例 1.1—例 1.6 看到, 许多与疾病相关的因变量都是二分型变 [23]
量. 因为其重要的实践意义, 已有数不尽的工作来分析二分型数据, 读者可以参考如 Cox 和 Snell (1989), Agresti (1990) 及其提到的参考文献. 为了便于比较, 我们在本章简要地介绍逻辑斯谛回归.

3.1　逻辑斯谛回归模型

逻辑斯谛回归是分析二分型数据的一个标准方法. 对于任一样本 i, 我们假设其因变量 Y_i 服从伯努利分布

$$\mathbb{P}\{Y_i = y_i\} = \theta_i^{y_i}(1-\theta_i)^{(1-y_i)}, \quad y_i = 0, 1, \quad i = 1, \cdots, n, \tag{3.1}$$

其中参数

$$\theta = (\theta_1, \cdots, \theta_n)'$$

必须由数据来估计. 这里, 上角标 ($'$) 表示向量或矩阵的转置.

为了对这些数据建模, 我们希望将 θ 中的 n 个变量减少到更低的自由度. 逻辑斯谛回归的独特之处在于用分对数 logit 连接函数来完成这个目标:

$$\theta_i = \frac{\exp(\beta_0 + \sum_{j=1}^{p} \beta_j x_{ij})}{1 + \exp(\beta_0 + \sum_{j=1}^{p} \beta_j x_{ij})}, \tag{3.2}$$

其中 [24]

$$\beta = (\beta_0, \beta_1, \cdots, \beta_p)'$$

是需要估计的新的 $p+1$ 维参数, $(x_{i1},\cdots,x_{ip})$ 是模型中第 i 个样本的 p 个协变量的取值.

为了估计 β, 我们需要用似然函数

$$
\begin{aligned}
&L(\beta;y)\\
=&\prod_{i=1}^{n}\left[\frac{\exp(\beta_0+\sum_{j=1}^{p}\beta_j x_{ij})}{1+\exp(\beta_0+\sum_{j=1}^{p}\beta_j x_{ij})}\right]^{y_i}\left[\frac{1}{1+\exp(\beta_0+\sum_{j=1}^{p}\beta_j x_{ij})}\right]^{1-y_i}\\
=&\frac{\prod_{i=1}^{n}\exp(\beta_0+\sum_{j=1}^{p}\beta_j x_{ij})}{\prod_{i=1}^{n}[1+\exp(\beta_0+\sum_{j=1}^{p}\beta_j x_{ij})]}.
\end{aligned}
$$

通过最大化 $L(\beta;y)$, 我们可以得到 β 的最大似然估计 $\hat{\beta}$. 虽然 $\hat{\beta}$ 的解是唯一的, 但它并没有显式表达. 牛顿–拉夫逊 (Newton-Raphson) 算法, 又称为牛顿迭代算法, 可以用来求 $\hat{\beta}$ 的数值解; 读者可以阅读如 Agresti (1990, 4.7 节).

参数 β 的解释是 logit 连接函数最值得注意的部分. 基于 (3.2) 式, 第 i 个样本是异常情况的优势 (Odds) 是

$$
\frac{\theta_i}{1-\theta_i}=\exp\left(\beta_0+\sum_{j=1}^{p}\beta_j x_{ij}\right).
$$

考虑两个独立的个体 i 和 k, $x_{i1}=1$, $x_{k1}=0$, 且对于 $j=2,\cdots,p$ 有 $x_{ij}=x_{kj}$. 那么个体 i 和 k 是非正常的优势比 (Odds ratio) 是

$$
\frac{\theta_i/(1-\theta_i)}{\theta_k/(1-\theta_k)}=\exp(\beta_1).
$$

对上式两边取对数, 那么 β_1 就是当上述两个个体只有第一个协变量有一个单位的差距、其他协变量都相同时, 两个个体因变量的优势比的 log 值. 如果因变量是与疾病相关的, 那么 $\exp(\beta_1)$ 就是控制 $x_2,\cdots,x_p$ 不变时, x_1 的优势比. 剩余的其他 β 值也有类似的解释. 然而, 当有协变量的交叉项时, 这种有意义的解释可能会无效.

3.2 逻辑斯谛回归分析实例

在本节中, 我们将用逻辑斯谛回归分析耶鲁妊娠结果数据. 大多数统计包
[25] 都包含了逻辑斯谛回归相关的程序. 这里, 我们使用 SAS 来分析. 首先, 我们从包含表 2.1 中所有变量的模型开始, 然后运用逐步向后回归来选择显著的变量 (显著水平为 0.05). 记住我们的目标因变量是“是否早产”. 在选择得到的变量中, 我们进一步考虑它们的二阶交互作用.

在表 2.1 中, x_2 (婚姻状况), x_3 (种族) 和 x_{12} (孕妇母亲使用荷尔蒙/DES) 这 3 个变量是分类变量且有 5 个类别. 为了将它们放入逻辑斯谛回归中, 我们

需要为这 3 个变量分别建立 4 个 (离散) 哑变量. 例如, 表 2.1 中 x_2 的 5 个类别分别是: 已婚、离婚、分居、丧偶和未婚. 我们令

$$z_1 = \begin{cases} 1, & \text{样本已婚}, \\ 0, & \text{其他情况}, \end{cases}$$

$$z_2 = \begin{cases} 1, & \text{样本离婚}, \\ 0, & \text{其他情况}, \end{cases}$$

$$z_3 = \begin{cases} 1, & \text{样本分居}, \\ 0, & \text{其他情况}, \end{cases}$$

$$z_4 = \begin{cases} 1, & \text{样本丧偶}, \\ 0, & \text{其他情况}. \end{cases}$$

类似地, 令

$$z_5 = \begin{cases} 1, & \text{样本是白种人}, \\ 0, & \text{其他情况}, \end{cases}$$

$$z_6 = \begin{cases} 1, & \text{样本是黑种人}, \\ 0, & \text{其他情况}, \end{cases}$$

$$z_7 = \begin{cases} 1, & \text{样本是西班牙裔}, \\ 0, & \text{其他情况}, \end{cases}$$

$$z_8 = \begin{cases} 1, & \text{样本是亚裔}, \\ 0, & \text{其他情况} \end{cases}$$

和

$$z_9 = \begin{cases} 1, & \text{样本的母亲未使用荷尔蒙或 DES}, \\ 0, & \text{其他情况}, \end{cases}$$

$$z_{10} = \begin{cases} 1, & \text{样本的母亲只使用了荷尔蒙}, \\ 0, & \text{其他情况}, \end{cases}$$

$$z_{11} = \begin{cases} 1, & \text{样本的母亲只使用了 DES}, \\ 0, & \text{其他情况}, \end{cases}$$

$$z_{12} = \begin{cases} 1, & \text{样本的母亲使用了荷尔蒙和 DES}, \\ 0, & \text{其他情况}. \end{cases}$$

注意到这里样本是指孕妇. 因此, z_9 到 z_{12} 是指孕妇的母亲使用荷尔蒙或 DES 的历史情况.

[26] 因为有缺失值, 在 SAS PROC LOGISTIC 命令运行的逐步向后回归中, 3861 个样本中有 1797 个并未被使用. 表 3.1 提供了逐步向后回归建立的模型的关键信息. 在表 3.1 以及接下来的两个表中, 第一列是选出的变量, 第二列是自由度 (DF), 第三列是选出的变量的系数估计值, 最后一列给出了系数是否为 0 的检验 p 值. 我们应该注意到进行模型选择时把哑变量当成独立的自变量. 因此, 选择的模型结果与哑变量的编码形式有关. 相对地, 我们或许希望纳入或不纳入同一个自变量生成的整组哑变量.

表 3.1 初选模型参数的最大似然估计值

选出的变量	自由度	系数估计	标准误	p 值
截距项	1	−2.172	0.6912	0.0017
x_1 (年龄)	1	0.046	0.0218	0.0356
z_6 (黑种人)	1	0.771	0.2296	0.0008
x_6 (教育)	1	−0.159	0.0501	0.0015
z_{10} (荷尔蒙)	1	1.794	0.5744	0.0018

由于缺失值移除的样本占比很高是一个严重的问题. 注意到模型选择时是基于有完整自变量信息的样本, 即便在后续步骤中只有少数变量被使用. 我们检查了缺失数据的分布, 并移除了 x_7 (就业) 和 x_8 (吸烟) 这两个变量, 因为它们包含了最多的缺失值且在模型一开始就未被纳入进来. 在策略性调整后, 只有 24 个带缺失值的样本被去除, 逐步向后回归选择模型结果如表 3.2 所示.

表 3.2 修正的模型参数的最大似然估计值

选出的变量	自由度	系数估计	标准误	p 值
截距项	1	−2.334	0.4583	0.0001
x_6 (教育)	1	−0.076	0.0313	0.0151
z_6 (黑种人)	1	0.705	0.1688	0.0001
x_{11} (孕次)	1	0.114	0.0466	0.0142
z_{10} (荷尔蒙)	1	1.535	0.4999	0.0021

我们考虑了主要的影响因素, 接下来我们将考虑选出的变量中可能的 (二
[27] 阶) 交互作用. 对于两个选出的哑变量, 我们在逐步向后回归的过程中将其原本的变量——种族和荷尔蒙/DES 的使用情况考虑进来, 增大信息量. 我们发

现没有一个交互项是达到显著水平 0.05 的. 因此, 最终的模型包含的 4 个变量如表 3.2 所示. 然而, 表 3.2 的估计是基于 3837 (3861–24) 个样本的 13 个变量的完整信息. 表 3.3 给出了去掉了 3 个所选 4 个变量有缺失的样本的模型结果. 不同的样本量导致了表 3.2 和表 3.3 中数值结果的细微差别.

表 3.3 最终模型参数的最大似然估计值

选出的变量	自由度	系数估计	标准误	p 值
截距项	1	−2.344	0.4584	0.0001
x_6 (教育)	1	−0.076	0.0313	0.0156
z_6 (黑种人)	1	0.699	0.1688	0.0001
x_{11} (孕次)	1	0.115	0.0466	0.0137
z_{10} (荷尔蒙)	1	1.539	0.4999	0.0021

在表 3.3 中, 我们可以看到黑种人 (z_6) 孕妇早产的优势比几乎是白种人孕妇的两倍, 因为相对应的优势比等于 $\exp(0.699) \approx 2.013$. 孕妇母亲使用 DES($z_{10}$) 是显著的, 且对于早产有很大影响. 然而, 教育年数 (x_6) 对早产有着很小但显著的保护性作用, 孕次则对于早产有显著但低幅度的负面影响.

从我们的分析中可以发现, 数据的缺失值会导致大量的信息损失. 作为一个潜在的影响, 我们可能会得到不精确甚至错误的结论. 例如, 重新观察表 3.1 和表 3.3, 我们发现在表 3.3 中 x_1 被 x_{11} 替代, 且其他三个变量的估计值也是完全不同的. 如果我们使用更少的样本, 这个差距可能会更加明显. 因此, 当有缺失值时, 我们需要采取预防措施. 在 4.8 节中, 我们将看到基于树模型的方法可以高效地处理缺失值, 我们可以为缺失值专门创建一个分类或者使用替代变量. 这些处理可以避免由缺失数据产生的不好结果.

虽然不常用, 但我们发现对最终的逻辑斯谛回归模型的预测能力进行评估是非常重要且有意义的. 为此我们给出了模型的 ROC (receiver operating characteristic) 曲线 (Hanley, 1989). 一般来说, 我们并不能对结果变量进行完美的分类或预测. 因此, 我们希望尽可能地减少错误. 在预测与疾病相关的二分型因变量时, 我们常常会碰到两种类型的错误: 不正常的预测成正常或者正常 [28]
的预测成不正常. 为了区分这两种错误, 统计学家将它们称为第一类错误和第二类错误. 在医学决策中, 它们分别被称为假阳性和假阴性. 在合理的设定中, 这两类错误是此消彼长的. 换言之, 在降低一种错误率的同时会导致另一种错误率的提高. ROC 曲线同时反映了这两种错误率, 量化了预测的准确性, 并用图像展现了结果.

对于样本 i, 我们估计她的早产风险为

$$\hat{\theta}_i = \frac{\exp(-2.344 - 0.076x_{i6} + 0.699z_{i6} + 0.115x_{i,11} + 1.539z_{i,10})}{1 + \exp(-2.344 - 0.076x_{i6} + 0.699z_{i6} + 0.115x_{i,11} + 1.539z_{i,10})}, \quad (3.3)$$

$i = 1, \cdots, 3861$, 这里使用的是表 3.3 的系数估计值. 对于任意的风险阈值 $r(0 \leqslant r \leqslant 1)$, 我们计算经验的真阳性率和假阳性率为

$$\text{TPP} = \frac{\text{估计早产风险大于 } r \text{ 的早产孕妇人数}}{\text{早产孕妇的总人数}}$$

和

$$\text{FPP} = \frac{\text{估计早产风险大于 } r \text{ 的非早产孕妇人数}}{\text{非早产孕妇的总人数}}.$$

当 r 是连续变量时, (FPP,TPP) 的轨迹组成了 ROC 曲线, 如图 3.1 所示. 在医学文献中, 真阳性率和真阴性率常被称作敏感性和特异性.

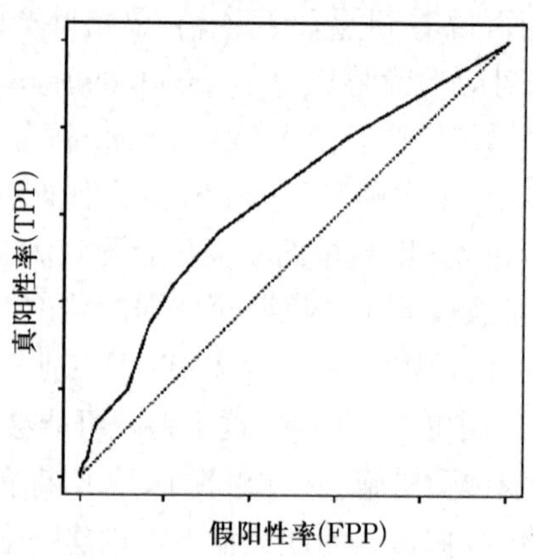

图 3.1 逻辑斯谛回归最终模型的 ROC 曲线

图 3.1 表明相比于随机预测, 我们最终得到的逻辑斯谛回归模型的预测精
[29] 度是有所提高的. 随机预测的意思是用掷硬币的方式来预测. ROC 曲线中的虚线代表随机预测的结果. 从图 3.1 中可以明显看出, 还有大量的差异未被模型解释, 因此模型还需要进一步改进.

同时注意到, 因为 ROC 曲线是基于风险的回代估计画的, 所以它展示的结果可能是过于乐观的, 也即 ROC 曲线下方面积可能是偏大的. 其原因如下: 一方面, 由 (3.3) 式的推断是基于耶鲁妊娠结果研究数据, 希望最大化 ROC 曲线下方面积. 如果我们将其运用到另一个与之独立的相似研究, 也称为验证集

中, 那么我们极有可能得到一个与 (3.3) 式不同的最优预测结果, 虽然差距可能不是很明显. 另一方面, 如果我们用 (3.3) 式来预测验证集中的样本, 那么和项目原本的结果相比, 预测效果一般会下降. 在一些实际应用中, 验证集是存在的, 如 Goldman 等人 (1982, 1996) 的研究. 但是在大部分案例中, 研究者只有一组数据. 那么在评估模型的预测能力时, 部分样本将会在交叉验证中被重复使用 (Efron, 1983). 本书将大量运用交叉验证这一方法, 特别是在第 4 章和第 9—12 章中. 交叉验证的基本思想是, 我们仅使用部分数据来训练模型, 并用剩下的数据作为验证集来选择模型. 这是一个人为地建立验证集的方法, 代价是用于估计模型系数的样本量会减小. 最简单的方法是将原本的数据一分为二. 这样, 我们可以交换两部分数据的角色, 使得样本得以重复使用.

第 4 章　二元分类树

[31] 在本章中, 我们将接着第 2 章的简介, 考虑递归划分方法的一些技术细节. 本章将有助于理解递归划分的方法和理论, 以及正确且有效地使用计算机软件. 为了简单清楚起见, 我们着重介绍最简单的情况——二元响应变量的情形. 尽管如此, 这将确立递归划分的基本框架.

4.1　结点不纯度

由于树由结点组成, 因此树的属性取决于这些结点的性质. 我们引入了 (2.1) 和 (2.2) 中的熵不纯度作为评估结点不纯度的一种方法. 如 Breiman 等人 (1984) 所述, 还有其他的不纯度函数可以选择. 在这里, 我们介绍结点不纯度的一般定义.

我们现在先关注二元结果. 记一个结点 τ 中的样本的患病率为 $\mathbb{P}\{Y = 1|\tau\}$, 那么, 一个结点 τ 的不纯度被定义为此概率 $\mathbb{P}\{Y = 1|\tau\}$ 的某个非负函数. 直观来讲, 最纯 (最小不纯度) 的结点应该只有一类结果, 即 $\mathbb{P}\{Y = 1|\tau\} = 0$ 或 1, 其不纯度为零. 例如, 图 2.1 中的所有终端结点都是纯的. 另一方面, 当 $\mathbb{P}\{Y = 1|\tau\} = \frac{1}{2}$ 时, 结点 τ 是最不纯的. 在这种情况下, 如果我们从结点 τ 中
[32] 取出一个样本, 那么这个样本是患病或者健康的概率是等可能的. 不纯度函数一般都是凹函数 (见图 4.1), 可以正式定义为

$$i(\tau) = \phi(\mathbb{P}\{Y = 1|\tau\}), \tag{4.1}$$

其中函数 ϕ 有如下性质: (i) $\phi \geqslant 0$, (ii) 对任意 $p \in (0,1), \phi(p) = \phi(1-p)$ 且 $\phi(0) = \phi(1) < \phi(p)$.

ϕ 的通常选择有如下几种:

$$\text{(i) } \phi(p) = \min(p, 1-p), \tag{4.2}$$

$$\text{(ii) } \phi(p) = -p\log(p) - (1-p)\log(1-p), \tag{4.3}$$

$$\text{(iii) } \phi(p) = p(1-p), \tag{4.4}$$

其中合理假设 $0\log 0 = 0$. 它们如图 4.1 所示. 在区分二分类时, Devroye 等人 (1996) 将这些 ϕ 均称为 F-误差 (F-errors), 即它们都是 F-误差的特殊形式. 具体而言: (4.2) 是贝叶斯误差, 即最小误差; (4.3) 是熵函数; (4.4) 是渐近最近邻近误差的一半, 或称基尼 (Gini) 指数. 由于 Breiman 等人 (1984) 所叙述的一些不良性质, 贝叶斯误差在实际中很少使用. 基尼标准同样也存在一些问题, 我们在本节结束的时候将会指出. 因此, 除非另有说明, 后面所叙述的不纯度都指的是熵准则.

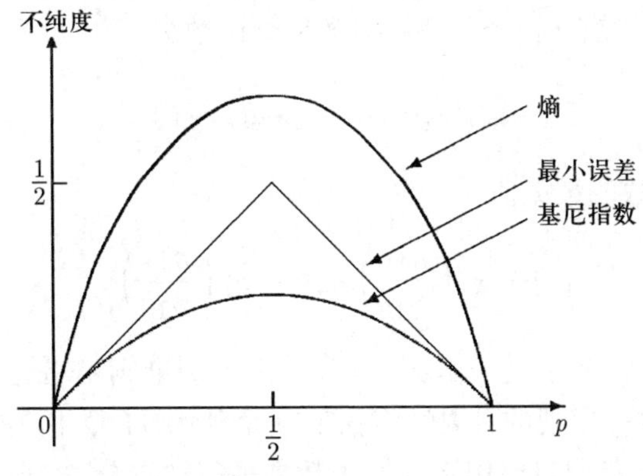

图 4.1 不纯度函数

当患病率 $\mathbb{P}\{Y=1|\tau\}$ 在结点 τ 中存在时, 不纯度的计算非常简单. 在许多应用, 例如前瞻性研究中, 这种患病率可以根据数据进行经验估计. 在其他时候, 可能需要额外的先验信息来估计患病率. 例如我们考虑一个有 100 个对照 (正常) 和 100 个病例 (患病) 的病例对照研究. 我们需要预先知道或猜测这个选择出 200 个研究对象的总体人群的患病率, 并能在此总体中下结论. 举个例子, 假设人口患病率是 0.004. 也就是说, 每 1000 个人中会随机地有 4 个人患 [33]
病. 然后, 使用贝叶斯定理, 结点 τ 内的患病率为

$$\begin{aligned}\mathbb{P}\{Y=1|\tau\} &= \frac{\mathbb{P}\{Y=1,\tau\}}{\mathbb{P}\{\tau\}} \\ &= \frac{\mathbb{P}\{Y=1\}\mathbb{P}\{\tau|Y=1\}}{\mathbb{P}\{Y=1\}\mathbb{P}\{\tau|Y=1\}+\mathbb{P}\{Y=0\}\mathbb{P}\{\tau|Y=0\}},\end{aligned}$$

其中 $\mathbb{P}\{Y=1\}=1-\mathbb{P}\{Y=0\}=0.004$. 从数据中我们可以估计出条件概率: $\mathbb{P}\{\tau|Y=1\}$ 与 $\mathbb{P}\{\tau|Y=0\}$. 前者是一个随机对象的响应变量为 1 时, 它落入到结点 τ 中的条件概率. 后者可类似解释. 假设 100 个病例中有 30 个、100 个对照中有 50 个落在结点 τ 中. 便可计算出, $\mathbb{P}\{Y=1\}=30/100=0.3$ 以及 $\mathbb{P}\{Y=0\}=50/100=0.5$. 将这些数字放在一起, 我们得到

$$\mathbb{P}\{Y=1|\tau\}=\frac{0.004\times 0.3}{0.004\times 0.3+0.996\times 0.5}=0.0024.$$

这一准则在 (2.1) 中首先被定义, 并且在 (4.3) 中有另一种解释. 这种不同的观点有助于将基于树的方法推广到各种情形. 假设 Y 在结点 τ_L 中服从事件发生概率为 θ 的二项分布, 即

$$\mathbb{P}\{Y=1|\tau_L\}=\theta.$$

于是, 在结点 τ_L 中有 $n_{1\cdot}$ 个观测的对数似然函数为

$$n_{11}\log(\theta)+n_{12}\log(1-\theta).$$

这个对数似然函数的最大值为

$$n_{11}\log\left(\frac{n_{11}}{n_{1\cdot}}\right)+n_{12}\log\left(\frac{n_{12}}{n_{1\cdot}}\right),$$

这与 (2.1) 成比例. 基于这一事实, 许多结点分裂准则是通过最大化某些似然函数而得到的. 这一发现的重要性将在第 9 章和第 11 章中进行详细说明.

到目前为止, 我们只使用不纯度函数来进行结点分裂. 当然还有其他的分裂方法. 特别值得一提的是, Breiman 等人 (1984) 提到了二分规则 (the twoing rule), 它采用了一个不同的度量来评价分裂优度, 如下所示:

$$\frac{\mathbb{P}\{\tau_L\}\mathbb{P}\{\tau_R\}}{4}\left[\sum_{j=0,1}|\mathbb{P}\{Y=j|\tau_L\}-\mathbb{P}\{Y=j|\tau_R\}|\right]^2.$$

对于二分类问题, 二元规则与基尼指数的使用相吻合. 可以看出, 这一标准有着不理想的终端分裂优先问题 (end-cut preference problem)(Morgan 和 Messenger 1973 与 Breiman 等人 1984, 第 11 章): 它倾向于导致两个子结点极度
[34] 不平衡的分裂. 为了解决这个问题, THAID (Messenger 和 Mandell 1972 以及 Morgan 和 Messenger 1973) 和 CART (Breiman 等人 1984) 两种方法都进行了一种称为 delta 分裂规则的修改. 其他分裂函数也可能遇到这个问题, 但我们的观察结果表明, 基尼指数会有更大的问题.

4.2 终端结点的确定

回想一下, 递归划分的目的是提取研究样本中同质的 (homogeneous) 子群. 我们是否达到了这个目标取决于终端结点是否确实是同质的. 换句话说, 一棵树的质量仅仅是其终端结点的质量. 因此, 我们对一棵树 $\mathcal{T}$ 进行如下定义:

$$R(\mathcal{T}) = \sum_{\tau \in \tilde{\mathcal{T}}} \mathbb{P}\{\tau_L\} r(\tau), \tag{4.5}$$

其中 $\tilde{\mathcal{T}}$ 是 $\mathcal{T}$ 终端结点的集合, $r(\tau)$ 用于衡量结点 τ 的分类好坏, 即结点 τ 的质量, 这些会在下面两节中说明. 一般而言, $r(\tau)$ 与线性回归中残差的平方和相似. 剪枝的目的是初选饱和树 $\mathcal{T}_0$ 的最优子树 $\mathcal{T}^*$, 最优子树 $\mathcal{T}^*$ 是使得 $R(\mathcal{T})$ 达到最小化得到的. 我们将在后面四个小节中解释如何确定终端结点, 或等价地, 确定子树 $\mathcal{T}^*$. 对这些方法发展不太感兴趣的读者可以跳过它们.

4.2.1 误分类成本

我们有几个问题需要关注. 首先, 我们需要定义 $r(\tau)$, 并由此建立树的质量 $R(\mathcal{T})$. 然后, 讨论如何估计 $R(\mathcal{T})$ 以及如何使用它来修剪一棵树.

结点不纯度显然可以用来定义 $r(\tau)$. 而在目前, $r(\tau)$ 通常被选为误分类成本, 因为我们关注对二元输出结果进行分类. 出于同样的原因, 或许有人会问, 为什么我们不在第一步中通过最小化误分类成本来划分结点. 我们将答案留到本节结束. 尽管如此, 在第 9 章和第 11 章中我们看到, $r(\tau)$ 和分裂标准有时基于的是相同的度量.

在许多应用中, 基于树的方法被用于预测. 也就是说, 在给定一个对象的特征后, 我们必须在知道结果之前, 预测这个对象的结果. 例如, 在 Goldman 等人 (1982) 的研究中, 急诊室中的内科医生必须根据入院后几小时内获得的信息, 来预测胸部疼痛的患者是否患有严重心脏病. 为此, 我们首先对结点 τ 进 [35]
行分类, 0 (正常) 或 1 (异常), 然后利用这个分类作为每一个由特征划分到结点 τ 的个体的预测. 不幸的是, 我们总是在这样的分类问题中犯错, 因为一些正常个体会被预测为患病者, 反之亦然. 例如, 图 3.1 中表明逻辑斯谛回归模型对这些假阳性错误和假阴性错误的预测表现. 无论如何, 为了权衡这些错误, 我们需要指定误分类成本.

我们来看图 2.2(b) 中的根结点. 在此根结点中, 有 205 个早产婴儿和 3656 个足月分娩的婴儿. 如果我们将整个根结点分配到类 1, 则会有 3656 个正常生产的婴儿被错误分类. 在这种情况下, 我们会错误地预测正常生产的婴儿, 并出现假阳性错误. 另一方面, 如果将根结点分配到类 0, 我们会错误分类 205 个早产儿, 这些是假阴性错误. 如果看重的只是假阳性和假阴性错误的数量, 我们会将根结点分配为类 0, 因为我们犯的错误更少. 然而这种 "幼稚" 的分类却没有考虑到错误的严重性. 例如, 当我们将正常婴儿分类为早产儿时, 这个婴儿可能会受到 "不必要的" 特殊照顾. 但是如果是早产儿被当作正常足月分娩的婴儿, 这个婴儿可能得不到必要的照顾. 有时候, 一个错误可能是致命的, 例如心脏衰竭的假阴性诊断. 在大多数应用中, 假阴性错误比假阳性错误的严重程度更甚. 因此, 我们不能简单地计算错误. 这两种错误必须加以权衡.

设 $c(i|j)$ 为 j 类个体被归为 i 类个体的一个单位误分成本. 当 $i = j$ 时, 我们进行了正确的分类, 成本自然应该为零, 即 $c(i|j) = 0$. 由于 i 和 j 只能取 0 或 1 的值, 不失一般性, 我们可以设定 $c(1|0) = 1$. 换句话说, 一个假阳性错误记为 1. 临床医生和统计人员需要一起工作来评估 $c(1|0)$ 的相对成本. 这是一个主观、困难但是非常重要的决定. 之后, 在第 4.5 节中, 我们将介绍一个避免这个决定的替代剪枝过程.

这里为了便于说明, 对于 $c(0|1)$, 我们取 1 到 18 之间的值. 由于上述原因, 我们通常假定 $c(0|1) \geqslant c(1|0)$. 上限 18 是基于 $3656 : 205 = 17.8 : 1$ 的事实. 注意, 3656 和 205 分别是根结点中足月分娩的婴儿和早产儿的数量. 表 4.1 给出了当图 2.2(b) 中的 5 个结点被假定为类 0 或类 1 时的误分类成本.

表 4.1 误分类成本

误分类成本	假定	结点数				
	类别	1	2	3	4	5
$c(0\|1)$	1	3656	640	3016	187	453
1	0	205	70	135	11	59
10	0	2050	700	1350	110	590
18	0	3690	1260	2430	198	1062

例如, 当 $c(0|1) = 10$ 时, 这意味着一个假阴性错误的成本 10 倍于假阳性错误. 我们知道, 如果根结点被分配了类 1, 则成本为 3656. 如果根结点被分配为了类 0, 则成本为 $225 \times 10 = 2250$. 因此, 由于 $2250 < 3656$, 根结点应该被
[36] 分配为类 0. 换句话说, 一个结点被分配为第 1 类还是第 0 类, 取决于假阳性错误的成本是否低于假阴性错误的成本. 形式上, 若

$$\sum_i [c(j|i)\mathbb{P}\{Y = i|\tau\}] \leqslant \sum_i [c(1-j|i)\mathbb{P}\{Y = i|\tau\}], \tag{4.6}$$

结点 τ 被分配到类 j. $r(\tau)$ 表示 (4.6) 的左边项, 这是结点内任何个体的预期成本. 这个成本通常被称为结点内误分类成本. 将其称为条件误分类成本, 会更容易令人接受. 将 $r(\tau)$ 乘以 $\mathbb{P}\{\tau\}$, 我们得到结点的非条件误分类成本 $R(\tau)=\mathbb{P}\{\tau\}r(\tau)$. 在后面的讨论中, 一个结点的误分类成本都是指无条件的定义, 而结点内的误分类成本则意味着是有条件的定义.

在本节前面, 我们提到了使用 $r(\tau)$ 来分裂结点的可能性. 在目前情况下这被证明是不方便的, 因为在任何树生长之前, 通常难以分配成本函数. 事实上, 即使在给定树的轮廓后, 这个分配仍然具有挑战性. 此外, 有大量的经验证据表明, 使用熵不纯度函数通常只需要合理的样本量, 就能得到有用的树. 我们可以参考 Breiman 等人 (1984) 的一些例子.

定义了一个结点的误分类成本, 进而定义到一棵树上, 我们还要面临估计它的问题. 例如在本节中, 我们取 $c(0|1)=10$. 对于 $c(0|1)$ 的其他选择, 其过程是相同的. 根据表 4.1, 我们可以估计出图 2.2(b) 中结点 1 至 5 的误分类成本. 如表 4.2 所示, 这些估计被称为误分类成本的回代估计 (resubstitution estimate).

表 4.2 误分类成本的回代估计 (单位: $c(0|1)=10$)

结点数	结点类别	权重 $\mathbb{P}\{\tau\}$	结点内成本 $r(\tau)$	成本 $R^s(\tau)$
1	0	$\frac{3861}{3861}$	$\frac{10*205}{3861}$	$\frac{2050}{3861}=0.531$
2	1	$\frac{710}{3861}$	$\frac{1*640}{710}$	$\frac{640}{3861}=0.166$
3	0	$\frac{3151}{3861}$	$\frac{10*135}{3151}$	$\frac{1350}{3861}=0.350$
4	0	$\frac{198}{3861}$	$\frac{10*11}{198}$	$\frac{110}{3861}=0.028$
5	1	$\frac{506}{3861}$	$\frac{1*453}{506}$	$\frac{453}{3861}=0.117$

令 $R^s(\tau)$ 表示结点 τ 的误分类成本的回代估计. 不幸的是, 回代估计通常低估了以下情形的成本. 如果我们有一个独立的数据集, 我们可以将新的样本分配给树的各个结点, 并根据这些新样本计算成本. 该成本往往高于回代估计, 因为分裂标准与成本有关, 因此, 误分类成本的回代估计通常过于乐观. 在某些应用中, 这种独立的数据集称为测试样本或验证集, 参见例如 Goldman
等人 (1982, 1996). 为了获得无偏的成本估计, 需要交叉验证等样本复用方法 [37]
(sample reuse procedure).

4.2.2 成本复杂度

尽管误分类成本这个概念有其自身的优点, 但是它在树中的主要用途是选择 "合适大小" 的子树, 即确定终端结点. 例如, 图 2.2(a) 表示了图 2.2(b) 中的树的子树, 因为树 (或子树) 给出了结点的一个集成图, 我们在这里集中讨论如何估算树的误分类成本. 这种想法引出了树方法中一个非常关键的概念: 树的成本复杂度. 它被定义为

$$R_\alpha(\mathcal{T}) = R(\mathcal{T}) + \alpha|\tilde{\mathcal{T}}|, \tag{4.7}$$

其中 $\alpha(\geqslant 0)$ 是复杂度参数, $|\tilde{\mathcal{T}}|$ 是 $\mathcal{T}$ 中终端结点的个数. 在这里, 树的复杂性实际上是树的大小的代名词. $|\tilde{\mathcal{T}}|$ 被用作衡量树的复杂度, 因为树 $\mathcal{T}$ 中结点的总数是其终端结点数量的两倍减 1, 即 $|\mathcal{T}| = 2|\tilde{\mathcal{T}}| - 1$. 作为树质量的度量, $R_\alpha(\mathcal{T})$ 和 $R(\mathcal{T})$ 之间的差别在于前者惩罚了大树.

对于任何超过 20 个结点的树, 都可能有很多子树, 而且涉及的组合通常很复杂. 而树的成本复杂度的构建使用, 可以让我们从任何给定的树 $\mathcal{T}$ 中, 构造一系列嵌套的 "基本" 子树, 以便我们可以检查这些子树的性质, 并从中进行选择.

我们之前放弃使用回代方法来估计结点误分类成本的想法. 然而, 回代方法在评估成本复杂性方面发挥着不同却有用的作用. 让我们再看看图 2.2(b) 中由 5 个结点组成的树 $\mathcal{T}_0$. 使用表 4.2 中的回代估计, $\mathcal{T}_0$ 的成本为 $0.350 + 0.028 + 0.117 = 0.495$, 其复杂度为 3. 因此, 对于给定的复杂度参数 α, 其成本
[38] 复杂度为 $0.495 + 3\alpha$. 问题是, $\mathcal{T}_0$ 的子树是否具有较小的成本复杂度? 下述定理对于回答这个问题非常重要:

> **定理 4.1 (Breiman 等人 1984, 3.3 节)** 对于任意复杂度参数 α, 都存在 $\mathcal{T}_0$ 的唯一最小子树, 使其成本复杂度最小.

这个定理确保我们不会有两个成本复杂度相同的最小的子树. 我们称这个最小子树为复杂度参数 α 的最优子树. 例如, 当 $\alpha = 0$ 时, 最优子树就是 $\mathcal{T}_0$. 为什么呢? 请注意 $\mathcal{T}_0$ 有两个附加子树. 一个由 $\mathcal{T}_1$ 表示, 绘制在图 2.2(a) 中, 其成本复杂度为 $0.166 + 0.350 + 0 \times 2 = 0.516$. 另一个子树称为 $\mathcal{T}_2$, 仅包含根结点, 其成本复杂度为 $0.531 + 0 \times 1 = 0.531$. 我们看到 0.516 和 0.531 均大于 0.495. 但在一般情况下, 对应于 $\alpha = 0$ 的最优子树不太可能是初始树.

我们总是可以选择足够大的 α, 使得对应的最优子树是单结点树. 实际上, 当 $\alpha \geqslant 0.018$ 时, $\mathcal{T}_2$(根结点树) 成为最优子树, 因为

$$R_{0.018}(\mathcal{T}_2) = 0.531 + 0.018 \times 1 = 0.495 + 0.018 \times 3 = R_{0.018}(\mathcal{T}_0)$$

且

$$R_{0.018}(\mathcal{T}_2) = 0.531 + 0.018 \times 1 < 0.516 + 0.018 \times 2 = R_{0.018}(\mathcal{T}_1).$$

虽然 $R_{0.018}(\mathcal{T}_2) = R_{0.018}(\mathcal{T}_0)$, 但 $\mathcal{T}_2$ 是最优子树, 因为它比 $\mathcal{T}_0$ 要小. 这个计算证实了我们没有两个最小且成本复杂度相同的子树的定理.

有趣的是, 在这个例子中, $\mathcal{T}_1$ 不是任何 α 的最优子树. 这是因为对任意 $\alpha \in [0, 0.018)$, $\mathcal{T}_0$ 是其最优子树, 而当 $\alpha \in [0.018, \infty)$ 时, $\mathcal{T}_2$ 是 α 的最优子树. 下面两点值得注意. 首先, 并非所有的子树都有对应的复杂度参数, 使其是最优的. 这很重要, 因为我们不能考虑所有的子树. 同时, 我们认为这些子树是不重要的. 其次, 尽管复杂度参数的值是连续的, 但我们只有有限数量的子树. 因此, 一个最优子树对应于一个复杂度参数的区间, 在其范围内都是最优的, 并且这样区间的数量是有限的. 例如, 我们的树 $\mathcal{T}_0$ 产生了两个区间.

但我们仍然需要找到这些区间的边界, 或 α 的阈值, 并得到相应的最优子树. 这些问题将在 4.2.3 节中解决.

*4.2.3 嵌套最优子树

为了便于理解, 我们使用了如图 4.2 所示的扩展树结构, 其中结点的编号 [39]
从 1 到 9. 注意, 每个内部结点都有一些后代终端结点. 我们通过比较内部结点的回代误分类成本, 与其后代终端结点的回代误分类成本的总和, 得出该树的第一个正阈值参数 α_1. 后者由结点 τ 的 $R^s(\tilde{\mathcal{T}}_\tau)$ 表示. 这里, $\mathcal{T}_\tau$ 可以看作根结点为 τ 的子树, 而 $\tilde{\mathcal{T}}_\tau$ 包含 $\mathcal{T}_\tau$ 的终端结点, 即结点 τ 的后代终端结点在更大的

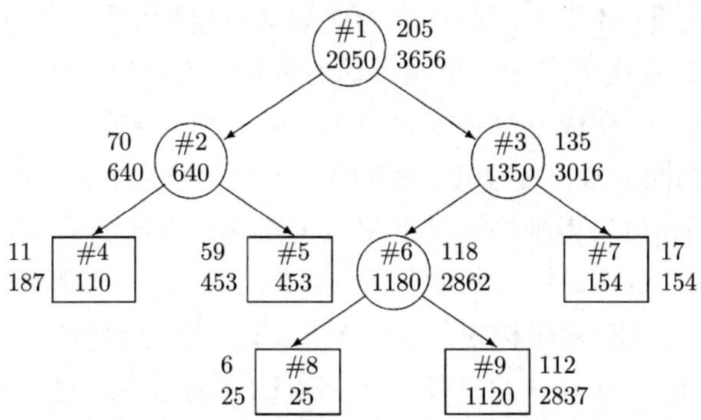

图 4.2 构造的嵌套最优树. 每个结点内部的上面数字表示结点数, 下面数字表示误分类成本的单位. 每个结点旁边上面数字表示结点中非正常个体数, 下面数字表示正常个体数

树中.

表 4.3 的第 2 至第 4 列分别给出了 $R^s(\mathcal{T}_\tau)$, $R^s(\tilde{\mathcal{T}}_\tau)$ 和 $|\tilde{\mathcal{T}}_\tau|$. 这些信息相比于结点与其子终端结点的成本复杂度是非常重要的. 例如, 结点 3 本身的成本是 $R^s(3) = 1350/3861 = 0.350$. 它是终端结点 7, 8 和 9 的祖先. 而在这三个终端结点内的误分类成本单位分别为 154, 25 和 1120. 因此, $R^s(\tilde{T}_3) = (154+25+1120)/3861 = 0.336$. 因此, $R^s(3)$ 和 $R^s(\tilde{T}_3)$ 之差为 $0.350 - 0.336 = 0.014$. 另一方面, 单独结点 3 和它的三个后代终端结点之间的复杂度之差为 $3 - 1 = 2$. 平均而言, 一个附加的终端结点将使成本降低 $0.014/2 = 0.007$, 如表 4.3 最后一列所示.

表 4.3 成本复杂度

结点	$R^s(\tau)$	$R^s(\tilde{\mathcal{T}}_\tau)$	$\|\tilde{\mathcal{T}}_\tau\|$	α
9	0.29	0.290	1	
8	0.006	0.006	1	
7	0.040	0.040	1	
6	0.306	0.296	2	0.010
5	0.117	0.117	1	
4	0.028	0.028	1	
3	0.350	0.336	3	0.007
2	0.166	0.145	2	0.021
1	0.531	0.481	5	0.013
			最小值	0.007

现在的问题是: 如果内部结点成为终端结点会发生什么? 换句话说, 删除内部结点的所有后代结点的后果是什么? 例如, 如果我们剪掉了根结点的后代结点, 就得到了一棵成本复杂度为 $0.531 + \alpha$ 的根结点树. 为使它与最初的九结点树具有相同的成本复杂度, 我们需要令 $0.481 + 5\alpha = 0.531 + \alpha$, 得到 $\alpha = 0.013$. 我们还可以得到将结点 2 更改为终端结点的结果, 即将结点 2 的子结点全部剪去. 然后将最初的九结点树与由结点 1 至 3 和结点 6 至 9 组成的七结点子树进行比较. 对于构建的新的子树, 其具有与初始九结点树相同的成本复杂度, 可以得到 $\alpha = 0.021$. 实际上, 对于任何内部结点, $\tau \notin \mathcal{T}$, α 的值正好为

$$\frac{R^s(\mathcal{T}_\tau) - R^s(\tilde{\mathcal{T}}_\tau)}{|\tilde{\mathcal{T}}_\tau| - 1}.$$

第一个正阈值参数 α_1 是 $|\tilde{\mathcal{T}}_\tau|$ 个内部结点中最小的 α.

根据表 4.3 中的例子 $\alpha_1 = 0.007$. 当

$$R^s(\mathcal{T}_\tau) + \alpha_1 \leqslant R^s(\tilde{\mathcal{T}}_\tau) + \alpha_1|\tilde{\mathcal{T}}|$$

等式不再成立时, 我们通过 α_1, 将内部结点 τ 变为了终端结点. 这个剪枝过程产生了对应于 α_1 的最优子树. 事实上, 图 2.2(b) 所示的树展示了这第一个阈值产生的过程.

除非如图 2.4(b) 中所示, 一次修剪子树后, 我们的树变为了初始只有根结
点的树. 否则, 在使用第一个阈值修剪树之后, 与第一个复杂度参数阈值的寻找 [41]
过程相同, 我们继续寻找第二个复杂度参数的阈值 α_2. 从前面的讨论中可以知道, $\alpha_2 = 0.018$, 其最优子树是根结点树. 然后我们不需要从这里再继续寻找更多的阈值, 因为根结点树是最小的. 一般来说, 假设我们在找到了 m 个阈值之后, 结束了寻找,

$$0 < \alpha_1 < \alpha_2 < \cdots < \alpha_m, \tag{4.8}$$

并且令 $\alpha_0 = 0$. 阈值 α_k $(k = 0, \cdots, m)$ 必须通过构造更大的树来增加. 同样, 令其对应的最优子树为

$$\mathcal{T}_{\alpha_0} \supset \mathcal{T}_{\alpha_1} \supset \mathcal{T}_{\alpha_2} \supset \cdots \supset \mathcal{T}_{\alpha_m}, \tag{4.9}$$

其中 $\mathcal{T}_{\alpha_1} \supset \mathcal{T}_{\alpha_2}$ 表示 $\mathcal{T}_{\alpha_2}$ 是 $\mathcal{T}_{\alpha_1}$ 的子树. 特别地, $\mathcal{T}_{\alpha_m}$ 是根结点子树. 这些是所谓的嵌套最优子树. 最终的子树将从中选择.

嵌套最优子树的构造也证明了下面的有用结论:

定理 4.2 若 $\alpha_1 > \alpha_2$, α_1 对应的最优子树是 α_2 对应的最优子树的子树.

为了替最终子树的选择铺平道路, 我们需要对这些子树的误分类成本 $R(\mathcal{T}_{\alpha_k})$ $(k = 0, 1, \cdots, m)$ 进行一个很好的估计. 最终将选择误分类成本最小的一个.

当有测试样本时, 对于任何子树 $\mathcal{T}$ 来估计 $R(\mathcal{T})$ 都很简单, 因为我们只需要将子树应用到测试样本中. 而若我们没有一个测试样本, 困难就出现了. 通常我们使用交叉验证来人为地创建一些测试样本. 这个方法在下面会进行简单的描述.

在描述交叉验证过程之前, 回顾一下目前我们所取得的成果, 这对我们后面的学习非常有帮助. 从学习样本开始, 我们通过递归分裂结点的方式来构造一棵大树. 然后从这棵大树中, 我们计算出一系列复杂度参数 $\{\alpha_k\}_0^m$ 及其对应的最优子树 $\{\mathcal{T}_{\alpha_k}\}_0^m$.

交叉验证的第一步是将整个研究样本分成若干部分, 通常分别是 5, 10 或 25, 分别对应于 5,10 或 25 折交叉验证. 这里, 我们将耶鲁妊娠结果研究 (Yale Pregnancy Outcome Study) 中的 3861 名女性随机分为 5 组, 记为第 1 至第 5 组. 第 1 组中有 773 位女性, 其余各组中共有 772 位女性. 设 $\mathcal{L}_{(-i)}$ 为除了组 i 中所有个体的样本集合, $i = 1, \cdots, 5$.

使用 $\mathcal{L}_{(-1)}$ 中的 3088 名女性, 我们可以像使用所有 3861 名女性一样, 生成另一棵大树 $\mathcal{T}_{(-1)}$. 从上面已经推导的复杂度参数序列中取出每个 α_k, 并获得对应于 α_k 的 $\mathcal{T}_{(-1)}$ 中的最优子树 $\mathcal{T}_{(-1),k}$. 然后, 我们将有一系列 $\mathcal{T}_{(-1)}$ 中的
[42] 最优子树, 即 $\{\mathcal{T}_{(-1),k}\}_0^m$. 使用组 1 作为对应于 $\mathcal{L}_{(-1)}$ 的测试样本, 我们有一个 $R(\mathcal{T}_{(-1),k})$ 的无偏估计 $R^{ts}(\mathcal{T}_{(-1),k})$. 由于 $\mathcal{T}_{(-1),k}$ 与 $\mathcal{T}_{\alpha_k}$ 有关, 它们对应于相同的 α_k, 所以 $R^{ts}(\mathcal{T}_{(-1),k})$ 可以看作 $R(\mathcal{T}_{\alpha_k})$ 的交叉验证估计. 同样, 使用 $\mathcal{L}_{(-i)}$ 作为训练样本, 第 i 组数据作为测试样本, 我们也有 $R^{ts}(\mathcal{T}_{(-i),k})(i = 2, \cdots, 5)$ 作为 $R(\mathcal{T}_{\alpha_k})$ 的交叉验证估计. 因此, $R(\mathcal{T}_{\alpha_k})$ 的最终交叉验证估计 $R^{cv}(\mathcal{T}_{\alpha_k})$ 由在 $i = 1, \cdots, 5$ 上对 $R^{ts}(\mathcal{T}_{(-i),k})$ 进行平均得出.

对应于最小 R^{cv} 的子树显然是我们所需要的. 正如我们将在 4.4 节看到的那样, 交叉验证估计通常具有实质性的作用. 考虑到估计过程的不确定性以及构建简单树结构的目标, Breiman 等人 (1984) 提出了一个修改的策略来选择最终树, 该树考虑了交叉验证估计的标准误. 令 SE_k 为 $R^{cv}(\mathcal{T}_{\alpha_k})$ 的标准误. 我们在 4.3 节讨论如何计算 SE_k. 假设 $R^{cv}(\mathcal{T}_{\alpha_{k^*}})$ 是所有 $R^{cv}(\mathcal{T}_{\alpha_k})$ 中最小的. 修改后的策略选择交叉验证估计值在 $R^{cv}(\mathcal{T}_{\alpha_{k^*}})$ 预定范围内的最小子树, 通常由一个单位 SE_{k^*} 定义. 这就是所谓的 1-SE 规则. 经验证据表明, 使用 1-SE 规则选择的树通常不会优于使用 0-SE 规则选择的树 (即具有最小 R^{cv} 的树). 我们将在 4.4 节重新讨论耶鲁妊娠结果研究, 并介绍整个树木生长和剪枝步骤的具体细节, 包括交叉验证的过程.

4.3 R^{cv^*} 的标准误

评估统计估计中的不确定性通常都是非常重要的. 考虑到递归划分过程的复杂性, 对于树的误分类成本, 推导出交叉验证估计的标准误是非常复杂甚至不可能实现的. 造成这种结果的因素有很多: 例如我们没有对响应变量做出分布假设, 树由嵌套的向前逐步增长所得到, 由自下而上的剪枝过程所确定. 树的剪枝特别复杂, 使得分析推导不可用. 下面是 Breiman 等人给出的启发式论证 (1984, 第 11.5 节). 对于更多以理论为导向的读者来说, 这种启发式论证可以作为一个学习的起点. 我们参考了 Lugosi 和 Nobel (1996) 与 Donoho (1997)

的一些关于分类树的理论发展.

回想一下, 整个研究样本中的每个个体都被当作了一次测试个体. 这些个体通过建立 $m+1$ 个子树的序列, 进行 $m+1$ 次类别的分配, 这些子树序列通过对应的训练样本构建. 假设 $C_{i,k}$ 是第 i 个个体在第 k 个子树上, 作为测试个 [43]
体时的误分类成本, $i=1,\cdots,n,\ k=0,1,\cdots,m$. 那么,

$$R^{cv}(\mathcal{T}_{\alpha_k})=\sum_{j=0,1}\mathbb{P}\{Y=j\}\bar{C}_{k|j}, \tag{4.10}$$

其中 $\bar{C}_{k|j}$ 是对应为 j (即 $Y=j$) 的集合 S_j 上 $C_{i,k}$ 的平均, 也就是说

$$\bar{C}_{k|j}=\frac{1}{n_j}\sum_{i\in S_j}C_{i,k}, \tag{4.11}$$

其中 n_j 表示 S_j 中个体的数量. 我们知道 $C_{i,k}$ 彼此之间可能是相互关联的, 因为 $C_{i,k}$ 是来自同一个体 (第 i 个) 的成本, 而子树 (第 k 个) 是变化的. 但为了方便起见, 它们之间被视为不相关的. 然后, 每个 $\bar{C}_{k|j}$ 的样本方差为

$$\frac{1}{n_j^2}\left(\sum_{i\in S_j}C_{i,k}^2-n_j\bar{C}_{k|j}^2\right),$$

以及从 (4.10) 与 (4.11) 得出 $R^{cv}(\mathcal{T}_{\alpha_k})$ 的启发式标准误 (heuristic standard error) 为

$$SE_k=\left\{\sum_{j=0,1}\left(\frac{\mathbb{P}\{Y=j\}}{n_j}\right)^2\left(\sum_{i\in S_j}C_{i,k}^2-n_j\bar{C}_{k|j}^2\right)\right\}^{1/2}. \tag{4.12}$$

4.4 基于树的耶鲁妊娠结果研究分析

在本节中, 我们将递归划分技术应用于耶鲁妊娠结果的研究中. 图 4.3 是一个有 53 个结点的大树. 这棵大树产生了 11 个嵌套最优子树序列, 对应于 11 个复杂度参数 $\{\alpha_k\}_0^{10}$. 我们再次选择 $C(0|1)=10$. 在图 4.3 中, 这些复杂度参数放置在那些给定参数后可能成为终端结点的结点上. 随着我们增加复杂度参数, 我们可以看到树结构的逐渐变化.

通过交叉验证的方法, 我们估计了 11 个最优子树的误分类成本, 然后通过 (4.12) 计算它们的标准误. 我们每次使用 5 折和 10 折交叉验证, 数值结果见图 4.4. 5 折和 10 折交叉验证的估计值之间的差异似乎表明, (4.12) 中给出的标 [44]

准误可能会被略微地低估. 我们可以通过多次重复交叉验证, 同时计算标准误的经验估计来进行更彻底的检查.

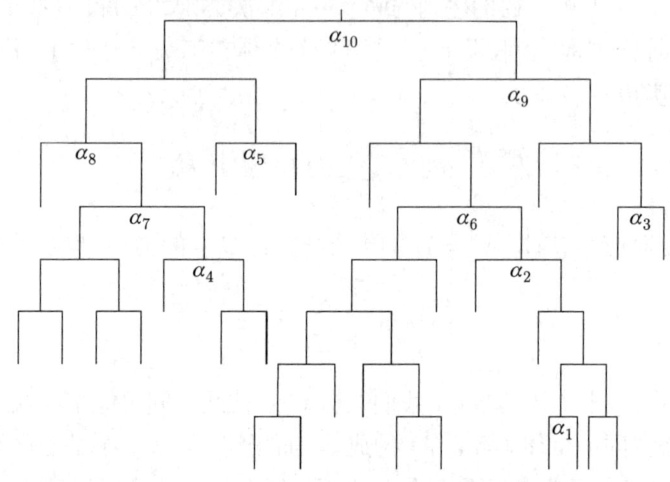

图 4.3　由一系列复杂度参数为索引的一棵初始的大树

图 4.4 表明使用 1-SE 准则来选择根结点子树. 这样做的原因是考虑到这里的风险因素, 交叉验证的方法可能没有足够的预测能力. 这句话是相对于选定的单位成本 $C(0|1) = 10$ 为前提的. 例如, 当我们使用 $C(0|1) = 18$ 并且执行 5 倍交叉验证时, 除了结点 2 应该是终端结点之外, 最终的树具有类似的结构, 这在图 4.2 中可以看出. 当分析的目的还是以探索性为主的时候, 我们可以使用其他方法来修剪树. 其详细内容请参阅下一节.

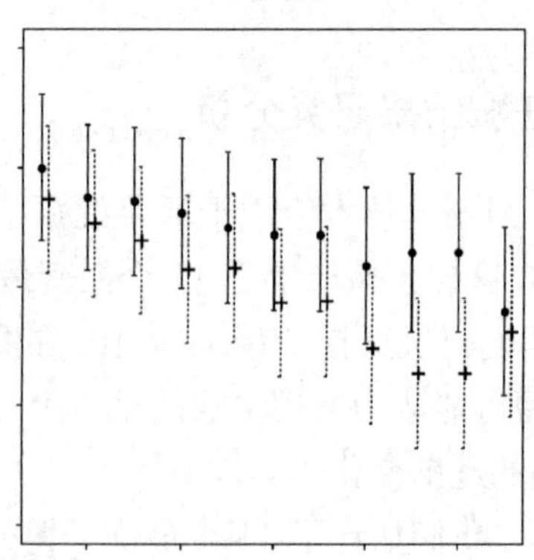

图 4.4　交叉验证估计出的一系列嵌套最优树的误分类成本. 5 折和 10 折的估计值分别用 • 和 + 表示. 随着估计值绘制的还有 2 倍 SE 的区间长度 (沿每个方向都是 1 倍 SE)

4.5 替代剪枝方法

从 4.4 节的讨论中我们可以看出, 假阴性错误的惩罚项 $C(0|1) = 10$, 对于最终树结构的选择至关重要. 如果对受试者进行分类是分析的主要目标, 那么必须进行适当的选择并且说明理由. 然而, 在许多次要的分析中, 其目的主要是探索数据结构并进行假设. 参见如 Zhang 和 Bracken (1995, 1996) 的文献. 因此, 在不分配误分类成本单位的情况下进行分析将会非常方便. 在后面的章节 (9 章和 11 章) 中, 当我们处理更复杂情形的分类问题时, 采用误分类成本这种 [45]
方式来进行分类会更难或者根本不可行. 而且, 像 Zhang 等人 (1996) 所讨论的那样, 交叉验证使用的前提可能不适用于某些实际情况, 因为我们可能会手动生长以及修剪树. 此外, 在一些数据中, 变量可以大致分为遗传型和环境型, 遗传因素在递归划分期间出现在环境因子之前会比较有趣. 在其他情况下, 信息可能会被依次收集起来, 使用易于获得的变量对数据进行划分非常重要. 最后, 一些特别树的 "修复" 可能需要根据具体情况进行. 这涉及改变分裂变量和分裂水平, 以便在临床意义上更容易解释树结构. 总而言之, 程序自动产生的树结构并不一定是我们想要的. 有时, 也可能有一种方法上的或实际的动机, 来寻找一些替代的后向剪枝过程. 接下来, 我们根据 Segal (1988) 提出的关于生存树 (见第 9 章) 的一些想法, 描述一个这样的过程.

大树 $\mathcal{T}$ 生长后, 自下而上为每个内部结点 τ 分配一个统计量 S_τ. 我们稍后会回到这个任务, 详述其中的细节. 然后, 我们按照递增的顺序排列这些统计量

$$S_{\tau_1} \leqslant S_{\tau_2} \leqslant \cdots \leqslant S_{\tau_{|\tilde{\mathcal{T}}|-1}}.$$

我们选择一个阈值, 如果内部结点对应的统计量小于阈值所对应的, 则将内部结点更改为终端结点. 有两种方法可用于选择阈值, 一种简单的方法是取 [46]
对应于指定显著性水平的阈值, 例如 0.05.

第二种方法是按照 4.2.3 节的方法构建一系列嵌套子树, 并检查这些嵌套子树的结果, 然后再确定出阈值. 嵌套子树产生如下: 在所有内部结点中, 确定最小的 $S_{\mathcal{T}}$, 并修剪达到最小值的最高结点的后代. 剩下的是第一个子树. 重复相同的过程, 直到子树只包含根结点. 随着过程的继续, 将产生一系列嵌套子树 $\mathcal{T}_1, \cdots, \mathcal{T}_m$. 为了选择一个阈值, 我们绘制了一个关于 $\min_{\tau \in \mathcal{T}_i - \tilde{\mathcal{T}}_i} S_\tau$ 相对于 $|\tilde{\mathcal{T}}_i|$ 的图, 即与其大小对应的子树的最小统计量. 然后, 我们在这个模式变化的图中寻找可能的 "纽结". 虽然这看起来很主观, 但它为我们提供了一个机会, 将我们的临床知识与纯粹的统计的信息融合应用, 以确定最终树的结构.

让我们使用图 4.3 中的大树, 看看在应用这种替代剪枝方法时会发生什么. 在继续修剪之前, 我们先仔细观察图 4.3 中的树. 可以观察到许多结点是与复杂度参数 α_4 和 α_6 对应的两个结点的子结点. 考虑到树的复杂性, 很难想象我们会以任何方式在最终的树中保留这些子结点. 因此, 在正式剪枝之前, 我们首先通过切割这些子结点来进行粗糙的剪枝是有意义的. 但请注意, α_1 至 α_5 都比 α_6 要小. 然后, 我们应该修剪与复杂性参数 α_1 至 α_5 对应的所有结点的子结点. 最后, 我们会得到一个如图 4.5 所示的子树, 此树中的所有内部结点都被标记. 新的剪枝过程将被应用到这棵较小的树上. 显然, 一个自动的计算机程序不需要此步骤.

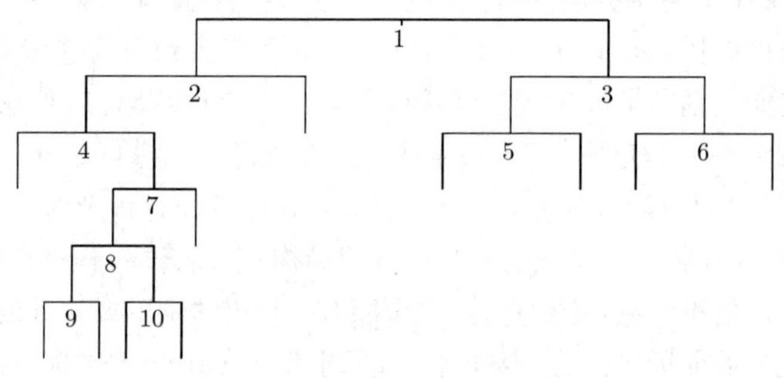

图 4.5 一棵对图 4.3 粗略剪枝的子树

如上文所述, 我们需要为每个内部结点分配一个统计量. 这里, 我们通过两
[47] 个步骤来构造这个统计量. 首先, 为每个内部结点分配一个原始统计量. 例如, 我们对根结点的分配满足下述 2 × 2 表:

	足月产婴儿	早产婴儿	
左结点	640	70	710
右结点	3016	135	3151
	3656	205	3861

通过这张表, 我们可以计算出早产儿的相对风险 (RR) 为

$$(70/710)/(135/3151) = 2.3.$$

于是对数相对风险为 0.833. 同时也注意到对数相对风险的标准误近似为

$$\sqrt{1/70 - 1/710 + 1/135 - 1/3151} = 0.141.$$

参见 Agresti (1990, p. 56). 因此, 学生化的对数相对风险 (studentized log relative risk) 为

$$0.833/0.141 = 5.91.$$

这个学生化的对数相对风险将作为根结点的原始统计量. 同样, 我们可以计算所有内部结点的原始统计量, 如表 4.4 所示.

表 4.4 内部结点的统计量

结点	1	2	3	4	5
原始统计量	5.91	2.29	3.72	1.52	3.64
最大的统计量	5.91	2.29	3.72	1.94	3.64
结点	6	7	8	9	10
原始统计量	1.69	1.47	1.35	1.94	1.60
最大的统计量	1.69	1.94	1.94	1.94	1.60

接下来, 对于每个内部结点, 如果其子内部结点的统计量较大, 我们则将原始统计量替换为其子内部结点的最大原始统计量. 例如, 对于结点 4, 我们用 1.94 代替原始值 1.52; 这里,1.94 是 1.47, 1.35, 1.94, 1.60 中的最大值, 这些值分别对应于结点 7, 8, 9, 10 的统计量. 重新分配的最大结点统计量在表 4.4 的第三行中显示. 我们看到最大统计量有七个不同的值: 1.60, 1.69, 1.94, 2.29, 3.64, 3.72 和 5.91, 每一个结果都在一棵子树中. 因此, 加上图 4.5 所示的原始树, 我们共有八 $(7+1)$ 个嵌套子树序列. 图 4.6 中给出了七棵子树.

图 4.7 绘制了八棵子树大小相对于结点的统计量. 如果我们使用 1.96 作为阈值 (对应于 0.05 的显著性水平), 树 3 将被选为最终树. 另外, 图 4.7 表明在树 3 或 4 上有一个纽结. 有趣的是, 当 $c(0|1) = 18$ 时, 通过 4.2.3 节中介绍的剪枝过程, 树 4 会被选择. 具体参见 4.4 节末尾的讨论. 因此, 这里描述的替 [49]
代方法可以用作 $c(0|1)$ 成本选择的指导.

在确定最终树结构的过程中, 我们必须记住, 解释是至关重要的. 请注意, 树的选择基于相对风险的回代估计. 这个估计值有可能向上偏倚, 因为分裂由不纯度函数所选择, 其不纯度与相对风险密切相关. 作为选择偏差的结果, 我们不能依靠回代估计来解释树的结果. 在 4.6 节中, 我们将介绍一种 Zhang 等人 (1996) 提出的偏差的调整方法.

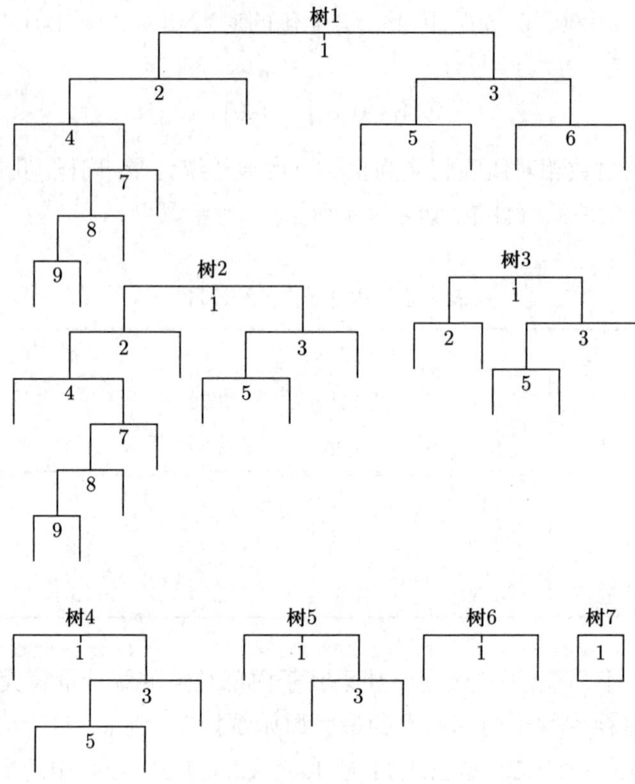

图 4.6 一系列的嵌套子树

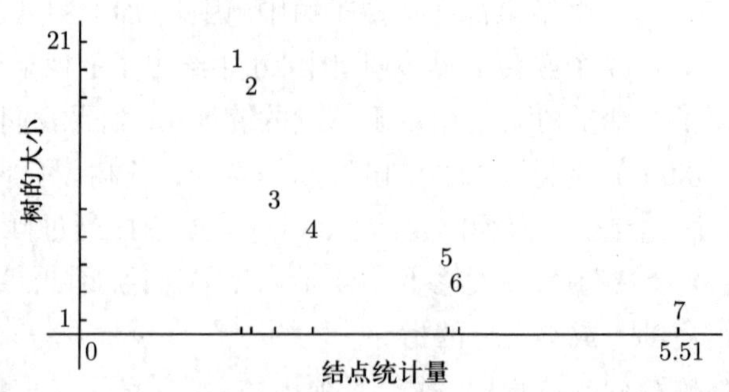

图 4.7 树的大小与内部结点统计量

4.6 局部交叉验证

如前文所述, 一个选择的分裂结果如下 2×2 表:

	早产婴儿 是	早产婴儿 否
左结点	a	b
右结点	c	d

不失一般性, 我们假定 $a(c+d)/(c(a+b)) > 1$. 即左结点比右结点具有更高的风险. 当我们将选择的分裂应用于具有相同数量的足月产和早产婴儿 ($a+c=a^*+c^*$ 与 $b+d=b^*+d^*$) 的独立同分布样本时, 真实平均频率计数为 a^*, b^*, c^* 和 d^*. 这个选择的偏差意味着 $\mathbb{E}(a) > a^*$ 和 $\mathbb{E}(d) > d^*$. 换言之, a 和 d 平均都大于 a^* 和 d^*. 我们使用交叉验证来估计 a 和 d 这两个值超过 a^* 和 d^* 的程度, 并将其视为局部过程, 因为交叉验证是对感兴趣结点内的样本进行的.

一个很重要的想法是, 这个偏差是一个选择过程的结果, 它不是特定用于已选择的分裂的截断值. 假设我们将结点中的样本分成训练和测试两组子样本. 使用训练样本, 我们可以找到最大化不纯度的分裂, 并可以导出 2×2 表格 T_l. 然后, 我们将选定的分裂应用于测试样本, 并导出另一个 2×2 表格 T_t. 我 [50]
们可以使用 T_l 和 T_t 之间频数的差异来估计这个偏差, $a-a^*$ 和 $d-d^*$.

形式上, 我们将感兴趣的人口随机分成 v 个子群. 例如, 如果 $v=5$, 令 $\mathcal{L}_i$ $(i=1,2,3,4,5)$ 表示五个子群体, 并且 $\mathcal{L}_{(-i)}$ $(i=1,2,3,4,5)$ 表示样本去掉 $\mathcal{L}_i$ 后的样本群体. 我们使用 $\mathcal{L}_{-1}$ 在最初选择的协变量上选择一个分裂 s_1^*. s_1^* 的结果 T_1 和 $T_{(-1)}$ 在下述两个 2×2 表格中:

$T_{(-1)}$

	早产婴儿 是	早产婴儿 否
左结点	$a_{(-1)}$	$b_{(-1)}$
右结点	$c_{(-1)}$	$d_{(-1)}$

T_1

	早产婴儿 是	早产婴儿 否
左结点	a_1	b_1
右结点	c_1	d_1

我们总是可以用这样的方式重新定义 $T_{(-1)}$ 的结点:

$$\frac{a_{(-1)}(c_{(-1)}+d_{(-1)})}{c_{(-1)}(a_{(-1)}+b_{(-1)})} > 1,$$

并相应地调整 T_1. 接下来, 我们对所有的 i 重复这个相同的过程, 并通过最大化 $\frac{1}{4}\sum_1^5 a_{(-i)} - \sum_1^5 a_i$ 和 $a-0.5$ 来保证频率是正的, 继而估计 a 的偏差. 同样,

我们通过最大化 $\frac{1}{4}\sum_1^5 d_{(-i)} - \sum_1^5 d_i$ 和 $d - 0.5$ 来估计 d 中的偏差. 我们通过减去相应的偏差, 并使用这些值计算相对风险以及标准误来校正频数.

例如, 图 4.5 中根结点调整后的 2×2 表为

	足月产婴儿	早产婴儿	
左结点	683	70	753
右结点	2973	135	3108
	3656	205	3861

那么, 相对风险的交叉验证估计是

$$(70/753)/(135/3108) = 2.14,$$

这比重新估算的 2.3 略小. 同时, 对数交叉验证估计的标准误近似于

$$\sqrt{1/70 - 1/753 + 1/135 - 1/3108} = 0.1414.$$

因此, 相对风险的近似 95% 置信区间为

$$(2.14\exp(-1.96 \times 0.1414), 2.14\exp(1.96 \times 0.1414)) = (1.62, 2.82).$$

同样, 我们可以计算对于每个内部结点其相对风险的交叉验证估计值, 如图 2.5 所示.

4.7 基于树的分析和逻辑斯谛回归分析的比较

[51] 为了比较树结构与 (3.3) 中建立的逻辑斯谛回归模型两者的预测能力, 我们在图 4.8 中绘制了两条 ROC 曲线. 基于树的模型的曲线下面积为 0.622, 基于逻辑模型的为 0.637. 将这些模型应用于未来的测试样本时, 其预测能力预计会更低. 因此, 从这些 ROC 曲线可以看出, 还需要做很多的改进来提高我们对早产婴儿决定因素的预测. 例如, 我们应寻求新的风险因素. 在这里, 我们描述了两种分析策略, 这些在基于树的分析中都很值得考虑. 回想一下, 在划分一个结点时, 我们一次只使用一个预测器. 原则上, 我们还可以考虑预测变量的线性组合来分裂一个结点. 这种扩展的缺点有三个: (a) 当分裂时, 在计算上很难找到最佳的组合. 部分解决方案已在文献中提出. (b) 由此产生的分裂不像以前那么直观, 这实际上是有问题的. 到给定终端结点分配的路径的布尔逻辑汇总要更接近于叙述性披露, 并且能够为最终用户所理解. 但是, 除非它们定义了一

个新的比例, 否则线性组合这种做法是不容易解释的. (c) 这种组合比其各个组成部分更可能缺失. 因此, 所选的组合很可能不是最优的. 鉴于这些缺点, 对最佳线性组合的穷举搜索不值得我们去考虑.

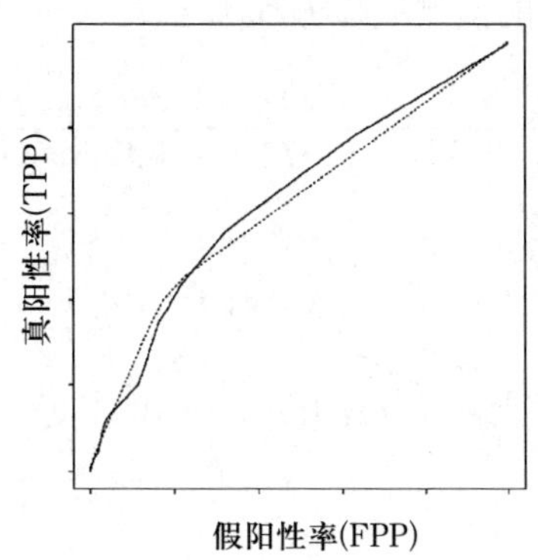

图 4.8 树结构和逻辑斯谛回归模型得到的 ROC 曲线比较

为了更有效地利用数据, 寻求更准确的预测规则, 同时, 为了避免不合理的计算复杂性, 将逻辑斯谛回归模型和基于树的模型相结合是一个比较好的方法. 第一种方法是将来自逻辑斯谛回归的线性方程作为新的预测变量. 这个新 [52] 的预测器通常比任何单独的预测器都强大. 在这种方法中, 新的预测器被定义为

$$x_{16} = -2.344 - 0.076x_6 + 0.699z_6 + 0.115x_{11} + 1.539z_{10}. \tag{4.13}$$

变量说明和预测风险方程见表 2.1 和方程 (3.3). 图 4.9 表示最终的树, 它同时使用了原始的和创建的预测变量. 图 4.9 有几点值得注意: (a) 教育因素表现了一种保护作用, 特别是对于那些大学或更高学历的人. 教育因素不仅参与了 (4.13) 中定义的 x_{16} 的推导, 而且它本身也出现在图 4.9 的左侧. 但是, 它没有出现在图 2.5 中. (b) 年龄合并为了一个风险因素. 在生育相关的文献中, 女性是否大于 35 岁是妊娠筛查的共同标准. 图 4.9 中的阈值为 32, 接近这个常识 (35 岁). (c) 分娩早产儿的风险在结合了 x_{16} 后, 不是毫无变化的. 特别是, 当 $-2.837 < x_{16} \leqslant -2.299$ 时的风险比 $-2.299 < x_{16} \leqslant -2.062$ 时更低. 相反, 当用逻辑斯谛方程 (3.3) 预测风险时, 单调性 (monotonicity) 就会成立. 新分类树的 ROC 曲线如图 4.10 所示, 该曲线下面积为 0.661. 我们在预测能力方面取得了一定但并不是很大的改进.

第二种方法是在树生长后进行逻辑斯谛回归. 例如, 根据图 2.5 表示的树, 我们可以创建五个哑变量, 每个哑变量对应五个终端结点中的一个. 表 4.5 指定了这五个哑变量. 特别地, 最左边的终端结点包含 512 名失业黑人妇女. 对于这 512 名失业黑人女性, 哑变量 z_{13} 等于 1, 其余为 0. 接下来, 除了表 2.1 中的 15 个预测变量 x_1 至 x_{15} 之外, 我们还包括这五个哑变量 z_{13} 至 z_{17}, 并重建逻辑斯谛回归模型. 新的预测风险方程为

$$\hat{\theta}=\frac{\exp(-1.341-0.071x_6-0.885z_{15}+1.016z_{16})}{1+\exp(-1.341-0.071x_6-0.885z_{15}+1.016z_{16})}. \tag{4.14}$$

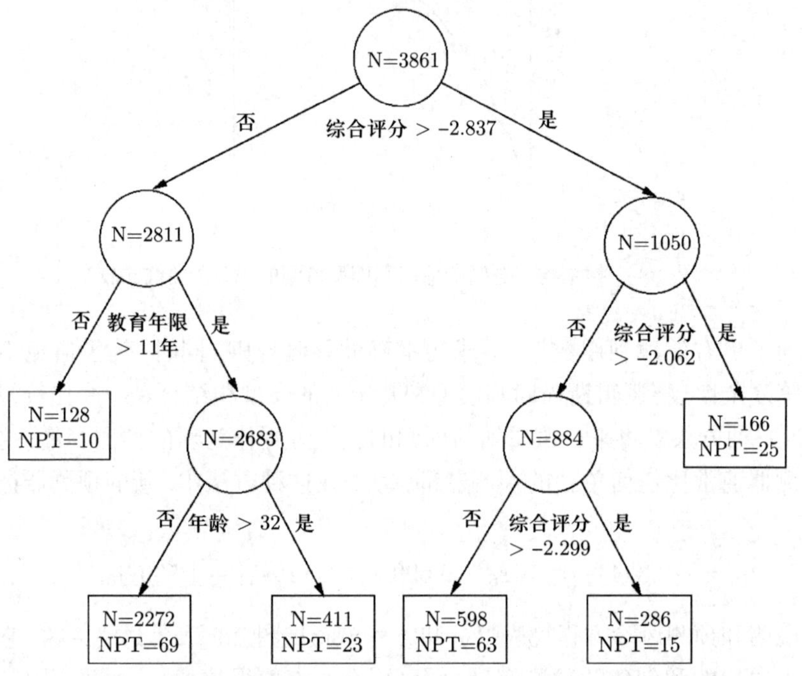

图 4.9 最终的树结构利用逻辑斯谛回归中的方程. N: 样本量; NPT: 早产婴儿的数量

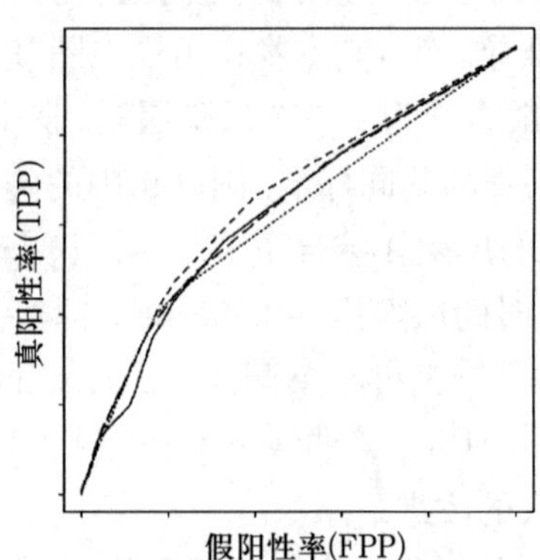

图 4.10 比较树模型 (点)、逻辑斯谛回归模型 (实线) 和它们的混合模型 (第一种方法, 短虚线; 第二种方法, 长虚线) 的 ROC 曲线

表 4.5 图 2.5 中终端结点里哑变量的定义

变量标记	详述
Z_{13}	黑人, 未被雇用
Z_{14}	黑人, 被雇用
Z_{15}	非黑人, 孕次 $\leqslant 4$, 未使用 DES
Z_{16}	非黑人, 孕次 $\leqslant 4$, 使用 DES
Z_{17}	非黑人, 孕次 > 4

仔细看一下, 我们发现上面的公式与公式 (3.3) 非常相似. 变量 z_{15} 和 z_{16} 是 [54]
z_6, x_{11} 和 z_{10} 的交互版本. x_6 的系数几乎不变. 如果有一些不同的话, 区别在于使用额外或交互模型. 正如预期的那样, 对应于 (4.14) 的 ROC 曲线非常接近 (3.3) 的曲线, 如图 4.10 所示. 新曲线下的面积为 0.642, 略高于 0.639.

我们对预测能力的比较基于回代方法得出的 ROC 曲线, 需要意识到这是很重要的. 当将预测模型应用于测试样本时, 通常达不到相同的精度. 虽然我们通过基于树和逻辑斯谛回归的混合模型, 其在训练集上的精度可能会提高, 但对于一个测试样本的预测准确率, 同样程度的提高是有可能的, 却不能保证一定能达到.

4.8 缺失数据

我们已经描述了树生长和剪枝步骤中涉及的主要问题, 这些都是基于没有缺失数据的假设. 但在许多实际应用中, 实际上都存在着数据缺失. 我们介绍了三种著名的处理缺失数据的方法. 一种方法是利用代理分裂 (surrogate splits)(Breiman 等人 1984, 第 5.3 节). 另一种方法是插补缺失的值 (Little 和 Rubin 1987). 如果我们在树构造之前进行缺失值的插补, 数据集可以被看作完整的. 但是, 如果针对不同的结点进行不同的插补, 则会更加复杂. Zhang 等
人 (1996) 将第三种策略命名为联合缺失法 (missings together approach, MT), [55]
Clark 和 Pregibon (1992) 也应用了这种方法. 根据数据分析的目的, 数据分析师可以选择任一种方法. 由于 MT 方法相对简单, 我们首先对它进行阐述. 其缺点是, 特别是缺失观测的比例较高, 或当缺失的真实值与观测到的值异质 (heterogeneous), 即来自的分布不一致时, MT 可能无效.

4.8.1 联合缺失法

MT 方法的关键思想如下. 假设我们在结点 τ 的分裂变量为 x_j, 同时有许多个体的变量 x_j 均缺失. MT 方法是在结点分裂时, 将所有这些缺失的个体强

制分配到结点 τ 的相同子结点 (全部归为 τ 的左子结点或右子结点). 相比之下, 如果使用代理分裂, τ 的两个子结点可能各自均包含部分 x_j 缺失的个体.

考虑变量 x_j, 如果它是一个有 k 个水平的定性 (离散) 变量, 则将缺失值视为一个附加的水平. 那么, x_j 就一共有 $k+1$ 个水平. 另一方面, 当 x_j 具有顺序时 (连续变量), 我们首先创建 x_j 的两个副本 $x_j^{(1)}$ 和 $x_j^{(2)}$. 假设 $x_j = (x_{j1}, \cdots, x_{jN})'$. 如果其中一成分 x_{ji} 缺失, 则设 $x_{ji}^{(1)} = -\infty$ 和 $x_{ji}^{(2)} = \infty$. 这里, $-\infty$ 与 ∞ 可以是小于或大于所有观察 x_j 的数字.

例如, 我们取 $x_j = (2, -4, \mathrm{NA}, 1, 7, \mathrm{NA})'$, 这里 NA 代表缺失值. 然后有

$$x_j^{(1)} = (2, -4, -\infty, 1, 7, -\infty)' \quad 与 \quad x_j^{(2)} = (2, -4, \infty, 1, 7, \infty)'.$$

最初, x_j 贡献了三个可行的分裂, 即 (1)$x_j > -4$ 对 $x_j \leqslant -4$; (2) $x_j > 1$ 对 $x_j \leqslant 1$; (3) $x_j > 2$ 对 $x_j \leqslant 2$. 如果我们想把所有缺少 x_j 的个体放在同一个结点中, 我们有以下七个可行的分裂: (1) $x_j > -4$ 或 NA 对 $x_j \leqslant -4$; (2) $x_j > 1$ 或 NA 对 $x_j \leqslant 1$; (3) $x_j > 2$ 或 NA 对 $x_j \leqslant 2$; (4) NA 对非 NA ; (5) $x_j > -4$ 对 $x_j \leqslant -4$ 或 NA; (6) $x_j > 1$ 对 $x_j \leqslant 1$ 或 NA; (7) $x_j > 2$ 对 $x_j \leqslant 2$ 或 NA. (NA 表示缺失.) 需要注意的是, 当 $x_j^{(1)}$ 用作分裂变量时, 它会生成前四个可行的分裂; 同样, $x_j^{(2)}$ 产生后四个可行的分裂. 由于 $x_j^{(1)}$ 和 $x_j^{(2)}$ 都可以产生第四个可行的分裂, 它们一起产生如上所列的七个可行分裂. 基于此, 我们可以用它的两个变体 $x_j^{(1)}$ 和 $x_j^{(2)}$ 代替 x_j, 这样就可以保证缺失 x_j 的个体被分配到同一个结点.

以下是 MT 方法的一些优点. 首先, 它实施起来非常简单. 事实上, 如果我们有一个核心的递归划分算法, 它是假设没有缺失数据的, 那么当原始数据包含缺失值时, 我们仍然可以使用相同的算法, 而无需进行修改. 这个诀窍是我们
[56] 可以使用 MT 方法, 来准备另一个具有 "完整" 信息的数据集. 最后, 我们可以轻松地定位信息缺失的个体在树状结构中的位置.

4.8.2 代理分裂

在 Breiman 等人 (1984) 的论文中, 代理分裂是基于树的方法中处理缺失数据的重要技术. 我们想象一下, 图 2.5 中 10 个个体的种族缺失. 由于种族是根结点的分裂变量, 因此我们在决定将这 10 个个体分配到哪个子结点时会遇到问题. 上述的 "联合缺失" 方法将全部 10 个个体分配给同一个子结点. 另一方面, 代理分裂会利用其他预测因子中的信息, 来帮助我们做出如何分裂的决定. 例如, 我们可以用次好的分裂变量来取代种族这一变量, 即所谓的竞争性分

裂. 但问题在于, 竞争性分裂并不一定能在种族缺失时, 起到很好的替代作用. 因此, 在对个体进行分类时, 我们会寻找与种族最相似的预测因子. 那么, 如何来定义这个"相似"? Breiman 等人 (1984) 提出了两种用于衡量分裂之间相似性的方法. 这个方法是两个分裂将同一个主体分配给同一结点的概率. 例如, 下面的 2×2 表比较了与选定的种族分开后, 年龄是否 >35 的分裂情况.

	黑人	其他人种
年龄 $\leqslant 35$	702	8
年龄 >35	3017	134

3861 名受试者中的 $702+134=836$ 名被分配到相同的结点, 因此 $836/3861=0.217$ 可以作为这两个分裂置信概率的估计. 一般情况下, 如果受试者不是从一般人群中随机抽取, 例如对照研究, 则应将先验信息纳入置信概率的估计中. 在这种情况下, 我们估计置信概率

$$\mathbb{P}\{Y=0\}M_0(\tau)/N_0(\tau)+\mathbb{P}\{Y=1\}M_1(\tau)/N_1(\tau),$$

其中 $N_j(\tau)$ 是结点 τ 中第 j 类个体的总数, $M_j(\tau)$ 是 τ 中第 j 类个体通过两个分裂分配给同一个子结点的数量; 这里 $j=0$ (正常) 和 1(异常). $\mathbb{P}\{Y=0\}$ 和 $\mathbb{P}\{Y=1\}$ 是要指定的先验概率. 通常, $\mathbb{P}\{Y=1\}$ 是所调查疾病的患病率, $\mathbb{P}\{Y=0\}=1-\mathbb{P}\{Y=1\}$.

定义 4.1 最优代理分裂

对于任意分裂 s^*, 分裂 s' 是 s^* 的最优代理分裂, 当基于不同的预测因子时, 在所有可行的分裂中 s' 与 s^* 产生的置信概率最大.

然而, 这也有可能出现产生最佳分裂点的预测因子也同样缺失的情况. 然 [57]
后, 我们必须寻找次好的代理分裂, 以此类推. 如果我们的目的是建立一个自动分类规则 (例如,Goldman 等 1982, 1996), 那么计算机就不难追踪可代理分裂的列表. 然而, 对于人类来说, 这样的任务做起来可能并不容易. 因为对分析人员而言, 代理分裂可能包含有用的信息. 他们在确定最终树的过程中, 需要对数据进行最全面的了解. 另一方面, 由于计算机空间的限制, 代理分裂很少在文献中发表, 因此它们的实用性受到实际情况的限制.

与随机分裂相比, 代理分裂法不能保证提高对特定分裂的预测能力. 在这种情况下, 代理分裂应该被丢弃.

如果使用代理分裂, 使用者应该充分利用它们. 特别地, 对最佳代理分裂的

全面研究可能发现其他重要的预测因素但未在最终的树结构中出现. 并且它还可以提供替代的树结构, 原则上可以具有比最终树更低的误分类成本, 因为最终的树是以逐步方式选择的, 并不能保证在任何情况下, 都是局部最优的.

4.9 树的稳定性

在使用基于树的方法时, 最重要的问题之一是树的稳定性. 例如, 如果我们从耶鲁怀孕结果研究的 3861 个样本中随机抽取 1 个进行替换, 那么我们有多大的可能与图 2.5 所示的结果相同? 不幸的是, 这种机会并不是很大. 然而, 公平地说, 我们应该承认这并非罕见现象. 所有逐步选择模型都可能会遇到同样的问题. 虽然模型稳定性是一个通常来说非常重要的问题, 值得认真去关注, 但是讽刺的是, 我们对树的稳定性提出质疑, 却又不关注模型不稳定性. 例如, 我们也没有看到许多采用逐步逻辑斯谛回归的论文去探索替代模型结构.

尽管一般模型不稳定, 但树结构并不像看起来那么不稳定. 实际上, 担心树的稳定性的真正原因是基于树表象的心理作用在作祟. 根据 Breiman 等人提供的证据 (1984, 第 5.5.2 节), 不同外表的竞争树可以给出相当稳定并且一致的最终预测. 所以, 对树的稳定性担忧是一个合理的问题, 我们应该像使用其他模型选择过程一样进行检查, 但它不应该成为使用基于树方法的绊脚石.

[58] 在使用基于树的方法时, 我们通常的做法是: 要么有测试样本, 要么应用交叉验证的方法. 我们可以通过研究测试样本中的树, 或交叉验证期间生成的树来研究树模型的稳定性. 树的某些部分比其他部分更稳定, 因此将不太稳定的部分与稳定的部分区分开是一种有用的做法, 参见例如 Zhang 等人 (1996) 的文章. 对较不稳定部分进行调整可能需要更多数据.

借助计算机技术, 我们现在可以检测大量的可替代树. 最近出现了结合了马尔可夫蒙特卡罗 (MCMC) 的贝叶斯方法, 参见例如 Chipman 等人 (1998) 和 Denison 等人 (1998) 的文章. 这个想法是获得大量树的后验概率, 并使用 MCMC 算法选择具有最高可能性的树. 然而, 其困难在于必须指定许多先验概率, 并且这可能不切实际去推广使用贝叶斯 CART. 尽管如此, 特别是如果先验概率的选择可以简化和规范化, 贝叶斯的想法是有效果的. 此外, 贝叶斯方法可以开创新的一些可能以探索由树组成的森林, 其中所有的树在后验概率方面具有相当高的依据. 森林的大小和质量可以提供有关树稳定性的信息.

稍后在第 6 章中, 我们将描述随机森林与确定性森林. 如果数据分析的目的是预测, 那么在精度和稳定性方面, 森林显然比树更具有优势.

4.10 用于评判治疗效果的树

尽管本章主要关注的是二分类问题, 但可以针对其他重要的应用进行相应的修改. 例如, 在典型的随机临床试验中, 在研究人群中比较不同的治疗方法 (如两种治疗方法), 并通过平均治疗组的效果来评估治疗的有效性. 然而对平均治疗效果差的某些患者, 他们的治疗效果有可能更好. 树通过识别治疗组中疗效最好的患者群体, 为探索这种可能性提供了一个有用的框架. 为此, 我们不能直接使用 (4.2)—(4.4) 中定义的不纯度函数. 但我们可以用 Kullback-Leibler 散度来替代不纯度 (Kullback 和 Leibler 1951). 为了做到这一点, 令 $p_{y,i}(t) = P(Y = y|t, \mathrm{Trt} = i)$ 为当结点 t 中的患者接受第 i 次治疗时, 响应变量为 y 的概率. 那么, 结点 t 内的 Kullback-Leibler 散度是 $\sum_y p_{y,1}\log(p_{y,1}/p_{y,2})$. 请注意, Kullback-Leibler 散度关于 $p_{y,1}$ 和 $p_{y,2}$ 的作用是不对称的, 但是可以
容易地将它们转化为对称的形式: [59]

$$D_{KL}(t) = \sum_y p_{y,1}\log(p_{y,1}/p_{y,2}) + \sum_y p_{y,2}\log(p_{y,2}/p_{y,1}).$$

一个更简单和更直接的衡量标准就是两者的差异:

$$DIFF(t) = \sum_y (p_{y,1} - p_{y,2})^2.$$

值得注意的是, D_{KL} 和 $DIFF$ 都不是距离度量, 因此不具有三角形不等式的性质. 因此, 当我们将父结点分裂成后代结点时, 结果不一定会提升. 但是, 这并不妨碍我们分裂结点或构建树.

我们应该注意的是, 当前的目标不是找到一个纯的结点, 而是找到一个治疗效果不同的结点. 换句话说, 我们希望确定组别, 以便临床医生可以用最短的时间来提出临床建议. 一旦选择了拆分标准, 其余的递归分区可以类似地进行. 我们将此方法应用于多囊卵巢综合征患者的排卵临床试验, 分析结果在本书其他地方报告.

对于剪枝, 我们也可以考虑临床信息. 例如, 我们可以合并任何一对终端子结点, 如果两者都优先选择相同的治疗方案, 由于分裂并不会改变临床决策, 所以不需要分出两个结点.

在第 9 章的后面, 我们将介绍结局变量被删失的生存树. 临床试验可能会出现类似的依靠生存时间来判断治疗效果的问题. 再次强调, 一种解决方案是定义一个分裂标准, 来比较不同治疗组的生存情况.

*4.11 补充

我们已经看到, 为了生成一棵树, 必须搜索大量的分裂. 在这里, 我们讲一下关于设计快速搜索算法的计算问题.

回想一下, 对于包括根结点在内的所有内部结点, 划分的过程都是相同的. 因此, 用根结点来解释这个过程就足够了. 而且我们会遇到两种类型的预测变量: 有序和无序. 为了简单起见, 我们使用的例子是表 2.1 中的每日酒精摄入量作为有序预测变量. 此变量 x_{13} 的取值为 0, 1, 2 和 3. 种族这一变量 x_3, 在同一个表中将作为定类 (无序) 预测变量的例子.

[60] 对于 x_3 或 x_{13}, 我们都需要构建一个矩阵, 该矩阵包含预测变量每个水平的正常和不正常个体的数量. 这两个对应的矩阵是:

x_3 对应的矩阵 A_3 (根结点)

		白人	黑人	西班牙裔	亚洲人	其他人种
y	0	2880	640	103	20	13
	1	128	70	6	1	0

x_{13} 对应的矩阵 A_{13} (根结点)

		0	1	2	3
y	0	1113	1	2245	297
	1	76	0	110	19

如表 2.2 所示, x_3 生成 $2^{5-1}-1=15$ 可行的分裂; 这里指数中的数字 5 是 x_3 中水平的数量. 问题是, 我们如何有效地搜索这 15 个选择? 为此, 我们引入一个长度为 5 的二进制数组, 如下所示:

水平	白人	黑人	西班牙裔	亚洲人	其他人种
数组	1	0	1	0	1

其中比特 (bit) 1 表示具有相应种族群体的个体被分配到左子结点. 因此, 上面的数组意味着 3008 名白人, 109 名西班牙裔和 13 名其他种族的群体在左边的结点中, 而其余的 731 名黑人和亚洲人在右边的结点中.

15 个可行的分裂中的每一个对应于该数组中的不同比特. 事实上, 我们知道 1 到 15 之间的任何整数都可以用二进制表示, 如表 4.6 所示. 如果我们从表 4.6 中取 7, 其二进制表示是 00111. 这个数组表示 3008 名白人和 710 名黑人应该在右子结点中. 然而, 由于以下原因, 在 1 到 15 的原始顺序之后, 再接着使用二进制表示比较麻烦.

请注意, 1 的二进制表示为 00001. 因此, 第一个可行分裂是将其他人种组中的 13 个个体分配到左侧结点中, 其余 3848 个个体分配到右侧结点中. 现在, 2 的二进制表示为 00010. 然后, 下一个分裂将交换 13 名其他人种和 21 名亚洲人的结点分配. 因此, 从第一次到第二次分裂涉及了两组的个体. 事实上, 由于 3 和 4 的二进制表示相差三位, 所以在我们从第三到第四划分移动时, 必须转换三组的个体. 这样移动起来很不方便. 此外, 还有一个简单的算法, 可以重新排列整数的顺序, 使得二进制表示在从一个整数到下一个整数时只改变一个位. 表 4.6 中也给出了这种重新排列.

表 4.6 整数的二进制表示

原始顺序		重排顺序	
整数	二进制	整数	二进制
1	00001	1	00001
2	00010	3	00011
3	00011	2	00010
4	00100	6	00110
5	00101	7	00111
6	00110	5	00101
7	00111	4	00100
8	01000	12	01100
9	01001	13	01101
10	01010	15	01111
11	01011	14	01110
12	01100	10	01010
13	01101	11	01011
14	01110	9	01001
15	01111	8	01000

重新排列的重要性在于, 在我们评估从一个到另一个的分裂时, 只有一个 [61]
分组需要重新分配. 这使得更新变得非常简单, 然而事实上这并不简单.

由于在重新排列的顺序下的第一个二进制数组是 00001, 所以第一个分组仍然是将其他 13 个分组分配到左侧结点并将其余 3848 个个体分配到右侧. 然后, 矩阵 A_3 (根结点) 分成两部分:

		左	右			
		其他人种	白人	黑人	西班牙裔	亚洲人
y	0	13	2880	640	103	20
	1	0	128	70	6	1

左、右子结点的不纯度分别为 0 和 0.208. 因此, 这个分裂的优度为

$$0.2075-\frac{3848}{3861}\times 0.208-\frac{13}{3861}\times 0=0.0002,$$

其中 0.2075 为根结点的不纯度.

在重新排列顺序下的第二个二进制数组是 00011. 因此, 21 名亚洲人在第二次分裂中归入左侧结点. 该记录然后修改为

		左		右		
		亚洲人	其他人种	白人	黑人	西班牙裔
y	0	20	13	2880	640	103
	1	1	0	128	70	6

[62] 这个分裂的优度是 0.00006. 类似地, 我们可以评估其余 13 个分组的分裂优度. 一般来说, 当矩阵 "A" 准备好要分裂的结点时, 对于一个特定的定类变量, 我们可以非常快地找到其最佳候选分裂, 因为计算步骤的数量与可行分裂的数量成正比, 它很少会高于 127, 对应于具有 8 个水平的定类变量. 由于我们很少会使用少于 127 个个体的群体来进行递归划分, 所以计算步骤的数量通常不会超过样本量的大小. 重要的是, 我们只需要为根结点创建矩阵, 因为后续结点的相应矩阵可以在搜索最佳分裂时, 作为其副产品获得.

类似的过程适用于从 x_{13} 或任何其他有序预测变量中找到最佳候选分裂. 首先, 我们将 $x_{13}=0$ 的所有个体分配给左子结点, 因为 0 是观察到的 x_{13} 的最小值. 因此, A_{13}(根) 被分成

		左	右		
		0	1	2	3
y	0	1113	1	2245	297
	1	76	0	110	19

这种分裂的优度为 0.0005. 接下来, 将 x_{13} 等于 1 的个体分配到左结点, 因为 1 与 0 相邻. 然后, 将 $x_{13}=2$ 的个体再分配到左结点, 依此类推. 因此,

无论何时我们继续进行下一个分裂, A_{13}(根) 的另一个切片 (即列) 将移动到左结点. 移动次数取决于对这一变量而言, 观察到的数据点的个数, 在最坏的情况下, 它就是样本量的大小. 因此, 在确定 A_{13} (根) 之后, 所需的计算步骤至多是样本大小的常数比例, 这个常数小于 10. 此外, 当我们分裂子结点时, 个体的数量越来越小. 事实上, 对于一个给定的变量, 分裂同一层中的所有结点的计算步骤数通常小于分裂根结点的计算步骤数.

总之, 构建一个 d 层树所需的计算步骤的总数大约是 $cpn\log(n) + 10dpn$, 其中 p 是预测变量的数量, n 是样本量, c 是常数以及 $cpn\log(n)$, 确定 A 矩阵是所需的计算步骤. 显然, $cpn\log(n)$ 一般在计算步骤数中占主导地位.

第 5 章　基于树的分析案例

5.1　流行病学中的风险因素分析

[63] 在流行病学研究中, 最常见的问题之一是: 通过控制另一组潜在的混杂因素, 来评估一组假定的危险因素和疾病结果之间的关联性. 在本章中, 我们说明了如何在这个研究中应用基于树的方法. 下面的讨论主要来自 Zhang 和 Bracken (1996) 的文章.

5.1.1　背景

自然流产 (spontaneous abortion) 是使用流行病学方法进行研究的最困难的生育结果之一, 这是我们感兴趣的结果, 参见例如 Zhang 和 Bracken (1996). 这一研究领域的困难包括: 未能发现大部分 (可能绝大部分) 自然流产和在评估新因素的可能作用之前必须考虑的大量已知和可疑的混杂风险因素. 许多疾病如癌症、艾滋病和冠心病都有类似的问题.

我们的数据来自耶鲁怀孕结果研究的后续项目. 研究人群包括 1988 年至 1991 年期间在康涅狄格州南部 11 家私人产科诊所和两家卫生保健机构接受产前护理的妇女. 在 1988 年 4 月 5 日到 1991 年 12 月 1 日期间, 有 2849 名妇女在怀孕 5 至 16 周期间进行了初次家访, 她们最后的生产方式是单胎自然
[64] 生产或自然流产. 最初的家庭访谈在妊娠早期进行, 以便可以评估妊娠中晚期的自然流产. 更详细的研究设计描述在 Bracken 等人 (1995) 的文献中.

我们特别感兴趣的是表 5.1 中列出的与工作相关的 8 个假定风险因素对

自然流产的影响. 本表中还列出了由个体风险因素所定义的相关研究子群体的特征信息. 为了评估这些风险因素, Zhang 和 Bracken 讨论了包括 18 个可能会影响自然流产的潜在混杂因素. 如表 5.2 所示, 这些潜在的混杂因素在相关文献中经常被检查, 参见 Zhang 和 Bracken (1996). 并且这些混杂因素集中于怀孕前的母亲特征. 它包括人口和行为因素以及与怀孕史有关的因素.

表 5.1 假定危险因素表

特征	个体数	%[†]
在职		
否	638	5.3
是	2211	4.6
每天在工作中站 2 小时以上		
否	2559	4.6
是	290	5.9
每天在工作中走 2 小时以上		
否	1894	4.9
是	955	4.5
每天在工作中坐 2 小时以上		
否	1230	5.2
是	1619	4.4
从事的工作对身体是否会造成伤害		
否	2756	4.7
是	93	5.4
乘车上班		
否	705	4.8
是	2144	4.7
在工作中搬运重物到肩部以上的次数		
否	1584	4.5
<1 次/天	530	4.5
$\geqslant 1$ 次/天	735	5.4
在工作中搬运超过 20 磅重物的次数[‡]		
否	2154	4.4
<1 次/天	318	3.8
$\geqslant 1$ 次/天	386	7.3

[†] 自然流产的比例.

[‡] 1 磅约为 0.454 千克.

表 5.2 潜在混杂因素

变量名	标记	类型	范围/水平
孕妇年龄	x_1	连续	13—45
教育年限	x_2	连续	8—20
婚姻状况	x_3	定类	已婚, 同居, 分居/丧偶, 离异, 未婚
种族	x_4	定类	白人, 黑人, 西班牙裔, 亚洲人, 其他种族
母亲身高	x_5	连续	51—73 (英寸)†
烟龄	x_6	连续	0—25
吸食大麻	x_7	二值	是, 否
接触吸大麻的人	x_8	二值	是, 否
使用可卡因	x_9	二值	是, 否
使用避孕措施	x_{10}	二值	是, 否
吸烟	x_{11}	二值	是, 否
已戒烟	x_{12}	二值	是, 否
怀孕	x_{13}	定序	0—2, 3+
不孕不育	x_{14}	二值	是, 否
人工流产	x_{15}	二值	是, 否
死产	x_{16}	二值	是, 否
自然流产	x_{17}	二值	是, 否
异位自然流产	x_{18}	二值	是, 否

†1 英寸 = 2.54 厘米.

5.1.2 分析

[65] 分析分 4 步进行. 第一步评估自然流产与 8 种风险因素各自之间的边际联系. 在第二步中, 应用基于树的方法, 使用表 5.2 中的 18 个混杂因素作为预测变量. 然后, 研究样本被分成 7 个小组. 接着在分层样本中采用 Mantel-Haenszel 方法来计算出调整后的相对风险. 使用逻辑斯谛回归是为了进行比较.

第一步, 我们使用 χ^2 检验来检查自然流产与 8 个假定风险因素之间的边际关联. 表 5.3 显示了原始相对风险 (RR) 及其 95% 置信区间 (CI). “工作时携带重量超过 20 磅” 在 0.05 显著性水平上表现出显著的边际关联. 这个因
[66] 素有 3 类: (a) 每天在工作中都没有携带超过 20 磅的负重 (包括失业女性); (b) 携带有超过 20 磅的负重, 但少于一天一次; (c) 每天至少一次负重超过 20 磅. 分别有 75%, 11% 和 14% 的受试者属于这些类别. 尽管前两类自然流产几

乎没有差异, 但前两类和第三类之间的差异是显著的. 使用携带超过 20 磅的负重组作为基准, 每天至少一次负重超过 20 磅组的相对风险为 1.71, 其 95% 置信区间为 (1.25, 2.32).

表 5.3 自然流产与假定风险因素的边际关联

因素	个体数	%[†]	相对风险	置信区间
在职				
否	638	5.3		参照组
是	2211	4.6	0.86	0.59—1.25
每天在工作中站 2 小时以上				
否	2559	4.6		参照组
是	290	5.9	1.27	0.78—2.08
每天在工作中走 2 小时以上				
否	1894	4.9		参照组
是	955	4.5	0.93	0.65—1.32
每天在工作中坐 2 小时以上				
否	1230	5.2		参照组
是	1619	4.4	0.84	0.61—1.17
从事的工作对身体是否会造成伤害				
否	2756	4.7		参照组
是	93	5.4	1.14	0.48—2.72
乘车上班				
否	705	4.8		参照组
是	2144	4.7	0.98	0.67—1.43
在工作中搬运重物到肩部以上的次数				
否	1584	4.5		参照组
<1 次/天	530	4.5	1.01	0.64—1.59
$\geqslant 1$ 次/天	735	5.4	1.21	0.83—1.77
在工作中搬运超过 20 磅重物的次数				
否	2154	4.4		参照组
<1 次/天	318	3.8	0.85	0.47—1.54
$\geqslant 1$ 次/天	386	7.3	1.64	1.09—2.46

[†]自然流产的比例.

基于 Zhang 和 Bracken (1996) 的表 2.

第二步, 我们利用基于树的方法将研究样本分成许多有意义的同类子群, 每个子群对应于树结构中的终端结点. 在这个运用中, 我们使用 4.5 节中描述的替代剪枝方法, 并采用 4.8 节的联合缺失策略 (missings together strategy) 来处理缺失的数据. 与图 2.5 中构建的树相似, 我们最终得到了图 5.1 中基于当前数据得到的树.

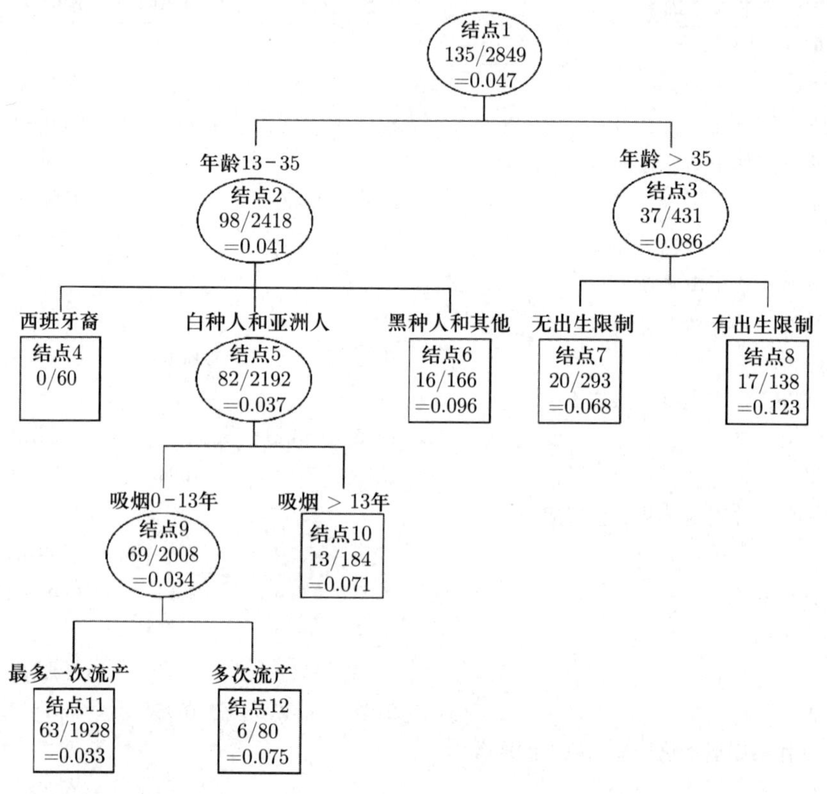

图 5.1 样本分层的树结构. 转自 Zhang 和 Bracken (1996) 的图 1

图 5.1 可以作如下解释. 结点 1 是全部研究人群, 共有 2849 名孕妇. 自然流产的总体发生率为 4.7%. 这个样本首先分为两个年龄组: 13—35 和 > 35. 较年轻的组为结点 2, 较年长的组为结点 3. 请注意, 结点 2 和结点 3 中的自然
[68] 流产率分别为 4.1% 和 8.6%. 35 岁是围产期研究的传统分组选择, 计算机也发现此选择是最佳的, 这是一个有趣的巧合. 然后, 我们继续分裂结点 2 和结点 3. 通过种族因素, 将结点 2 分为三个种族群体, 这可以使此年轻人群得到最大程度不纯度的减少. 通常, 基于树的方法只将一个结点分成两个子组. 计算机选择种族分裂为 “白种人, 亚洲人和西班牙裔” 与 “黑种人和其他”. 由于在 60 位

西班牙裔孕妇中没有报告自然流产, 我们将她们与白种人和亚裔妇女分开. 较年长的组 (结点 3) 通过使用避孕措施这一特征来进行分裂.

在树的第三层中, 只有对结点 5 进行进一步的划分. 被分配到这一结点的主体是年轻的 (13—35 岁) 白种人或亚裔女性, 她们自然流产的风险是 3.7%. 接下来的划分是根据她们是否抽烟超过了 13 年. 最后, 如果她们抽烟不到 13 年, 那么她们将在结点 9, 根据自然流产史 ($\leqslant 1$ 与 $\geqslant 2$) 再接着分为结点 11 和结点 12.

如图 5.1 中的矩形所示, 共有 7 个终端结点 (编号为 $4, 6, 7, 8, 10, 11$ 和 12). 由于每个研究对象最终都落入一个终端结点 (例如, 如果未采取任何节育措施, 35 岁以上的女性会在终端结点 7 中), 7 个终端结点将整个研究样本分成了 7 层.

接下来, 我们使用 Mantel-Haenszel 方法 (Mantel 和 Haenszel 1959), 根据图 5.1 中定义的分层来找出调整后的相对风险. 我们以就业为例来解释这个过程. 对于每个终端结点, 我们有一个 2×2 表, 其中列对应结果 (是, 否), 行对应暴露 (是, 否), 具体如下所示:

$$\begin{array}{|cc|c} \hline a_i & b_i & n_{1i} \\ c_i & d_i & n_{0i} \\ \hline m_{1i} & m_{0i} & n_i \end{array}$$

$i=1,\cdots,7$, 因此, 我们有以下 7 个 2×2 表:

$$\begin{array}{|cc|}\hline 0 & 46 \\ 0 & 14 \\ \hline\end{array}\quad \begin{array}{|cc|}\hline 45 & 1461 \\ 18 & 404 \\ \hline\end{array}\quad \begin{array}{|cc|}\hline 18 & 204 \\ 2 & 69 \\ \hline\end{array}\quad \begin{array}{|cc|}\hline 9 & 127 \\ 4 & 44 \\ \hline\end{array}$$

$$\begin{array}{|cc|}\hline 4 & 45 \\ 2 & 29 \\ \hline\end{array}\quad \begin{array}{|cc|}\hline 13 & 123 \\ 3 & 27 \\ \hline\end{array}\quad \begin{array}{|cc|}\hline 12 & 104 \\ 5 & 17 \\ \hline\end{array}$$

通过类比 Mantel 和 Haenszel (1959) 的统计量, 我们的总体相对风险估计为

$$r=\frac{\sum_{i=1}^{7} a_i n_{0i}/n_i}{\sum_{i=1}^{7} c_i n_{1i}/n_i}.$$

将这个公式应用到 7 个表中, 我们得到 [69]

$$r=\frac{0+\frac{45*422}{1928}+\frac{18*71}{293}+\frac{9*48}{184}+\frac{4*31}{80}+\frac{13*30}{166}+\frac{12*22}{138}}{0+\frac{18*1506}{1928}+\frac{2*222}{293}+\frac{4*136}{184}+\frac{2*49}{80}+\frac{3*136}{166}+\frac{5*116}{138}}=0.85.$$

相对风险的 $100(1-\alpha)\%$ 置信区间的两个边界可以通过 $r^{(1\pm z_{\alpha/2}/\chi)}$ 计算出, 其中 $z_{\alpha/2}$ 是标准正态分布的上 $\alpha/2$ 百分位数, 由 Cochran (1954) 以及 Mantel 和 Haenszel (1959) 发明的 χ^2 统计量可以通过如下式子计算得到:

$$\chi^2 = \frac{(|\sum_{i=1}^{7}(a_i - A_i)| - 0.5)^2}{\sum_{i=1}^{7} V_i}, \tag{5.1}$$

其中

$$A_i = \frac{n_{1i}m_{1i}}{n_i} \text{ 和 } V_i = \frac{n_{1i}n_{0i}m_{1i}m_{0i}}{n_i^2(n_i - 1)},$$

$i = 1, \cdots, 7$. 对于前面的 7 个表格, $\chi^2 = 1.093$, 相对风险的 95% 置信区间为: $(0.62, 1.16)$.

如果不用基于树的方法, 分层是事先给定的, 那么这种调整方法将与 Mills 等人 (1991) 和 Giovannucci 等人 (1995) 等所使用的方法相同. 此外, 如果使用线性判别分析对数据进行分层, 那么这个方法就与 Miettinen (1976) 所提出的一致. 在所有情况下, 混杂因素都通过层来进行控制. 换句话说, 我们使用基于树的方法来减少混淆因素的数据维度, 并为评估新的风险因素构建一个过滤器. 因此, 第一阶段的分析是基于混杂因素的样本分层, 第二阶段是对于新的风险因素计算调整后的相对风险.

正如表 5.4 中的相对风险列所示, 一个风险因素有着显著的影响, 也就是 "每天至少一次负重超过 20 磅", 它的相对风险为 1.71, 95% 置信区间是 $(1.25, 2.32)$. 尽管如此, 一个更适度的风险因素, "至少每天一次负重过肩" 的相对风险为 1.35, 其 95% 置信区间为 $(1.02, 1.78)$. 表 5.4 更详细地介绍了风险因素与自然流产的关系. 在该表中, 调整后的相对风险是 Mantel-Haenszel 估计值, 而调整后的优势比 (OR) 来自逻辑斯谛回归.

为了比较, Zhang 和 Bracken (1996) 也报告了基于逻辑斯谛回归的分析. 模型选择不是传统的. 相反, 他们利用图 5.1. 对研究样本进行分层的 5 个变量中 (年龄、种族、烟龄、流产和使用避孕措施) 的主要效应和二级的交互效应将包括在初始逻辑斯谛回归中. 我们对逻辑斯谛回归模型运用向前逐步选择的方法, 选出三个显著项, 其包括: 年龄 (p 值为 0.002), 种族 (白种人和亚洲人, p
[71] 值为 0.04) 和种族 (西班牙裔, p 值为 0.01). 然后, 他们通过将 8 个假定的风险因子, 逐个添加删减到选定 3 项的 logit 模型中, 得到了 8 个额外的 logit 模型. 结果在表 5.4 的最后两行. 从表 5.3 和表 5.4 中可以看出, 三种风险估计值 (原始相对风险, 调整后的相对风险和调整后的优势比) 非常接近. 因此, 对于目前的分析, 18 个潜在的混杂因素被证明不是混淆因素.

表 5.4 根据个体假定的风险因素, 调整后自然流产的相对风险和优势比

因素	相对风险	置信区间	优势比	置信区间
在职				
否	参照组			
是	0.85	0.62—1.16	0.82	0.55—1.23
每天在工作中站 2 小时以上				
否	参照组			
是	1.27	0.83—1.94	1.28	0.76—2.17
每天在工作中走 2 小时以上				
否	参照组			
是	0.97	0.60—1.56	0.95	0.65—1.38
每天在工作中坐 2 小时以上				
否	参照组			
是	0.81	0.63—1.05	0.80	0.57—1.14
从事的工作对身体是否会造成伤害				
否	参照组			
是	1.11	0.58—2.13	1.11	0.44—2.80
乘车上班				
否	参照组			
是	0.96	0.59—1.54	0.96	0.65—1.44
在工作中搬运重物到肩部以上的次数				
否	参照组			
<1 次/天	0.98	0.58—1.67	1.02	0.63—1.64
$\geqslant 1$ 次/天	1.35	1.02—1.78	1.30	0.87—1.95
在工作中搬运超过 20 磅重物的次数				
否	参照组			
<1 次/天	0.91	0.43—1.93	0.87	0.47—1.61
$\geqslant 1$ 次/天	1.71	1.25—2.32	1.75	1.13—2.71

基于 Zhang 和 Bracken (1996) 的表 2.

总之, Zhang 和 Bracken (1996) 发现, 随着女性每天至少一次负重超过 20 磅, 或每天至少一次搬运过肩, 自然流产的风险增加, 这两者在现存的文献中都未被认为是风险因素. 因此, 这些职业相关的暴露值得进一步研究.

5.2 客户信用评估

在本节中, 我们分析从加州大学尔湾分校机器学习库中检索的德国信用数据集 (Asuncion 和 Newman 2007). 该数据集包括 1000 个过去的信用申请者, 其中收集了 20 个特征 (预测变量). 响应变量是每个申请人的 "好" 或 "坏" 信用等级. 信用评分的目标是确定 20 个特征是否能够提供关于未来谁可能违约的信息, 而分类决策树可以作为未来贷款申请人的高效筛选工具. 该数据集最初由德国 Hans Hofmann 教授收集.

一个基于树进行分析的程序是在 R 中由某用户提供的程序 rpart( ), 它可以从 http://cran.r-project.org 获得. 在下文中, 我们假设数据集已导入到 R. 响应变量保存在因子 y 中, 所有预测变量保存在矩阵 x 中, 表 5.5 表示其中特征.

表 5.5 个人特征

变量名	标记	类型	范围/水平
支票账户状态 (DM)	x_1	定类	$[-\infty, 0)$, $[0, 200)$, $[200, \infty)$, 无
贷款期限	x_2	连续	4—72 (月)
信用记录	x_3	定类	过去无信用记录 所有信用已还清 信用正在偿还 延期偿还 危险用户
支出去向	x_4	定类	汽车 (新/旧), 家具/设备, 电台/电视, 家用电器, 维修/教育, 培训/商业, 其他
信用额度	x_5	连续	250—18424
储蓄 (DM)	x_6	定类	$[0, 100)$, $[100, 500)$, $[500, 1000)$, $[1000, \infty)$
工作年限 (年)	x_7	定类	失业, $[0, 1)$, $[1, 4)$, $[4, 7)$, $[7, \infty)$
分期付款 (%)	x_8	连续	1—4
婚姻和性生活状况	x_9	定类	男性: 离异/分居 女性: 离异/分居/已婚 男性/女性: 单身 男性: 结婚/丧偶

续表

变量名	标记	类型	范围/水平
其他债务担保人	x_{10}	定类	无, 担保人, 合作伙伴
居住时间	x_{11}	连续	1—4
财产情况	x_{12}	定类	不动产, 人寿保险等
年龄 (岁)	x_{13}	连续	19—75
其他分期付款	x_{14}	定类	银行, 储蓄
住房	x_{15}	定类	租房, 拥有住房, 无房
现有信用额度	x_{16}	连续	1—4
工作	x_{17}	定类	无业非居民 非熟练居民 熟练工/公务员等
第几责任人	x_{18}	连续	1—2
电话	x_{19}	定类	是, 否
外籍劳工	x_{20}	定类	是, 否

如前文所述, 误分类成本是对结点分类和修剪树的一个重要概念, 特别是在 CART 的原始框架下 (Breiman 等人 1984). 基于数据提供者的建议, 我们选择以下误分类矩阵:

	观测结果	
分类结果	好	坏
好	0	5
坏	1	0

因此我们定义损失矩阵, lossm, 在 R 中代码如下:

```
> lossm=matrix(c(0, 1, 5, 0), 2, 2)
```

并在 rpart() 的 loss 选项中指定这个损失矩阵. 我们使用了熵不纯度作为分裂 [73]
准则, 对应的选项是 information. 因此, 我们可以通过

```
> gmcrd=rpart(y ~., data=x, parms=list(loss=lossm,
+         split='information'))
```

生长出一棵初始树. 数值结果可以使用 print() 来进行展示; 而树图则需使用 plot() 与 text() 来展现.

```
> print(gmcrd)
n = 1000

node), split, n, loss, yval, (yprob)
      * denotes terminal node

1) root 1000 700 1 (0.7000 0.3000)
 2) x1=13,14 457 300 0 (0.8687 0.1313)
  4) x14=143 381 190 0 (0.9002 0.0997)
   8) x4=41,44,48 57 0 0 (1.0000 0.0000) *
    9) x4=40,42,43,45,46,49 324 190 0 (0.8827 0.1173)
     18) x3=34 129 30 0 (0.9535 0.0465) *
     19) x3=30,31,32,33 195 160 0 (0.8359 0.1641)
      38) x7=74,75 82 35 0 (0.9146 0.0854) *
      39) x7=71,72,73 113 88 1 (0.7788 0.2212)
       78) x5< 4180.5 95 75 0 (0.8421 0.1579)
        156) x17=173 65 30 0 (0.9077 0.0923) *
        157) x17=171,172,174 30 21 1 (0.7000 0.3000) *
       79) x5>=4180.5 18 8 1 (0.4444 0.5556) *
  5) x14=141,142 76 54 1 (0.7105 0.2895)
    10) x4=41,410,42,43 44 30 0 (0.8636 0.1364)
     20) x7=72,74 17 0 0 (1.0000 0.0000) *
     21) x7=71,73,75 27 21 1 (0.7778 0.2222) *
    11) x4=40,46,49 32 16 1 (0.5000 0.5000) *
 3) x1=11,12 543 303 1 (0.5580 0.4420) *
> plot(gmcrd, uniform = T)
> text(gmcrd, use.n = T)
```

在每个结点内, 给出了样本量 (n), 误分类成本 (loss), 分类成员 (yval) 和两个类的概率 (yprob). 除了根结点之外, 显示分裂变量及定义结点的值. 例如, $x_1 = 13, 14$ 意味着在结点 2 内,457 个客户要么没有支票账户, 要么其资产至少为 200DM. 将数据集中的数字编码转换为描述还需要读者查看原始数据描

述. 图 5.2 展示了生成的树图. 我们应该注意到,postscript 文件被稍微编辑, 以 [74]
便与数值输出一致, 并达到更好的可视化效果.

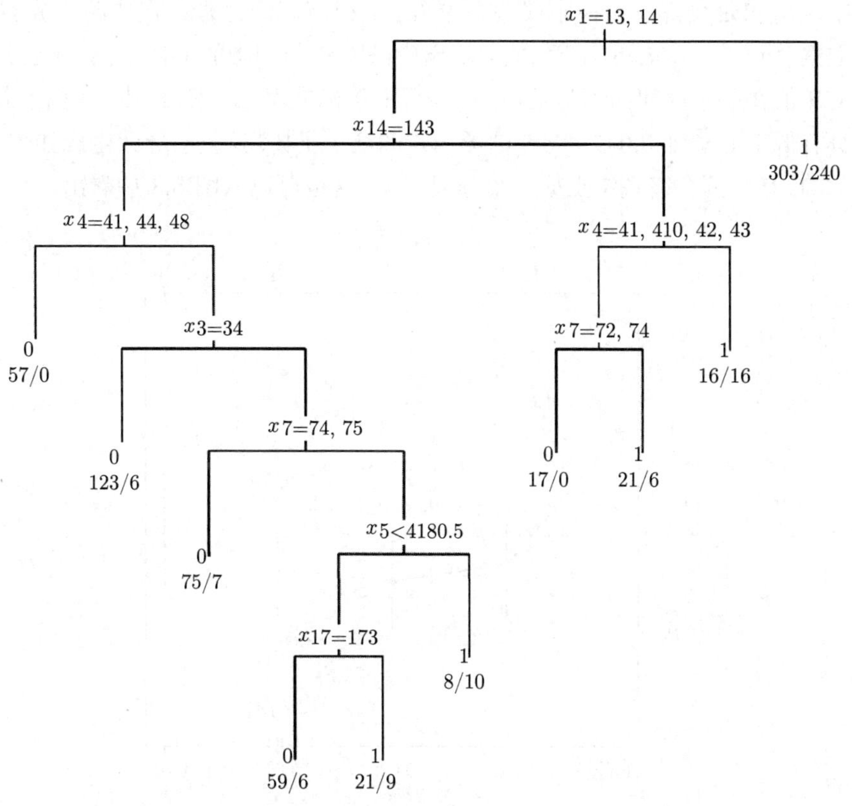

图 5.2 德国信用数据的初始树. 结点向左子结点分裂.
展示了终端结点的类成员和样本组成

为了演示剪枝步骤, 我们可以使用 printcp() 和 plotcp() 输出表 4.3 中所示的成本复杂度参数.

```
> printcp(gmcrd)
      CP nsplit rel error xerror xstd
1 0.138571 0 1.00000 1.00000 0.020702
2 0.080000 1 0.86143 0.86714 0.053805
3 0.017619 2 0.78143 0.85000 0.046969
4 0.012143 7 0.68714 0.86286 0.046493
5 0.010000 9 0.66286 0.90857 0.051339
> plotcp(gmcrd)
```

在打印输出中, xerror 是通过 10 折 (默认) 交叉验证估计的相对误差, 而 xstd 是相对误差的标准误. 图 5.3 是相对误差与成本复杂度参数的图形表示. 数字输出和曲线都表明最小误差为 0.85, 当树有三个终端结点或两个分裂时,
[75] 标准误达到了 0.047. 请注意, 数值输出中的 CP 与图中的 CP 不同, 主要是因为 CP 值在一个区间内不是唯一的. 应用 1 倍标准误 (1-SE) 准则, 我们下载寻找具有低于 $0.85 + 0.047 = 0.897$ 的误差的最小子树, 这就会导致生成如图 5.4 所示的, 具有两个终端结点或一个分裂的树. 这也可以从图 5.3 中看出.

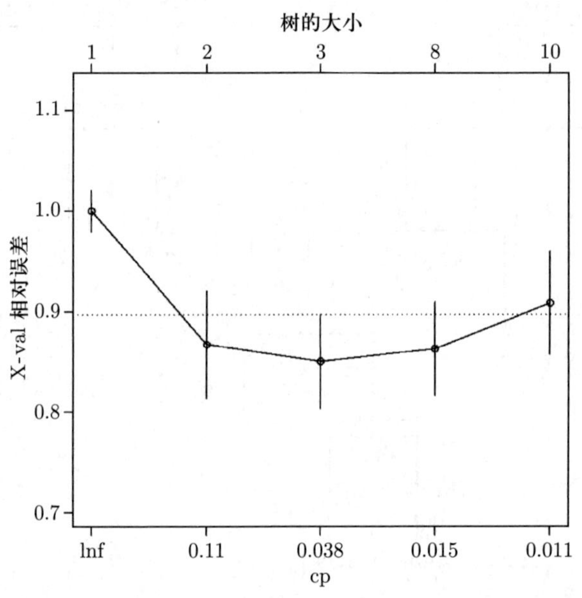

图 5.3　由 plotcp() 绘制出的成本复杂度参数图. 垂直线表示 1 倍标准误的范围

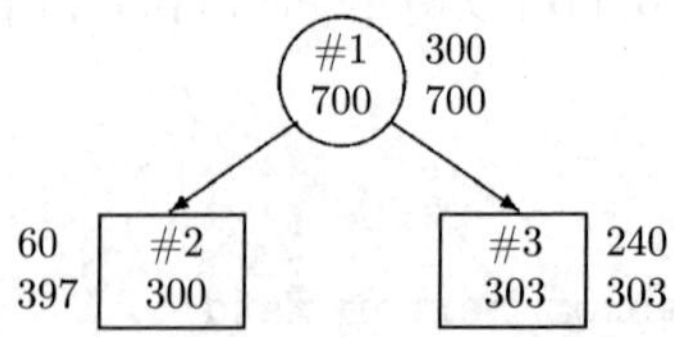

图 5.4　德国信用数据的最后一棵树. 每个结点内部是结点数 (顶部) 和单位误分类成本 (底部). 结点旁边是坏的 (顶部) 和好的 (底部) 申请者的数量

从这个例子来看, 基于交叉验证的 1 倍标准误准则在树剪枝中是非常严格的规则. 图 5.4 中的单分裂树显然不太有助于确定潜在的重要因素或做出较好的预测. 误分类成本从根结点的 700 到两个终端结点之和 603.

尽管误分类成本不用于结点分裂，但它确实会影响树结构. 为了说明这一点，我们让两类错误的误分类成本相同并且重构这棵树. 基于下面的 R 输出，我们可以选择 0.02 作为 CP 来产生最终的树，如图 5.5 所示. 图 5.4 和图 5.5 中的树明显不同. 这个例子强调了选择误分类成本的重要性与困难性. 对于误分类成本的选择困难或者是任意选择的读者，第 4.5 节中描述的替代剪枝方法似乎更为实用.

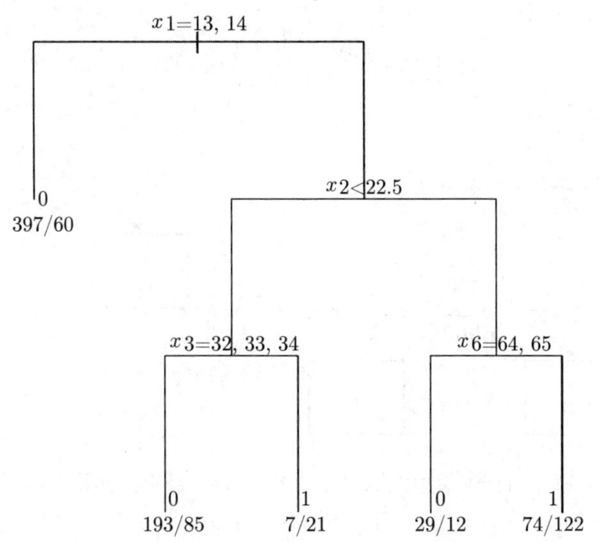

图 5.5 德国信用数据使用相同的误分类成本所产生的最终树结构. 结点分裂左子结点. 图中显示终端结点的类成员和样本组成. $x_1=13,14$ 表示支票金额有余额; x_2 是信用期限; $x_3=32,33,34$ 表示信用记录，至目前为止，所有信用都支付或信用延期支付或其他问题; $x_6=64,65$ 是指储蓄账户或余额为 1000DM 的债券或没有关于此类账户的信息

```
> rp1=rpart(y ~., data=x, parms=list(split='information'))
> printcp(rp1)
      CP nsplit rel error xerror xstd
1 0.051667 0 1.00000 1.00000 0.048305
2 0.046667 3 0.84000 0.99667 0.048258
3 0.018333 4 0.79333 0.85667 0.046062
4 0.016667 6 0.75667 0.86333 0.046178
5 0.010000 10 0.69000 0.83000 0.045583
> credit.rp1=prune(rp1, cp=0.02)
> plot(credit.rp1, uniform = T); text(credit.rp1, use.n = T)
```

[77]　例如, 当我们设置显著性水平时, 对应于修剪 χ^2 统计量, 在 10^{-5} 和 10^{-4} 之间, rtree 程序产生图 5.6 中的树, 其具有与图 5.5 中的树相同数量的分裂 (4 个). 4 个分裂中的 3 个是相同的 (一些结点的所在的边发生变化), 不同的那一个分裂导致一个不同的结点被进一步分裂. 因此, 启发式剪枝方法与基于交叉验证和误分类成本的剪枝方法有一定的关联.

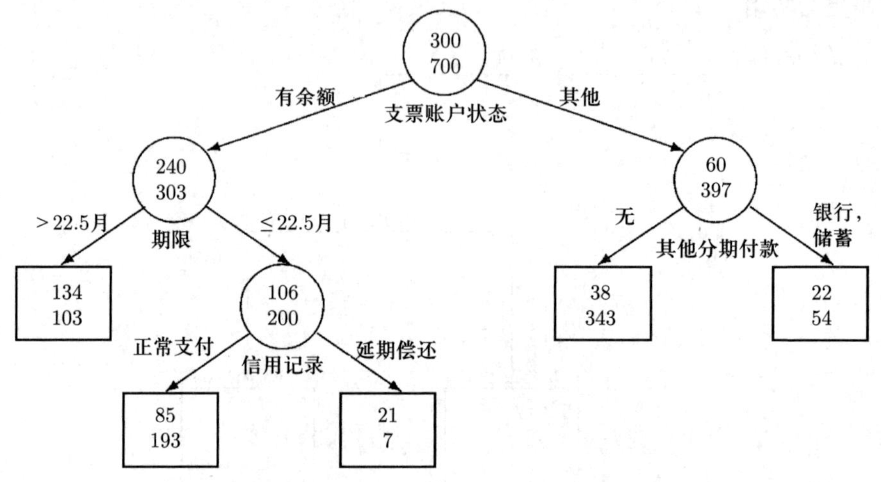

图 5.6　用 rtree 程序对德国信用数据构建的树. 在每个结点内部是结点中的坏 (上) 和好 (下) 申请者的数量

第 6 章　随机森林与确定性森林

基于森林的分类和预测方法是许多科学和工程领域中最常用的非参数统 [79]
计方法之一, 特别是机器学习和高通量基因组数据的分析. 在本章中, 我们首先介绍随机森林与确定性森林的构造, 然后讨论解决实际问题具体需要多大的森林.

6.1　随机森林介绍

我们已经知道, 基于树的数据分析很容易解释. 但是, 基于树的方法有其局限性. 首先, 即使数据扰动较小, 树结构也很容易不稳定. 这通常是所有逐步模型选择过程的通病. 其次, 由于基因组学和信息学的发展, 高维数据在目前已经非常普遍. 如例 1.7 所示, 许多研究使用数十或数百个受试者的成千上万个基因表达来预测结果. 这种具有大量变量和有限观测数量的现象通常被称为 "大 p 小 n" 问题 (例如 Kosorok 和 Ma 2007; Zhang 等人 2008). 为了充分利用这种大规模数据的丰富性, 我们需要针对给定的数据集, 扩展 "一个简约模型" 的经典统计视角. 最后, 由于树形结构的自适应特性, 基于单树的理论推断通常是不可行的. 生成更多的树可能为统计推断提供经验性的解决方案 (Zhang 1998a;
也可参见第 12 章). [80]

为了解决这些限制, 森林方法已经成为一种理想的解决方案. 在这里, 森林是指任何数量的树模型的荟萃. 这种方法也被称为集成 (ensemble). 一般而言, 森林由成百上千棵树组成, 所以它更稳定, 不易因数据干扰而出现预测误差 (Breiman 1996, 2001). 虽然每棵树都不是一个好的模型, 但将它们组合成一个

"委员会" (committee) 可以提高它们的重要性. 需要注意的是, 森林中的树不应修剪成 2.3 节所述的 "最小" 尺寸. 事实上, 如 Breiman (1996, 2001) 所讨论的那样, 将 "好" 的模型放到 "委员会" 中会适得其反.

从实践的角度来看, 拥有许多树木也为我们提供了利用数据集中的更多信息 (变量) 的机会, 从而使得我们可以更深入地了解数据. 在一些应用中, 不同的树可能会揭示疾病预后或发育的不同途径.

随机森林该如何构建? 假设我们有 n 个观测值和 p 个预测变量. 以下是算法:

1. 抽取一组自助 (bootstrap) 样本. 即从原始样本中有放回地抽取 n 个观测样本.

2. 将递归划分应用于抽取的自助样本. 在每个结点处, 随机选择 p 个预测变量中的 q 个, 并对这 q 个变量进行分裂. 在这里, q 应该远小于 p.

3. 通过递归划分到最后, 生成一棵树.

4. 重复步骤 1 至 3 以形成森林. 基于森林的分类通过所有树的多数票来确定.

如果跳过步骤 2, 则上述算法被称为袋装法 (bagging) (Breiman 1996). 袋装法不应该与另一个叫作提升法 (boosting)(Freund 和 Schapire 1996) 相混淆. 其中一种提升算法是 Adaboost, 它使用了两组中间权重 (intervening weight). 一组是 w, 表示每个观察的分类误差; 另一组是 β, 表示分类标签的投票. 提升法是一个迭代的过程, 在每次迭代中, 建立一个模型 (例如一棵树). 它开始时赋予所有观测值相等的 w 权重. 然后, 基于 w 权重的误差总和来计算 β 权重, 并且再利用 β 权重来更新 w 权重. 随着权重的更新, 我们可以建立一个新的模型, 并将这一更新过程继续进行下去. 与袋装法不同, 提升法通常会建立一个非
[81] 常简单的模型, 例如只有一个分裂的树. 根据 Leo Breiman 的 Wald 讲座, 提升法的效果不如袋装法效果好. 与本书的精神更相关的是提升法妨碍了解释. 实际上, 袋装法中的重复抽样有助于筛选出具有独特特征的亚群.

在森林构建过程中, 经常会出现几个实际的问题, 在这里, 我们对其中的一些进行讨论. 第一, 在森林里我们需要多少棵树? Breiman (2001) 选择在一些例子中生成 100 棵树, 而在另一些则使用了更多的树. 我们将在第 6.2 节讨论随机森林到底需要多大. 如 Breiman (2001) 提到的, 随机森林的准确性取决于两个关键因素: 单棵树的预测效果和树之间的相关性. 因此, 如果随机森林中的树能达到最好的预测效果并且相关性最弱, 我们就可以将随机森林的大小保持在最低水平.

第二, 如果不修剪随机森林里面的树, 是否会发生过拟合现象? Breiman (2001) 指出, 强大数定律 (Strong Law of Large Numbers) 保证了其不存在过拟合问题. 随着随机森林的增大, 其预测误差收敛, 并且泛化误差的上界跟森林中树的预测效果和树之间的相关性直接相关.

第三, 在结点分裂中选择 q 个变量是随机森林的一个重要特征. 常用的选择是 $\log(p)$ 或 $\sqrt{p}$. 然而, 这个想法需要注意一个问题. 例如, 在基因研究中, 我们倾向于拥有大量的遗传标记 (大约一百万) 以及一些环境变量 (范围从 1 到数百). 环境变量在随机森林中被选择的概率非常小, 并不是因为它们不重要, 而是因为它们相对较少. 此外, 即使对每个遗传标记也不应该全部平等对待. 因此在实践中, 我们应该对随机森林直接平等地对待所有预测因子保持警惕. 在第 6.5 节中, 我们将讨论解决这个问题的一些方法.

第四, 在森林形成之后, 我们该如何理解森林中的信息, 特别是如果它太大以至于无法检查单棵树木这种情况?

6.2 最小的森林

尽管森林方法解决了基于树的方法面临的两个挑战, 但它也丧失了基于树的方法所具有的一些优点. 最重要的是, 由于森林中的树如此之多, 即想要呈现整个森林或想解释它是不切实际的. 这就是 Breiman 在数理统计研究院的年度会议中的 2002 年 Wald 讲座 (2002 Wald Lectures) 上所称的 “黑盒子”. Zhang 和 Wang (2009) 探索了是否有可能在森林与单一树之间找到共通点, 以便我们保留单的易解释性并避免森林所带来的问题. 换句话说, 森林是否应该很大, 或森林有多小? 为了回答这个基本问题, 关键的想法是缩小森林规模同 [82]
时实现两个目标: (a) 保持类似 (甚至更好) 的预测精度; (b) 将森林中的树木数量减少到可控的水平.

为了在保持预测精度的同时缩小森林的规模, 我们需要一个标准来确定森林中树木在预测性能方面的重要性. Zhang 和 Wang (2009) 考虑了三种选择, 并发现 “通过预测” (by prediction) 的方法优于其他方法. 具体而言, 如果从森林中移除某树对整体预测准确度影响最小, 则删除该树. 首先, 计算森林 F 的预测精度, 用 p_F 表示. 其次, 对于森林 F 中的每棵树, 我们用 T 来表示. 然后计算排除 T 的森林 F_{-T} 的预测精度, 用 $p_{F_{-T}}$ 表示. 令 Δ_{-T} 为 F 与 F_{-T} 之间预测准确率的差异:

$$\Delta_{-T} = p_F - p_{F_{-T}}. \tag{6.1}$$

具有最小 Δ_{-T} 的树 T^p 是最不重要的, 因此可以将其移除:

$$T^p = \underset{T \in F}{\operatorname{argmin}}(\Delta_{-T}). \tag{6.2}$$

为了选择最佳规模的子森林, Zhang 和 Wang (2009) 追踪了子森林的表现. 令 $h(i), i = 1, \cdots, N_f - 1$, 表示具有 i 棵树的子森林的预测效果轨迹 (performance trajectory), 其中 N_f 是原始随机森林的规模. 请注意, 因为有许多子森林具有相同数量的树, 所以 $h(i)$ 是相对衡量预测效果的方法而言的. 如果 $h(i)$ 只有一个对应的实现, 那么就可以通过在 $i = 1, \cdots, N_f - 1$ 上最大化 $h(i)$ 来选择子森林的最优规模.

$$i_{opt} = \underset{i=1,\cdots,N_f-1}{\operatorname{argmax}} (h(i)). \tag{6.3}$$

如果对一个 $h(i)$ 有 M 个对应的实现, 则可以通过使用 1 倍标准误准则 (1-SE) 来选择最佳规模的森林, 如 Breiman 等人 (1984) 所述. 也就是说, 首先我们需要计算平均值 $\bar{h}(i)$ 及其标准误 $\hat{\sigma}(i)$:

$$\bar{h}(i) = (1/M) \sum_{j=1,\cdots,M} h_j(i), i = 1, \cdots, N_f - 1, \tag{6.4}$$

$$\hat{\sigma}(i) = \operatorname{var}(h_1(i), \cdots, h_M(i)), i = 1, \cdots, N_f - 1. \tag{6.5}$$

然后, 找到能使平均 $\bar{h}(i), i = 1, \cdots, N_f - 1$, 最大的 i_m:

$$i_m = \underset{i=1,\cdots,N_f-1}{\operatorname{argmax}} (\bar{h}(i)). \tag{6.6}$$

正如 Breiman 等人 (1984) 所讨论的, 1 倍标准误准则 (1-SE) 倾向于产生一个更稳健、更简洁的模型.

[83] 最后, 他们选择最小的子森林, 使其对应的 h 在 $\bar{h}(i_m)$ 的一个标准误内, 作为最佳森林大小 i_{opt}:

$$i_{opt} = \underset{i=1,\cdots,M}{\operatorname{argmin}} (h(i) > (\bar{h}(i_m) - \hat{\sigma}(i_m))), \tag{6.7}$$

这是预测效果轨迹的临界值.

Zhang 和 Wang (2009) 利用乳腺癌预后的微阵列数据集 (van de Vijver 等人 2002) 研究了选择最小森林的几种方法. 开始时, 他们使用整个数据集作为训练数据集来构建初始森林. 对第一种方法, 使用一个自助数据集 (bootstrap data set) 来构建最小的子森林, 并使用袋外 (out-of-bag, oob) 样本进行评估.

对第二种方法, 袋外样本用于构建和评估最小的子森林. 第三种方法, 自助样本 (bootstrap sample) 用于构建和评估最小的子森林. 最后, 自助样本被重新抽取用于构建最小的子森林, 并重新抽取进行评估. 第一种方法比较适用于包含 288 个样本的乳腺癌预后数据集, 其中每个样本包含响应变量, 其定义为患者在最初诊断后五年是否保持无病状态. 使用第一种方法并在重复进行自助法过程 100 次后, 他们发现最佳子森林的大小处于相对较窄的范围内, 其中第一四分位数, 中位数和第三四分位数分别为 13, 26 和 61. 这使得他们可以选择大小为 7 的最小的最优子森林.

为了比较初始随机森林与这个最佳子森林的性能, 他们使用这两个森林分别作为原始数据集中的分类器. 表 6.1 给出了基于袋外样本的错分率. van de Vijver 等人提出的分类器 (2002) 作为基准列入该表. 表 6.1 说明, 最佳的子森林虽然小得多, 但在预测方面与最初的随机森林相当.

表 6.1 比较初始随机森林, 最佳子森林以及之前建立使用 70 个基因的分类器的预测性能

方法	错分率	预测结果	观测结果	
			好	坏
初始随机森林	26.0%	好	141	17
		坏	53	58
最优子森林	26.0%	好	146	22
		坏	48	53
提出的基准分类器	35.3%	好	103	4
		坏	91	71

6.3 重要性得分

与树不同, 森林通常太难以解释. 一种解决方案是总结或量化森林中的信 [84]
息, 例如, 通过识别森林中的 “重要” 的预测因子. 如果可以识别重要的预测因子, 随机森林也可以作为变量 (特征) 选择的方法. 我们可以通过关注重要的预测因子来使用其他更简单的方法, 如分类树. 问题是: 我们如何知道预测变量重要与否? 为了回答这个问题, 目前已经有了多种衡量变量重要性的度量 (例如 Breiman 2001, Friedman 2001, Chen 等人 2007). 下面, 我们介绍几种变量重要性度量.

6.3.1 基尼重要性

在构建森林的过程中, 无论何时基于变量 k 来分裂一个结点, 都需利用 (4.4) 中从父结点到两个子结点的基尼指数的减少量来计算变量 k 的重要性得分. 我们对森林里所有的树中, 利用变量 k 分裂的基尼指数的减少量全部求和, 从而产生一个简单的变量重要性得分. 尽管 Breiman 指出基尼指数的重要性通常与置换 (permutation) 重要性测量 (http://www.stat.berkeley.edu/~breiman/RandomForests) 非常一致. 但其他人发现, 基尼重要性因为偏好具有多种类别的预测变量, 而变得不合适 (请参见, 例如 Strobl 等人 2007). 这种现象看起来类似于 4.1 节末所讨论的, 我们所不希望出现的终端偏好问题.

6.3.2 深度重要性

Chen 等人 (2007) 引入了一个与基尼重要性得分类似的重要性指数, 但考虑了分裂变量的位置及其影响. 具体来说, 每当结点 t 基于变量 k 分裂时, 令 $L(t)$ 为结点的深度, $S(k,t)$ 为变量的 χ^2 检验统计量, 则将森林中所有树中变量 k 的 $2^{-L(t)}S(k,t)$ 相加. 这里, 根结点的深度为 1, 根结点的后代为 2, 依此类推. 这种深度重要性度量被发现用于鉴定复杂疾病的遗传变异, 尽管目前还不清楚它是否也会有相同的终端偏好问题.

6.3.3 置换重要性

第三个重要性指数是置换重要性, 也被称为变量重要性. 对于森林中的每棵树, 我们都会计算正确分类的投票数. 然后, 我们随机置换在袋外样本中的变
[85] 量 k 的值, 并重新计算通过置换变量 k 的值之后的, 袋外中正确分类的投票数. 置换重要性是指在森林中的所有树木之间, 变量 k 置换的袋外数据中正确分类的投票数与原始袋外数据中的正确分类的投票数的平均差异大于 0 而且离 0 越远, 一般说明变量越重要.

置换重要性指数可以说是最常用的选择. 但有几个重要的问题需要注意. 第一, 置换重要性指数不一定是正数, 且没有上限. 第二, 当预测变量的数量 p 相对于样本量较大时, 预测变量置换重要性的大小与相对排序可能不稳定. 基因组数据肯定会面临这种情况. 第三, 预测变量置换重要性的大小与相对排序会随着森林中树的数量, 以及随机选择分裂结点变量的数量 q 而变化. 正如 Genuer 等人 (2008) 所指出的, 森林中树数量的影响相对较小, 但更多的树会使森林有更好的稳定性. 然而, 尽管变量的重要性排序可能保持不变, 但

其重要性程度可能会随着 q 的增加而急剧增加. 为了说明这一点, 我们基于乳腺癌预后的微阵列数据集 (van de Vijver 等人 2002) 模拟数据. 该研究共有 295 个样本, 24496 个基因. 我们随机选择四个基因来产生二元 (例如正常或异常的) 结果 y. 令 x_1, x_2, x_3 和 x_4 为四个选定基因的表达强度. 然后, 通过 $y = I(\sum_{i=1}^{4} x_i > 0)$ 得出响应变量, 这里 $I(\cdot)$ 是示性函数.

图 6.1 显示了四个选定基因的重要性得分, 其范围就是 q 的范围. 在计算之前, 如果基因与四个选定基因 (就表达水平而言) 之间的任何一个相关系数大于 0.1, 它将会被移除, 以避免相关性的潜在影响. 森林里有 1000 棵树. 显然, 重要性得分会随着 q 的增加而增加. 但是, 这四个基因保持相同的重要性顺序. 我们应该注意到森林规模对重要性得分的影响相对较小.

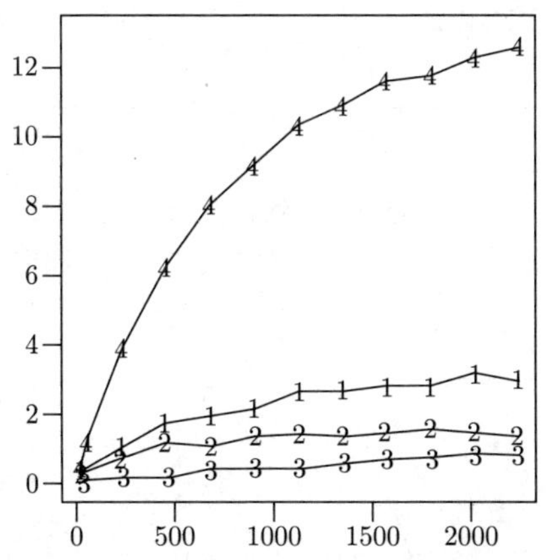

图 6.1 置换重要性对 q 选择的依赖性. x 轴是 q, y 轴是重要性得分. 每条曲线都是针对四个选定基因中的一个

最后, 关于置换重要性可能高估了高度相关变量的重要性的报告 (Strobl 等人 2008 和 Diaz-Uriarte, Alvarez de Andres 2006). Genuer 等人 (2008) 通过模拟研究解决了这个问题, 并得出结论认为, 当与一个预测变量高度相关的多个变量包含在数据集中时, 这个预测变量的重要性将会下降. 我们还进行了一个模拟来检查这个问题. 首先从四个选定的基因开始. 然后, 我们确定了与四个选定基因中任何一个基因的相关性至少为 0.4 的基因. 这些相关基因随机分成大小相同的五组. 最后, 我们依次添加了一, 二, 三, 四, 五, 这五组, 以及四个选定的基因作为预测指标. 图 6.2 与 Genuer 等人 (2008) 的结果一致. 我们可以看到预测变量的排名被保留了下来. [86]

此外, 我们从不同的角度考察相关性的影响. 首先再次从四个选择的基因

开始, 然后包括相关性至少为 0.6, 0.4 和 0.2 的基因. 从图 6.3 中可以看到, 随着我们将相关性限制到更高的水平, 基因重要性程度会增加. 有理由说, 尽管变量重要性是随机森林中的一个重要概念, 但我们在解释时仍然需要谨慎. 在实际的数据分析中, 排名的先后比幅度的大小更加重要.

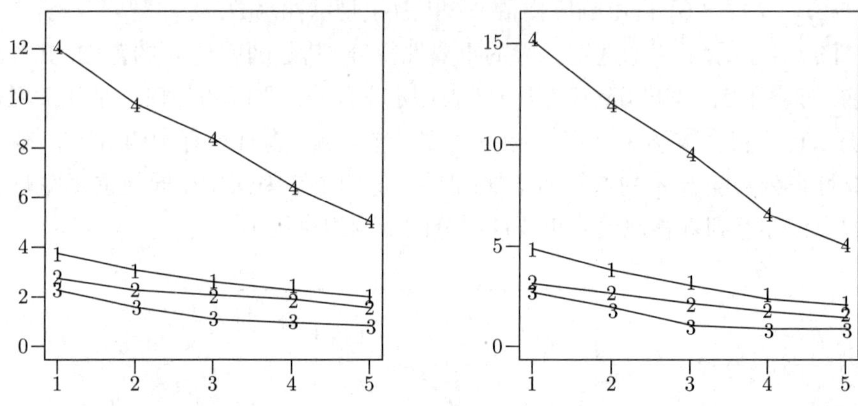

图 6.2 置换重要性对相关的预测变量数的依赖性. x 轴是相关基因组的数量, y 轴是重要性得分. 每条曲线都标有基因编号. 森林规模设置为 1000. 左图中 q 为森林规模的平方根取整, 右图中的 q 为 8

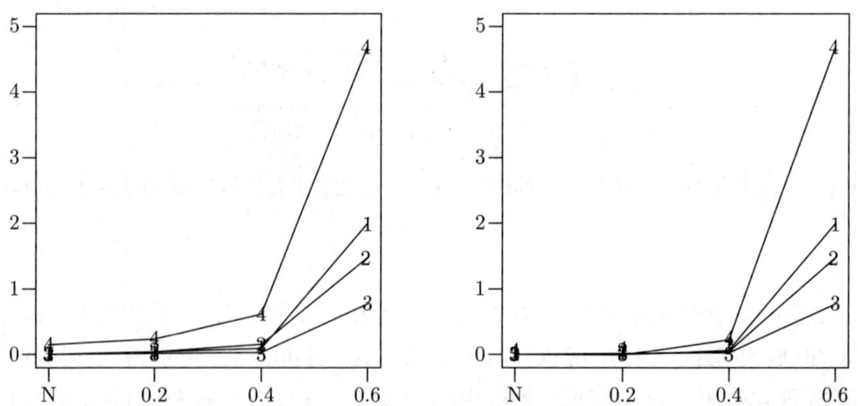

图 6.3 置换重要性对预测变量间相关性的依赖性. x 轴是相关性水平, y 轴是重要性得分. 每条曲线都标有基因编号. 森林规模设置为 1000. 左图中 q 为森林规模的平方根取整, 右图中的 q 为 8

6.3.4 最大条件重要性

为了解决上面提出的一些问题, Wang 等人 (2010) 通过使用森林中所有使用相同预测变量的分裂, 所产生的最大 χ^2 统计量, 引入了最大条件 χ^2 (maxi-

mal conditional chi-square, MCC) 重要性. 通过模拟实验, Wang 等人 (2010) 发现 MCC 可以将因果预测变量与噪声区分开来. 此外, 他们使用各种遗传模型比较了上述重要性指数的特异性 (真阴性概率) 和敏感性 (真阳性概率). 所有指标都具有很高的特异性, 即筛选出与潜在特征无关的单核苷酸多态性 (SNP). 而 MCC 在识别因果 SNP 方面敏感性最高. MCC 的另一个用途是评估交互项. 例如, 考虑两个预测变量 x_i 和 x_j 之间的交互作用. 对于 x_i, 假设其 MCC 可以在森林中一棵树的结点 t_i 中达到. 每当 x_j 分裂一个结点 t_i 的祖先时, 我们计为一, 否则为零. 最终的频率 f, 可以作为 x_i 和 x_j 之间的相互作用的一种度量, 并且通过重复森林的构造, 我们可以估计频率和其精度. 例如在图 [89]
6.4 中, 我们展示了由 Wang 等人 (2010) 模拟的热图.

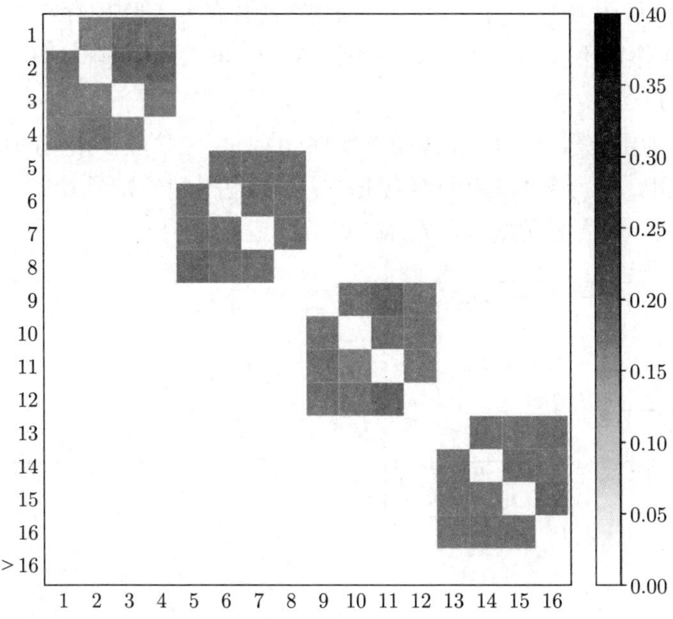

图 6.4 交互项热图. x 轴是主要预测变量的序号, y 轴是潜在交互预测变量的序号. 颜色深度表示潜在交互的预测变量在森林中的主要预测变量之前的频率

他们生成了 100 个独立的预测变量, 每个变量都是两个独立同分布的二元变量 (0 或 1) 之和. 这是模仿遗传研究中来自 SNP 的基因型. 对于前 16 个预测变量, 潜在的二元随机变量的成功概率为 0.282. 对于剩余的 84 个, 他们绘制一个介于 0.01 和 0.99 之间的随机数作为潜在二元随机变量的成功概率. 前 16 个预测变量将被作为模拟中的风险变量, 其余 84 个变量将被作为噪声变量. 结果变量如下生成, 这 16 个风险变量平均被分为四组, 并且不失一般性, 我们

会依次说明. 一旦生成了这 16 个风险变量, 我们就会基于对应的响应变量生成以下概率:

$$w = 1 - \Pi(1 - \Pi q_k),$$

其中第一个乘积是关于四个组的, 第二个乘积是关于每个组内的第一个预测变量的, $q_0 = 1.2 \times 10^{-8}$, $q_1 = 0.79$ 以及 $q_2 = 1$. 下标 k 等于各自预测变量的随机生成值. 例如, 如果 $x_1 = 1$, 那么 $k = 1$ 并且我们使用 q_1, 即 0.79 作为我们的第一个预测变量. 响应变量的值以 w 的概率取 1, 否则取 0.

Wang 等人 (2010) 使用上述过程来生成前 200 个可能的控制组 (响应变量等于 0) 和前 200 个可能的对照组 (响应变量等于 1). 这就生成了一个数据集, 并且我们可以针对这个数据集建立一个随机森林. 最后, 他们将整个过程重复 1000 次. 从图 6.4 我们可以看出 4-SNP 组内的相互作用存在, 并且 4-SNP 组间的相互作用不存在. 这个数字表明, MCC 可以被用作检测预测因子之间相互作用的方法.

最后, 为了比较 MCC 和置换重要性, 我们来检验包含相关的预测变量对 MCC 的影响. 在与图 6.5 相同的模拟中, 我们也得到了如图 6.5 所示的 MCC 的结果. 显然, 包含相关的基因对 MCC 几乎没有影响.

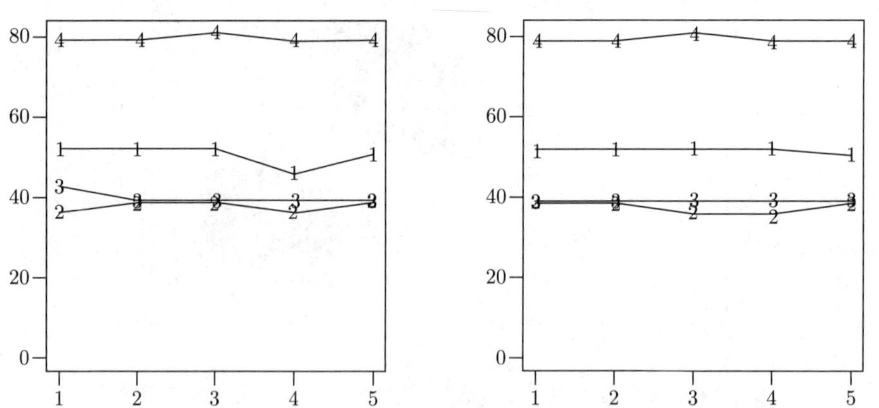

图 6.5　MCC 对相关预测因子数的依赖性. x 轴是相关基因组的数量, y 轴是重要性得分. 每条曲线都标有基因编号. 森林规模设置为 1000.
左图中 q 为森林规模的平方根取整, 右图中的 q 为 8

6.4　不确定性预测变量的随机森林

一般来说, 我们的分析是基于准确无误地观测到预测因子进行的, 或者我们假设如此. 然而情况并非总是如此. 例如, 为了识别复杂疾病的遗传变异, 单倍型有时是预测变量. 单倍型由在同一染色体上一同传播的多个基因座中的等位基因组成. 在全基因组关联研究中, 单倍型是染色单体上 SNP 的组合. 目前 [90]
的技术能够以很高的置信度对 SNP 进行基因分型, 但是对单倍型却不能, 单倍型必须从 SNP 中进行统计推断 (例如参见 Lin 等人 2002). 因此, 单倍型在大部分时候是可用的. 这个问题在其他研究中也有提及. 例如, 种族几乎是所有流行病学研究的一个预测指标. 尽管它可能被记录为 “白人” “黑人” 等, 但一些个体确实是有一半白人血统, 一半黑人血统或其他比例. 在下文中, 我们描述了 Chen 等人 (2007) 提出的随机森林想法的使用, 来解决预测指标中的这些不确定性.

为了描述清晰, 我们假设 x_1 是唯一具有不确定性的分类变量, 它具有 K 个可能的水平. 对于第 i 个个体, $x_{i1} = k$, 其概率为 $p_{ik}(\sum_{k=1}^{K} p_{ik} = 1)$. 在典型的随机森林中, “工作” 数据集是原始数据集的自助样本. 在此, 根据 x_1 的频率生成 “工作” 数据集, 同时保持其他变量不变. 因此, 数据集是 $\{z_{i1}, x_{i2}, \cdots, x_{ip}, y_i\}_{i=1}^{n}$, 其中 z_{i1} 是从 $1, \cdots, K$ 中按照概率 $(p_{i1}, \cdots, p_{iK})$ 随机选取的. 一旦生成数据集, 其余部分可以按照与典型随机森林相同的方式进行. 如果有额外的不确定性预测变量, 其过程也是相似的, 事实上, 单倍型基因分析就是这种情况. 我们参考 Chen 等人 (2007) 的报告. 图 6.6 说明了这个过程, 相关的计 [92]
算机程序 HapForest 可以从 http://c2s2.yale.edu/software 获取.

基于树或森林方法的一个需要注意的地方是, 我们不能实施基于理论的, 如统计显著性和置信区间等的统计推断. 对于假设检验, 尽管需要大量的计算, 通常在零假设下生成数据, 并使用重复置换样本检查关键统计量的分布. 例如, 为了评估单倍型和疾病之间关联的显著性, 重要性指数的零假设分布可以通过随机置换原始数据中的疾病状态, 然后通过图 6.6 中的过程产生在零假设下的所有单倍型的一组重要性指数. 重复这一过程可以经验估计所有单倍型的零假设分布.

Chen 等人 (2007) 和 Wang 等人 (2009) 将这种方法应用于年龄相关的黄斑变性 (age-related macular degeneration, AMD) 的遗传数据集, 这种黄斑变性是老年人失明的主因. 使用全基因组显著性水平为 0.05, 他们证实了一种著名的单倍型, ACTCCG (1 号染色体上), 并发现了几种新的单倍型, TCTG-

GACGACA (7 号染色体上), GATAGT (5 号染色体上) 和 TCTTACGTAGA
(12 号染色体上). 使用置换方法, 在全基因组 5% 的显著性水平下, 这些新找出
的单倍型与 AMD 相关. 1 号染色体上的单倍型在一个被称为补充因素 (com-
plement factor) 的 H 基因中 (Klein 等人 2005), 7 号染色体上的单倍型位于
Bardet-Biedl 综合征 9 号基因中, 5 号染色体上的单倍型位于 δ-肌聚糖蛋白
[93] 上 (Sarcoglycan delta), 12 号染色体上的单倍型是锚蛋白重复序列 (Ankyrin
repeat) 以及含有 1B 的不育 α 基序结构区域 (sterile alpha motif domain)
(Wang 等人 2009).

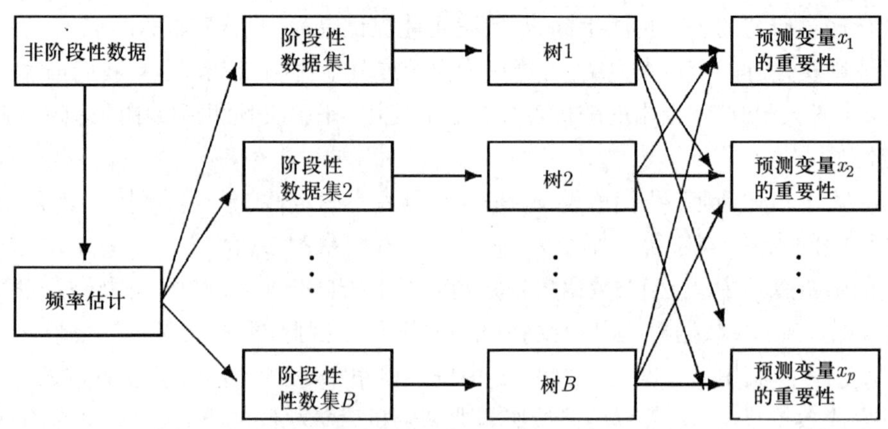

图 6.6 构建具有不确定性预测变量的森林的示意图. 预测变量 $x_1, x_2, \cdots, x_p$ 不是直接观察到的, 因此原始数据被称为 "非阶段性数据" (unphased data). 可以估计预测变量的频率, 并将估计得到的频率用于生成 "阶段性数据" (phased data), 其中预测变量的值可以根据其分布绘制而得出. 为每个阶段数据集建立一棵树.
最后, 在森林中计算每个预测变量的重要性得分

6.5 加权特征选择的随机森林

构建随机森林的第二步是选择一个预测变量 (特征) 的子集来分裂一个结点. 通过这个随机选择, 所有特征被选中的机会均相同. 但在全基因组关联研究 (GWAS) 中, 预测变量的数量巨大, 如数百万个 SNP 时, 这可能会出现问题. 这将需要产生大量的树, 来为那些重要的预测变量提供足够的优先选择的机会. 此外, 在 GWAS 中, 除基因型之外, 还有一些协变量, 如人口变量等, 都会被考虑进来. 因此, SNP 数量和 "环境" 协变量的数量严重不平衡. 标准的随机森林过程对于识别潜在的重要环境变量是无效的, 因为它们单就数量而言,

就 SNP 的数量所淹没.

一种简单、有效的方法是使用每个预测变量进行单变量检验, 例如每个 SNP 的等位基因 χ^2 统计量. 然后, 我们用 χ^2 值的单调函数所定义的一个抽样概率, 而不用等概率. 这种方法与在基因表达分析中提出的丰富的随机森林方法 (enriched random forest approach)(Amaratunga 等人 2008) 类似.

在一项提升风险的 SNP 的数量相对较少的模拟实验中, Chen 等人 (未发表的数据) 证实, 正如预期的那样 (Genuer 等人 2008), 在确定潜在的 SNP 和环境因素方面, 典型的随机森林是无效的. 然而, 就预测误差的大小和发现重要预测因子的能力而言, 相似大小的加权随机森林表现得更加出色.

6.6 确定性森林

如果我们检查森林中的单棵树, 当特征数量相对于样本数量较大时, 我们会发现结构相似的树具有相似的分类性能, 在分析微阵列数据时尤其明显. 这一观察结果驱动 Zhang 等人 (2003) 提出了具有相似结构和相似性能的树的森林. 这个森林可以提供比任何单棵树更精确和生物可解释性的分类规则, 并且 [94]
由于这个森林是可重现的, 所以它被称为确定性森林.

Zhang 等人 (2003) 提出了形成确定性森林的一种简单方法. 他们选择了预先指定的数字, 比如 20, 用于根结点的顶部分裂 (top split); 以及预先指定的数字, 比如 3, 用于根结点的两个子结点的顶部分裂. 这种顶部结点 (top node) 的使用总共可以产生 180 棵树 ($20 \times 3 \times 3$). 当他们将这一过程应用于白血病数据集 (Golub 等人 1999) 时, 他们指出, 许多树在对训练样本中的个体进行分类时是完美或近乎完美的. 例如在图 6.7 中, S_1 是根结点的前三个分裂之一, S_2 是第二个结点的前三个分裂之一, 而 S_3 是第三个结点的前三个分裂之一. 图 6.7 是其中一棵树的分裂, 根据其终端结点内部的分类结果, 说明了训练样本中的完美分类.

另一种在计算上更具挑战性的方法是预先指定一个例如 "A" 树的一般结构作为第一步. 这棵 "A" 树 (参见图 6.7) 是左右对称的. 然后, 我们搜索有非常好表现的树, 然后将其加入森林中. 这种过程具体的效果如何, 还需要进一步研究.

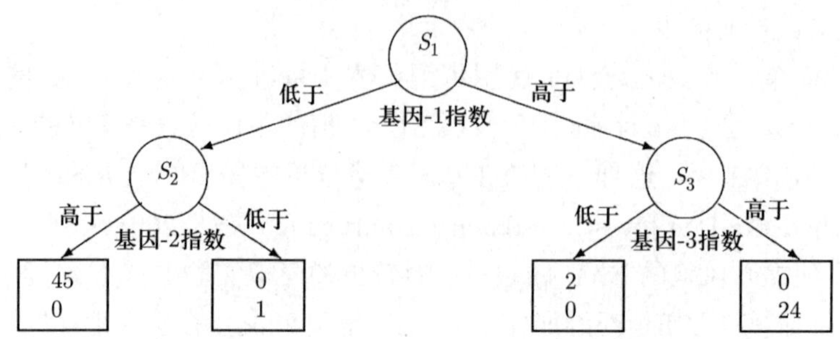

图 6.7　确定性森林的框架. S_1, S_2, S_3 中的每一个都是对应结点的前三个分裂之一. 终端结点内部的分类结果, 来自分析白血病数据集构建的一棵树

6.7　交互作用说明

在经典的统计推断中, 交互项的评估需要预先指定交互项. 例如, 在通过响应变量 Y 与两个预测变量 x_1 和 x_2 构建的线性模型中, 乘积项 x_1x_2 是其二者
[95] 交互项的常见表示. 但通常, 这种交互作用需要满足可加性假设. 在没有预先确定变量之间交互关系的情况下, 树和森林提供了一个非常灵活的框架. 我们可在树和森林构建之后评价变量之间的交互作用. 此外, 即使有些交互作用的影响可能太小从而不能单独检测, 树和森林也可能将这种交互作用表现出来. 从理论的角度来看, 建立一个理论框架来评估难以预先确定的交互作用是非常重要的.

第 7 章　删失数据的分析: 例子

7.1　介绍

大量研究的因变量是删失的生存时间. 我们从医学的文献中筛选了一些例 [97]
子, 使大家对此类问题有个大概的认识. 虽然生存时间在大多数情况下的定义是从某一时刻开始到死亡的时间, 但是它可以被推广为从某一时刻开始到发生某件事情所经历的时间. 例如: 乳腺癌患者的发病年龄就可以作为生存时间.

例 7.1　Ansell 等人 (1993) 对 127 位患有第 IIIB 阶段持续到第 IV 阶段的卵巢癌患者进行了基于树的生存分析. 从 1982 年 11 月到 1988 年 7 月, 这些患者陆续接受了治疗晚期卵巢癌的外科手术. 从做手术开始到 1992 年 1 月 30 日即观察结束的日子, 每个患者的生存状况都被记录下来. 在这段时间中, 有 84 个患者不幸死亡, 有 43 个患者直到观察结束时仍然活着. 所以, 这 43 个患者的生存时间被称为删失的. 这个研究的目的是希望找出能够预测生存情况的一些指标, 包括人口学指标, 肿瘤相关预后 (临床、放射检查的以及生化检查的) 因素. 通过分析, Ansell 等人找到了三组生存功能差异显著 (显著性水平为 0.05) 的患者.

例 7.2　从 1974 年到 1989 年, 共有 1578 位患者参与了三个放射治疗恶性神经胶质瘤的临床试验. Curran 等人 (1993) 利用这个样本去分析生存时间
和接受治疗前患者的状况、肿瘤特征、治疗有关的因素之间的联系. 生存时间 [98]
从治疗之日起计算至 1991 年 11 月. 预处理因素包括年龄、功能状态、肿瘤组织病理学等. 手术程度是五个与治疗有关的因素之一. 利用递归划分方法, 作者找到了六组具有不同生存期的亚群. 最重要的分层指标就是患者的年龄是否小

于 50 岁.

例 7.3 寿命的决定因素是复杂的, 包括遗传因素. 为了探究三种单倍型 ($H-2^b, H-2^k$ 和 $H-2^d$) 对于 T 细胞功能的和最终对生存的影响, Salazar 等人 (1995) 用了 1537 只老鼠进行实验, 这些老鼠都是在 1987 年 4 月 14 日至 7 月 28 日出生的. 实验在 1991 年 2 月 2 日结束. 在实验的这段时间中, 有 130 只老鼠的生存时间是删失的 (不包括在实验结束时仍然活着的老鼠), 其中有 5 只意外溺亡, 125 只因为免疫学方面的研究而光荣牺牲了. 研究发现, 除了 $H-2^d$ 单倍型之外, 在剩下的单倍型中, 雄性比雌性的生存时间更长.

例 7.1—例 7.3 之间有什么共同点? 如同例 1.1—例 1.6 一样, 每个样本的观测值都会包括一些预测变量, 如例 7.1 中的预后因素, 例 7.3 中的遗传成分. 根据的研究性质用 T 表示生存时间, 可以从治疗开始 (如例 7.1 中的手术) 或出生开始 (如例 7.3) 到死亡为止 (或者广义地说, 事件发生的时间). 由于现实的约束, 我们不能跟踪所有个体直到其死亡. 因此, 所有的研究都会有一个明确的结束时间, 如例 7.3 中, 1991 年 2 月 2 日就是一个明确的结束时间点. 有时候, 实验的结束时间也可能是研究对象死亡数量达到预先指定值的那一天. 那些活到实验结束时间的研究对象就会具有删失的生存时间. 也就是说这些个体的生存时间要大于我们所观测到的时间. 也有一些其他的情况, 我们无法观测到个体的生存时间. 例如在例 7.3 中, 130 只老鼠死亡与研究兴趣无关的原因, 也就是说如果没有被意外杀死或牺牲, 这些老鼠会得更久. 在许多临床实验中, 由于各种健康状况或不便 (例如, 已搬离研究区域), 一些受试者可能在研究结束前就失联.

图 7.1 展示了两种典型的研究设计以及三种常见的删失方式. 在面板 (a)
[99] 中, 所有的样本都在同一时间进入研究. 当研究在某个指定的日期结束时, 第一类型的删失会发生; 如果研究在一定数量的受试者死亡后终止, 则此时第二类型的删失会发生. 对于这两种类型的删失, 样本可能会活到实验结束, 也可能因为某些原因而在实验中途失联. 在面板 (b) 中, 样本在不同的时间进入研究. 这种时候发生的删失归为第三类型. 在几乎所有应用树方法解决的问题中, 都涉及称为随机删失的类型 I 和类型 III. 第二类型的删失时间在样本之间并不是独立的. 我们在这里对于随机删失和非随机删失的区别不做进一步的讨论. 这三种类型的删失都属于右删失的范畴.

虽然我们在这里没有阐述, 但是左删失和区间删失在实际中也会遇见 (例: Peto 1973). 尤其是在艾滋病 (获得性免疫综合征) 的研究中, 估计感染人类免疫缺陷病毒 HIV 到艾滋病发病这段时间, 也被称为潜伏期, 对于控制和预防艾

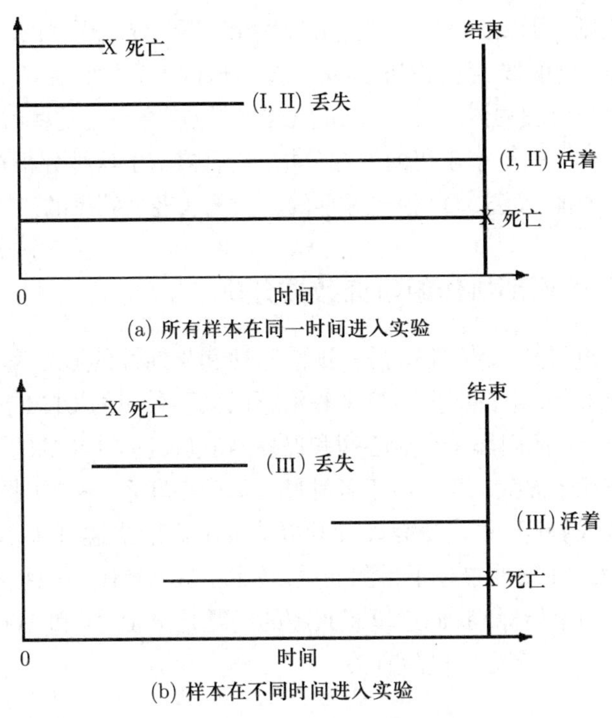

图 7.1　三种类型的删失

滋病有很重要的意义 (如 Brookmeyer 1991). 困难在于感染 HIV 的时间未知, 此时潜伏期是左删失的. 如果我们感兴趣的是感染 HIV 到患者因为艾滋病死亡这一段时间的话, 那么该时间为区间删失的.

总的来说, 我们不可能观测到所有样本的生存时间. 为了记录生存时间是否删失, 我们引入符号 δ, 如果等于 1 表示我们可以观测到该样本的生存时间, 如果等于 0 表示该样本的生存时间是删失的. 虽然生存时间是唯一的结果, 但是它由两个响应变量组成: 观测时间, 记作 Y, 和表示删失状态的变量 δ. 在没有删失的情况下, 观测到的时间就是生存时间, 即 $Y = T$; 否则的话, 观测到的 [100] 时间即为删失时间, 记为 U. T, Y, U 和 δ 之间的关系为 $Y = \min(T, U), \delta = I(Y = T)$, 其中 $I(\#)$ 是具有如下定义的示性函数:

$$I(A) = \begin{cases} 1, & \text{如果条件 } A \text{ 满足}, \\ 0, & \text{其他}. \end{cases} \tag{7.1}$$

我们之后会阐释如何利用第 4 章的思想来分析删失的生存时间. 基本的思想都是相同的. 首先, 我们需要定义结点的不纯度来生长树, 也就说我们需要定义一个分裂法则, 可以使得一个结点分成两个, 两个分成更多的, 依此类推. 其次, 为了对树进行剪枝, 我们需要定义一个类似的 "成本复杂度" 函数, 这样才能得到一个大小合理的树; 或者可以定义终端结点. 在讨论这些细节之前, 我们在 7.2 节先进行了一个基于树的生存分析, 然后揭示了这种分析在提供新的科学结果方面的潜能, 而这是其他更标准的方法无法轻易获得的.

7.2 基于树的西部协作组研究数据分析

西部协作组研究 (WCGS) 是一项前瞻性和长期性的冠心病研究实验. 在 1960 年到 1961 年, 来自旧金山湾区和洛杉矶大型公司的 3154 位中年白人男性加入到 WCGS. 他们都没有冠心病和癌症. 经过长达 33 年的随访, 1329 例死亡中有 417 位死于癌症, 43 位由于各种原因而失去联系. 表 7.1 提供了 WCGS 收集的部分基线特征. 关于研究设计和群体的更详细描述可从 Ragland 等人 (1988) 获得. 表 7.1 简要描述了预测变量. 体重指数 (BMI) 和腰小腿比 (WCR) 是衡量肥胖的两个指标. 我们这里感兴趣的问题是由 BMI 和 WCR 所决定的肥胖情况, 是否与患癌症的风险有关.

表 7.1 从 WCGS 数据集中选出的 8 个变量的统计性描述

特征	描述性统计量
年龄	46.3 ± 5.2 (年)
教育情况	高中 (1424), 大学 (431), 研究生 (1298)
收缩压	128.6 ± 15.1 (mmHg)
血清胆固醇	226.2 ± 42.9 (mg/dl)
表现模式	A 类型 (1589), B 类型 (1565)
是否吸烟	是 (2439), 否 (715)
BMI	24.7 ± 2.7 (kg/m^2)
WCR	2.4 ± 0.2

在对二元结果进行分类时, 使用不同的分裂准则的影响相对较小. 但是这种影响在分析生存数据中会被放大. 我们之后会介绍几种不同的分裂准则. 在图 7.2 中, 我们使用其中的两种分裂准则, 一个是 log-rank 统计量, 另一个是结点不纯度的直接推广. 接下来的两章会对此进行深入的探讨, 但是在这里我们只关心分析结果的实际意义.

从生存树中我们如何回答临床问题? 一个常见的方法就是在所有的终端结点上绘制 Kaplan-Meier 曲线, 然后比较这些曲线之间的差异. 图 7.3 是根据这一常识编制的. 因此, 生存树可以作为对于研究样本进行分层的方法. 这种方法在下章介绍的 Cox 模型中比例假设不满足时极其有用. [102]

我们首先来看图 7.2 左边的树. 在比例风险模型中 (详见 8.2.3 节), 年龄和胆固醇对于生存情况都是十分重要的. 从这棵树来看, 不友善指数这个变量也是十分重要的, 但是进行分裂的时候, 它的阈值达到了 3.9, 以至于只有 8 个样本在这个阈值之上. 不像比例风险模型中得出的 WCR 是很重要的指标, 这棵树表明 BMI 对于生存情况也很重要, 虽然只对 43 个样本很重要. 如果我们把最终结点中包含人数较少的 3 个结点移除, 图 7.3 中左边的图就只有 3 个主要并且显著的生存曲线, 其中 2 个都是由年龄决定的 (终端结点 I 和 VI). 终端结点 II 的曲线表示较低的胆固醇水平可以预防癌症提高存活率.

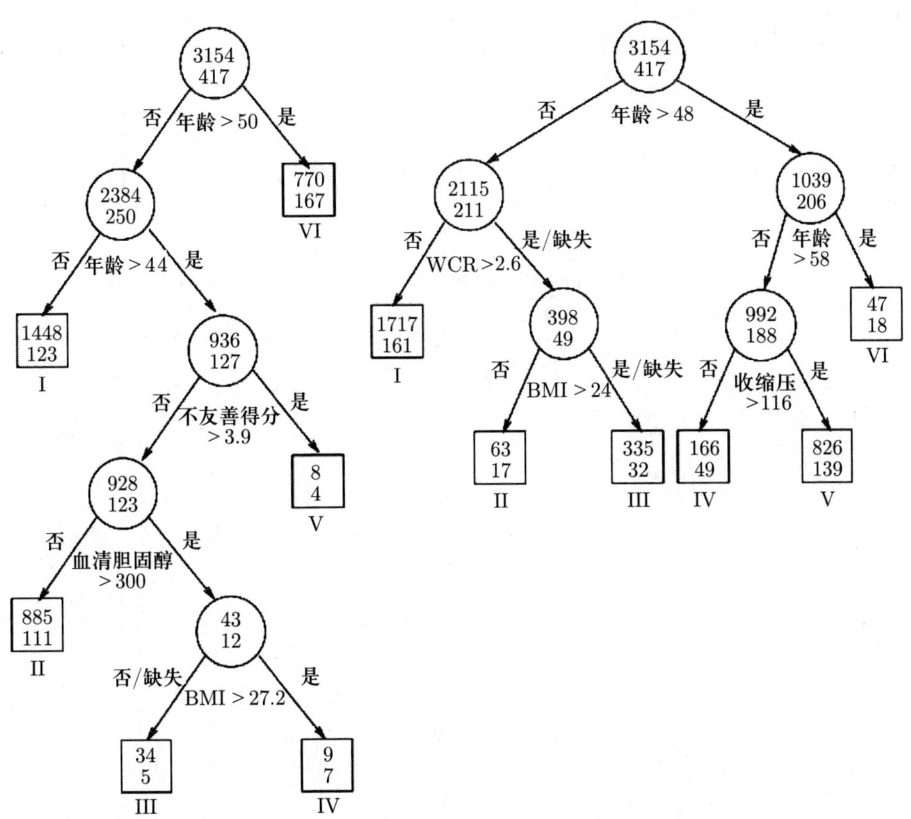

图 7.2 利用 log-rank 统计量和延伸的不纯度函数构建的生存树

图 7.3 右边的图像中 6 条生存曲线展示了 4 种不同的生存情况. 终端结点 III 和 IV 值得我们关注. 在终端结点 III 中, 有 173 个样本的 BMI 值是缺失的, 其中 18 个死于癌症. 这个死亡率与 BMI 值完整的样本中死于癌症的比例基本是持平的. 虽然在终端结点 I 中的个体 (更年轻, 有更低的 WCR) 有最长的生存时间, 但是终端结点 III 中的个体有很接近的生存时间. 并且 III 中的个体具有相当高的 WCR 和 BMI. 根据终端结点 II 的生存情况和上述的分析, 当只有 WCR 和 BMI 其中的一个很高时, 死亡风险会增加. 终端结点 V 的生
[103] 存状况似乎提出了另一个问题. 对于年龄处于 50 ~ 60 岁的人, 相对高的收缩压对于癌症存活率是具有保护意义的. 这些结果为研究癌症的死亡提供了一些新的思路, 但是这些结果的证实需要进一步的探索.

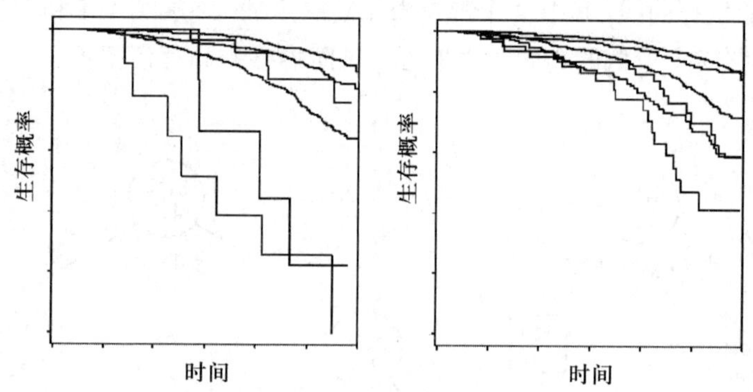

图 7.3 终端结点的 Kaplan-Meier 曲线. 两幅图分别对应图 7.2 中的两棵树

第 8 章　删失数据的分析：概念和经典方法

在介绍生存树方法之前，我们需要了解一些经典的生存分析方法. 能利用 [105]
不同的方法从不同角度去理解数据和解答科学问题在策略上是明智的.

8.1　生存分析的基础

生存分析包括许多问题的研究，在这里我们只给出基础的概念方便读者理解生存树，详细的讲解读者还需要参考生存分析的专业书籍. 在这里推荐不同深度的生存分析书籍: Kalbfleisch 和 Prentice (1980), Miller (1981), Lee (1992).

表 8.1 展示了 1988 年西部协作组研究随机抽取的 60 个样本的吸烟情况以及他们的生存时间. 在 8.2.3 节我们会重新分析这个数据集. 在这个表格中，删失的生存时间用 “+” 跟在数值后面来表示.

基础的问题是如何描述表 8.1 中的生存时间呢? 这就引出了生存分析中最基本的概念: 生存函数. 生存函数表示的是个体活过某个给定时间的概率. 定义如下:

$$S(t) = \mathbb{P}\{T > t\}. \tag{8.1}$$

另外一个几乎同等重要的概念就是风险函数: [107]

表 8.1 西部协作组研究的随机样本

吸烟	时间 (天)	吸烟	时间 (天)	吸烟	时间 (天)
是	11906+	是	9389+	是	4539+
是	11343+	是	9515+	是	10048+
是	5161	是	9169	否	8147+
是	11531+	是	11403+	是	11857+
是	11693+	否	10587	是	9343+
是	11293+	是	6351+	是	502+
是	7792	否	11655+	是	9491+
是	2482+	否	10773+	是	11594+
否	7559+	是	11355+	是	2397
是	2569+	是	2334+	是	11497+
是	4882+	是	9276	是	703+
是	10054	否	11875+	否	9946+
是	11466+	否	10244+	是	11529+
是	8757+	否	11467+	是	4818
是	7790	是	11727+	否	9552+
是	11626+	是	7887+	是	11595+
是	7677+	是	11503	是	10396+
是	6444+	是	7671+	是	10529+
是	11684+	是	11355+	是	11334+
是	10850+	是	6092	是	11236+

$$h(t) = \frac{\lim_{\Delta t \to 0} \mathbb{P}\{T \in (t, t+\Delta t)\}/\Delta t}{\mathbb{P}\{T > t\}}. \tag{8.2}$$

风险函数是瞬时死亡速率, 也就是说它衡量了在给定样本生存时间大于 t 的情况下, 在下一个单位时间内瞬时死亡的概率. 注意到 (8.2) 中的分子是 T 的密度函数或者是分母的负导数. 因此, 如果知道生存函数, 则可以很容易地推导出风险函数, 反之亦然.

下一个问题就是我们如何利用如表 8.1 中的数据, 估计生存函数或者风险函数? 一般情况下, 对于这个问题有两种解决办法. 第一个就是假设生存时间的分布函数形式已知, 从而属于参数方法; 另一种方法并不假设具体的分布形式, 因此是非参数方法或者说无分布方法. 第二种方法我们在 8.1.1 节再做介绍.

对于第一种方法, 我们可以假设生存函数服从各种类型的分布函数. 例如: 假设生存函数是指数的, 即

$$S(t) = \exp(-\lambda t)(\lambda > 0), \tag{8.3}$$

其中 λ 是一个未知的常数. 实际上, λ 就是风险函数. 因此 (8.3) 等价于 $h(t) = \lambda$ 即风险函数是一个常函数. 在这样的假设下, 我们仍然有一个未知参数 λ 需要估计. 一般情况下, 我们会通过最大化似然函数的方法来估计未知参数.

下面我们给出似然函数的具体形式. 当样本 i 的生存时间 T_i 被观测到了, 则相应的密度函数 $f(T_i)$ 对似然函数有所贡献. 当观测到的是删失的生存时间 U_i, 生存函数对似然函数有所贡献. 因此在条件 (8.3) 的假设下, 表 8.1 中数据的似然函数形式如下:

$$L(\lambda) = \prod_{i=1}^{60} \left[\lambda \exp(-\lambda T_i)\right]^{\delta_i} \left[\exp(-\lambda U_i)\right]^{1-\delta_i}, \tag{8.4}$$

对上述式子两边取对数有,

$$\begin{aligned} l(\lambda) &= \sum_{i=1}^{60} \{\delta_i \left[\log(\lambda) - \lambda Y_i\right] - \lambda(1-\delta_i)Y_i\} \\ &= \log(\lambda) \sum_{i=1}^{60} \delta_i - \lambda \sum_{i=1}^{60} Y_i \\ &= 11 \log(\lambda) - \lambda(11906 + 11343 + \cdots + 11236), \end{aligned}$$

其中 Y_i 为与 δ_i 有关的观测量, 当 $\delta_i = 1$ 时, 为 T_i, 当 $\delta_i = 0$ 时, 为 U_i; 11 是未删失时间的样本数目, 求和是对所有的样本进行的. 因此, 风险 λ 的极大似
然估计为 [108]

$$\hat{\lambda} = \frac{11}{527240} = 2.05/10^5, \tag{8.5}$$

该式子的含义为死亡的个体数目除以所有观测到的时间总和, 也就是说每天有 $2.05/10^5$ 个人死亡. 当风险函数是常函数时, 根据定义就可以得出 (8.5) 中的估计.

(8.3) 是一种可能性, 并不一定与数据完全吻合. 由于删失, 普通的 χ^2 拟合优度检验不再适用. 于是, Hollander 和 Proschan (1979) 提出了一个基于

Kaplan-Meier 曲线的检验来检测生存时间的分布假设是否符合数据. 实际中, 利用画图的方法或许更加简单和直观. 在 8.1.1 节介绍完 Kaplan-Meier 曲线后, 我们可以将参数拟合的曲线与 Kaplan-Meier 曲线进行对比从而来判断生存时间的分布假设是否合理. 另一个常见的方法是风险标绘 (Nelson 1972) 类似于概率标绘需要比较在每个死亡点的经验和理论的累积风险函数标绘, 其中累积风险函数定义如下:

$$H(t) = \int_0^t h(u)du. \tag{8.6}$$

由于风险函数并不是密度函数, 因此上式的积分可能大于 1. 对于指数风险函数, 累积风险函数是线性函数 λt.

在表 8.1 中, 有 11 个死亡时间点. 理论的累积风险函数很容易得到. 为了计算在 T_i 的经验累积风险函数, 首先, 记录直到 T_i 时刻仍然存活的个体数目 K_i 以及在 T_i 时刻死亡的个体数目 d_i. 从而, 在 T_i 时刻的风险率为 d_i/K_i, 即处于风险的人中死亡的比例. 进一步可以计算在 T_i 时刻的经验累积风险为 T_i 之前所有时刻的风险率相加. 表 8.2 中展示了计算理论的累积风险函数和经验累积风险函数的过程, 其中假设生存函数是指数的. 图 8.1 中的风险函数图像表明指数存活率的假设并不是很适合该数据集, 因为理论的累积风险函数和经验累积风险函数并不是很匹配, 大部分的点并没有落在直线上. 因此, 我们应该重新对生存时间服从的分布进行假设, 再检验其拟合度. 读者有兴趣的话可以自行探索一下合适的参数分布模型.

表 8.2　累积风险函数

时间	风险集合 K	死亡人数 d	风险比 d/K	累积风险经验的	累积风险理论的
2397	57	1	0.0175	0.0175	0.0491
4818	53	1	0.0189	0.0364	0.0988
5161	51	1	0.0196	0.0560	0.1058
6029	50	1	0.0200	0.0760	0.1249
7790	44	1	0.0227	0.0987	0.1579
7792	43	1	0.0233	0.1220	0.1579
9169	39	1	0.0256	0.1476	0.1880
9276	38	1	0.0263	0.1740	0.1902
10054	30	1	0.0333	0.2073	0.2061
10587	26	1	0.0385	0.2458	0.2170
11503	13	1	0.0769	0.3227	0.2358

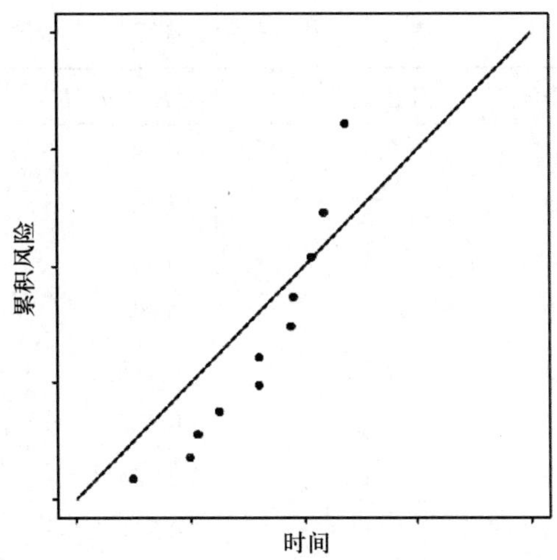

图 8.1 累积风险图像, 其中点表示经验的累积风险, 实线表示指数分布假设下的累积风险

8.1.1 Kaplan-Meier 曲线

我们在之前介绍了如何利用生存数据拟合参数模型, 但是很多时候参数模型的假设并不是很理想. 因此, 在这里我们介绍一种很常用的非参数方法来描述生存时间, 即 Kaplan 和 Meier (1958) 发明的 Kaplan-Meier 生存曲线. [110]

构建 Kaplan-Meier 生存曲线的方法与求解经验累积风险函数类似. 表 8.3 中的前三列与表 8.2 中的一致. 表 8.3 中的第四列是由 1 减去表 8.2 中的第四列得到的, 其表达的含义为在某个时间点之后仍然存活的个体比例. 表 8.3 的最后一列是第四列迭代乘积的结果, 这样就给出了生存函数的估计 $\hat{S(t)}$. 图 8.2 绘制出了 $\hat{S(t)}$ 随时间变化的图像, 该图像被称为 Kaplan-Meier 曲线.

根据上文提到的, Kaplan-Meier 曲线也可以用来检验生存时间的分布假设是否合理. 例如, 我们把指数分布函数绘制到图 8.2 中. 从图中可以很明显地看到, 指数分布函数在开始的时候低估了生存情况, 在后来却又高估了生存情况. 也就是说, 指数分布函数早期夸大了风险率晚期又缩减了风险率. 根据以上的分析, 我们会产生疑问: 使用参数模型有什么意义呢? 如果参数分布的假设是正确的, 则参数模型可以对生存时间给出一个更准确的估计并且其参数具有临床意义. Miller (1983) 验证了在某些情况下, 尤其是在删失率很高的情况下, Kaplan-Meier 估计的生存函数具有较低的渐近有效性.

表 8.3 生存函数的计算

生存时间	风险集合 K	死亡人数 d	比例 $(K-d)/K$	乘积 $\hat{S}(t)$
2397	57	1	0.982	0.982
4818	53	1	0.981	0.982*0.981=0.963
5161	51	1	0.980	0.963*0.980=0.944
6029	50	1	0.980	0.944*0.980=0.925
7790	44	1	0.977	0.925*0.977=0.904
7792	43	1	0.977	0.904*0.977=0.883
9169	39	1	0.974	0.883*0.974=0.860
9276	38	1	0.974	0.860*0.974=0.838
10054	30	1	0.967	0.838*0.967=0.810
10587	26	1	0.962	0.810*0.962=0.779
11503	13	1	0.923	0.779*0.923=0.719

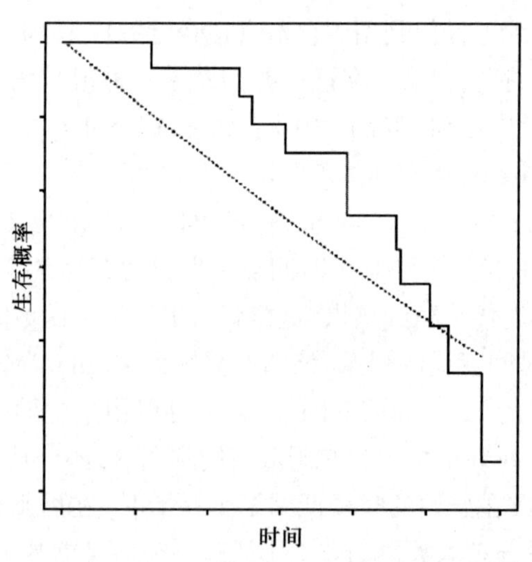

图 8.2 Kaplan-Meier 曲线 (实线) 和指数生存曲线 (虚线)

8.1.2 Log-Rank 检验

在许多临床研究中, 估计生存函数不是目标, 而是一种手段. 一个常见的目的就是比较不同组别之间的生存分布. 例如, 我们可能会对表 8.1 中的吸烟

人群和非吸烟人群的生存分布差异感兴趣. 首先, 我们会绘制 Kaplan-Meier 曲
线, 如图 8.3 所显示的, 其中垂直于 Kaplan-Meier 曲线的短线表示的是删失时 [111]
间. 图中两条曲线有较大的差异, 并且非吸烟人群明显要比吸烟人群生存得更久. 但是表 8.1 只包含了整个数据集的一部分数据, 因此我们这里得出的结论只是为了让读者知道这些方法如何应用, 完整的分析之后会进行.

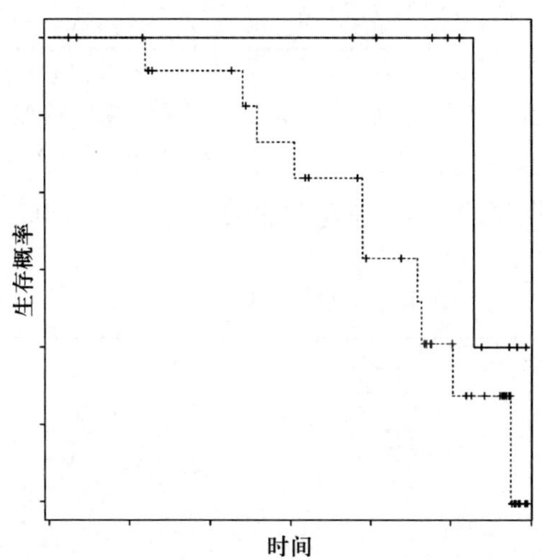

图 8.3 吸烟人群的 Kaplan-Meier 曲线 (虚线) 和非吸烟人群的 Kaplan-Meier 曲线 (实线)

虽然图像的展示是有用的, 但是检验生存函数差异的显著性也是很重要的. 有许多检验统计量被提出并深入研究, 其中就包括由 Savage 检验 (1956) 推广而来的 Mantel's 对数秩 (log-rank) 检验. “log-rank” 这个名字是由 Peto (Peto (1972)) 赋予的.

在不同的死亡时间点, 我们都会有一个 2×2 的表格

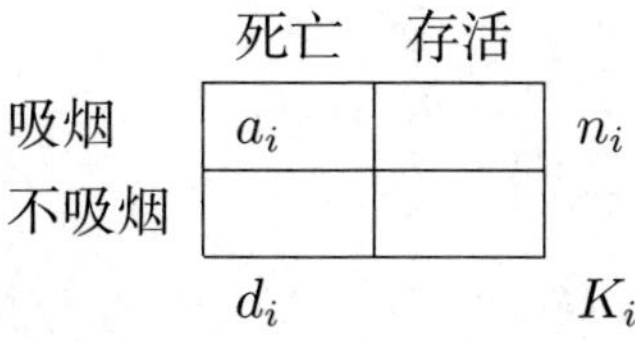

	死亡	存活	
吸烟	a_i		n_i
不吸烟			
	d_i		K_i

对于表 8.1 中的数据来说, a_i, d_i, n_i 和 K_i 的数值都在表 8.4 中计算出来. 从而, log-rank 检验统计量为

$$LR = \frac{\sum_{i=1}^{k}(a_i - E_i)}{\sqrt{\sum_{i=1}^{k} V_i}}, \tag{8.7}$$

其中 k 是死亡点的个数,

$$E_i = \frac{d_i n_i}{K_i},$$

[113] 以及

$$V_i = \left(\frac{d_i(K_i - n_i)n_i}{K_i(K_i - 1)}\right)\left(1 - \frac{d_i}{K_i}\right).$$

由于 log-rank 检验统计量渐近服从标准正态分布, 我们检验两个生存函数是否一致的假设就可以通过比较统计量 LR 的值与标准正态分布的分位数来解决. 对于我们分析的数据集, $LR = 0.87$, 对应的双边 p 值为 0.38.

表 8.4 Log-rank 检验的计算

时间 T_i	风险集合 K_i	死亡人数 d_i	a_i	n_i	E_i	V_i
2397	57	1	1	47	0.825	0.145
4818	53	1	1	43	0.811	0.153
5161	51	1	1	41	0.804	0.158
6092	50	1	1	40	0.800	0.160
7790	44	1	1	35	0.795	0.163
7792	43	1	1	34	0.791	0.165
9169	39	1	1	31	0.795	0.163
9276	38	1	1	30	0.789	0.166
10054	30	1	1	24	0.800	0.160
10587	26	1	0	21	0.808	0.155
11503	13	1	1	11	0.846	0.130

8.2 删失数据的参数回归

目前为止我们已经可以解决一些简单的生存分析问题, 如比较两个生存函数. 但是, 在大多数的情况中, 我们面对的问题会更具挑战性. 在例 7.1—例 7.3 中, 我们看到决定生存情况的因素有很多, 因此如何建立生存情况与这些协变量之间的关系是尤为重要的. 我们为这个问题提供两种方法, 第一种方法很直接但是并不是很理想.

8.2.1 删失数据的线性回归

考虑简单的线性回归模型

$$Y_i = \alpha + \beta x_i + \epsilon_i,$$

对于 n 组观测值 (x_i, Y_i) $(i = 1, \cdots, n)$. 在没有删失数据的情况下, 估计回归中的系数我们常用最小二乘法. 也就是 $\hat{\alpha}$ 和 $\hat{\beta}$ 是最小化下述平方和的 α 和 β,

$$\sum_{i=1}^{n}(Y_i - \alpha - \beta x_i)^2 = n\int z^2 d\hat{F}(z;\alpha,\beta), \tag{8.8}$$

其中 $\hat{F}(z;\alpha,\beta)$ 是 $Y_i - \alpha - \beta x_i$ $(i = 1, \cdots, n)$ 的经验分布函数.

在有删失数据的情况下, Miller (1976) 提出用 Kaplan-Meier 估计来代替 (8.8) 中的 $\hat{F}(z;\alpha,\beta)$. 这种方法很好理解, 但是有两个严重缺点: (a) 估计出的 $\hat{\alpha}$ 和 $\hat{\beta}$ 的分析性质很难研究, 因为 (8.8) 的最小值可能是非连续点. 事实上, 这种方法得出的估计普遍都是非一致的 (Buckley 和 James 1979). (b) 在多元回归中, 这个方法计算起来十分复杂, 因为在非连续点达到最小值需要我们利用网格搜索的方法来寻找最终的估计值.

为了避免 Miller 方法在标准线性回归中的问题, Buckley 和 James (1979)
提出了一个不同的方法. 对于删失的生存时间, 我们有 $U_i < T_i$. 如果我们知道 [114]
$T_i - U_i$ 的差值, 则我们可以把差值加在 Y_i 上, 从而可以得到没有删失的生存数据, 接着利用普通的方法就可以进行回归. 但是显然, 我们没有办法知道差值. 因此, 他们提出在第一步中首先用条件差值期望 $E(T_i - U_i|T_i > U_i)$ 来代替 $T_i - U_i$. 也就是说, 观测值变成

$$Y_i^* = Y_i\delta_i + E(T_i|T_i > Y_i)(1-\delta_i) \ (i = 1, \cdots, n).$$

我们必须要求这样的替代在线性模型成立的情况下具有性质 $E(Y_i^*) = \alpha + \beta x_i$. 从而我们有

$$E\left[\sum_{i=1}^{n}(x_i - \bar{x})(Y_i^* - \beta x_i)\right] = 0,$$

这和普通线性回归中的正则化等式是类似的. 因为必须要满足这样的事实, 所以 Buckley 和 James 选择了使得下述式子成立的斜率估计值 $\hat{\beta}$,

$$\sum_{i=1}^{n}(x_i - \bar{x})(Y_i^* - \hat{\beta}x_i) = 0.$$

这样得出的估计值叫作 M 估计值, 是一个稳健的统计量 (Huber 1981).

不幸的是 Y_i^* 仍旧无法从数据中获得. 因此, 在第二步的时候, Buckley 和 James 采用了一个自给的方法对于删失的样本估计 Y_i^*. 其估计值的平均值为 βx_i. 假设我们观测到了删失时间 U_i, 那么 $\Delta_i = Y_i^* - \beta x_i$ 的一个合理估计是什么样的? 为了找到这个合理的估计, 我们考虑 $Z_i = Y_i - \beta x_i$ $(i = 1, \cdots, n)$. 对于 Z_i, 我们可以得出其 Kaplan-Meier 估计 $\hat{S}(z)$. 此时, Δ_i 可以用未删失个体且 $Z_k > \Delta_i$ 的那些 Z_k 的加权平均值来得到. 准确地说,

$$\tilde{\Delta}_i = \sum_{\{k:\delta_k=1, Z_k>\Delta_k\}} \frac{\upsilon(Z_k)}{\hat{S}(Z_k)} Z_k,$$

其中 $\upsilon(Z_k) = \lim_{\Delta\to 0} S(Z_k - \Delta) - S(Z_k)$. 从而, 我们可以用

$$\tilde{Y}_i(\beta) = \beta x_i + \tilde{\Delta}_i$$

去替代删失时间. 替代之后, 就可以得到估计 $\tilde{\beta}$ 满足如下式子:

$$\tilde{\beta} = \frac{\sum_{i=1}^n (x_i - \bar{x}) \left[Y_i\delta_i + \tilde{Y}_i(\beta)(1-\delta_i) \right]}{\sum_{i=1}^n (x_i - \bar{x})^2}. \tag{8.9}$$

由于 (8.9) 两端都含有 β, 因此求解需要利用迭代算法. 不幸的是此方法没有一个确定的解.

[115] 当迭代算法求解不出来时, Buckley 和 James 发现迭代会在两个值之间游荡. 一旦斜率 $\tilde{\beta}$ 被选择了, 相应的 $\tilde{\alpha}$ 也可以得出来

$$\tilde{\alpha} = \frac{1}{n} \sum_{i=1}^n \left[Y_i\delta_i + \tilde{Y}_i(\beta)(1-\delta_i) \right] - \tilde{\beta}\bar{x}.$$

由于无法保证此方法有唯一的解, 因此由该方法求解出的参数的估计的性质也很难研究. 我们在这里讲述这些不是很成功的方法是为后面的生存树方法奠定基础. 在生存树中, 我们会对删失时间进行修补, 并且把其当作生存时间去使用.

8.2.2 Cox 比例风险回归

不像之前我们用到的方法都是对生存时间进行假设, Cox (1972) 提出对风险函数进行研究. 假设除了生存时间我们有一系列的预测变量 $x = (x_1, \cdots, x_p)$. Cox 的比例风险模型假设

$$\lambda(t; x) = \exp(x\beta)\lambda_0(t), \tag{8.10}$$

其中 β 是一个 $p\times 1$ 的未知向量, $\lambda_0(t)$ 是一个未知的函数, 给出了当 $x=0$ 时基线风险. $x\beta$ 可以被推广成为 x 的任何一个函数. (8.10) 有一个特性: 假设我们有两个个体 i,j 分别具有协变量 x_i,x_j, 则它们风险函数的比值是一个与时间无关的常数 $\exp((x_i-x_j)\beta)$. 也就是说, 任何两个个体的风险函数对于时间而言是平行的. 这一性质对于我们实际中验证 (8.10) 的假设是非常重要的.

注意到 (8.10) 中的 $\lambda_0(t)$ 可以是任意的. 因此, 比例风险模型可以看作是半参数模型. 为了估计 β, Cox 提出了条件似然函数, 可以在不估计复杂的 $\lambda_0(t)$ 的情况下估计参数. 他证明了在没有个体死亡的时间段中, β 并没有得到任何信息. 因此, 似然函数应该条件在非删失的时间段组成的集合上.

在时刻 t, 令 $\mathcal{R}(t)$ 为风险集合, 即在时间 t 之前处在风险中的个体. 对于每一个非删失的时间点 T_i, 风险率为

$$h(T_i)=\mathbb{P}\{A\text{ 在}(T_i,T_i+dt)\text{死亡}|\mathcal{R}(T_i)\}/dt.$$

因此, 在比例风险模型中,

$$\mathbb{P}\{A\text{ 在}(T_i,T_i+dt)\text{死亡}|\mathcal{R}(T_i)\}=\exp(x\beta)\lambda_0(T_i)dt$$

以及 [116]

$$\mathbb{P}\{\text{个体 } i \text{ 在 } T_i \text{ 死亡}|\text{在 } T_i \text{ 时刻}, \mathcal{R}(T_i) \text{ 中只有一个人死亡}\}=\frac{\exp(x_i\beta)}{\sum_{j\in\mathcal{R}(T_i)}\exp(x_j\beta)}.$$

上述条件概率是死亡个体 i 对于条件似然函数的贡献, 因此条件似然函数是所有死亡个体贡献的乘积

$$L(\beta)=\prod_{\text{死亡个体}i}\frac{\exp(x_i\beta)}{\sum_{j\in\mathcal{R}(T_i)}\exp(x_j\beta)}. \tag{8.11}$$

最大化上述条件似然函数可以得到 β 的估计值. 如同普通的极大似然估计一样, $\hat{\beta}$ 渐近服从正态分布. 详细的理论证明可以参看 Fleming 和 Harrington (1991) 的解释.

为了进一步说明条件似然函数的有用性, Kalbfleisch 和 Prentice (1973) 证明了 (8.11) 是观测时间在非删失样本中的秩的联合概率. 准确来说, 定义

$$R_i=\begin{cases}Y_i\text{在非删失样本中的秩}, & \delta_i=1,\\ \text{前一个非删失样本的秩}, & \delta_i=0.\end{cases}$$

则 (8.11) 与 (R_i,δ_i) $(i=1,\cdots,n)$ 的联合概率分布是一致的.

估计了 $\hat{\beta}$, 有其他很多的方法可以估计 $\lambda_0(t)$. 整个模型的估计可以在许多软件中完成, 如 SPLUS 中的 coxph 和 cox.zph 函数, 详情见 SPLUS 指南 (1995).

8.2.3 西部协作组研究数据的重分析

我们将表 7.1 中的 8 个预测变量放入一个初始 Cox 模型中, 并且用倒向逐步过程删减在显著性水平为 0.05 的情况下不显著的预测变量. 表 7.1 简要描述了这些变量体重指数 (BMI) 和腰小腿比 (WCR) 是衡量肥胖的两个指标. 由于受教育程度、BMI 和 WCR 有很多缺失值, 277 个样本在模型选择中首先被剔除. 经过三步, 我们把教育这个变量从模型中删除, 227 个样本仍然有 BMI 和 WCR 的缺失值. 再进行一步变量选择, 我们把 BMI 也从模型中删除了, 之后添加进去了 5 个 WCR 值未缺失的样本. 整个的分析是在 SPLUS 中完成的, 最终的模型由以下函数构建

[117] coxph(Surv(time, status)˜age+chol+smoke+wcr).

系数的估计值, 标准差以及 p 值都展示在表 8.5 中.

在结束对 Cox 模型的分析之前, 我们必须要检验比例风险这一假设是否正确. 我们在这里既采用图形化的方法也采用由 Grambsch 和 Therneau (1994) 发明的理论方法来检验.

为了画图, 我们将年龄、血清胆固醇、WCR 根据其中位数离散化. 从而 $2882(=3154-272)$ 个样本被分为 16 个组. 在每个组 i 内, 我们估计 Kaplan-Meier 曲线 $\hat{S}_i(t)$. 下一步, 我们绘制 $\log(-\log(\hat{S}_i(t)))$ 随时间变化的图像, 如图 8.4 所示. 在图 8.4 中, 每个图中画了 4 条曲线.

[118] 根据图 8.4, 我们如何判断比例风险假设是否成立? 根据 (8.2) 中风险函数的定义

$$h(t) = -\frac{d\log(S(t))}{dt},$$

等价于

$$S(t) = \exp\left(-\int_0^t h(z)dz\right).$$

根据 (8.10), 生存函数为

$$S(t;x) = \exp\left[-\int_0^t \exp(x\beta)\lambda_0(z)dz\right]$$
$$= \exp\left[-\exp(x\beta)\int_0^t \lambda_0(z)dz\right]. \tag{8.12}$$

从而有,

$$\log(-\log[S(t;x)]) = x\beta + \log\left[\int_0^t \lambda_0(z)dz\right]. \tag{8.13}$$

表 8.5 Cox 模型的参数估计

变量	系数	标准差	p 值
年龄 (age)	0.0934	0.009	0.000
血清胆固醇 (chol)	0.0026	0.001	0.033
吸烟 (smoke)	0.2263	0.103	0.029
WCR(wcr)	0.7395	0.207	0.006

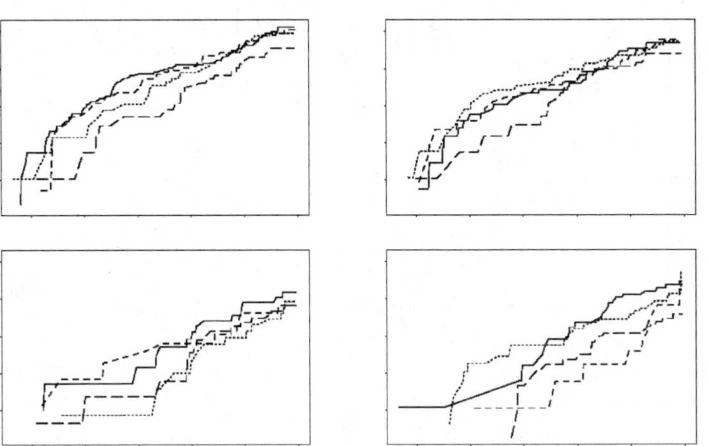

图 8.4 16 条 log-log Kaplan-Meier 曲线, 其中纵坐标表示 log-log (生存概率), 横坐标表示时间

因此, 如果比例风险假设成立, 则图 8.4 中的 16 条 log-log 生存曲线应该是平行的. 图 8.4 中的曲线近似平行, 虽然在右下角的图中曲线有一些相交.

利用 SPLUS 中的函数 cox.zph 就可以检验比例风险假设是否满足. 我们得到的 p 值为 0.3, 也就是说我们没有充足的理由拒绝比例风险假设满足这一假设. 然而, 单独对于年龄这一变量来说, p 值为 0.04, 比例风险假设并不满足. 总的来说, 对于 WCGS 数据集, 比例风险模型还是相对合理的.

综上, 表 8.5 表明年龄、高血清胆固醇水平、吸烟和肥胖都不利于人的存活. 这个结果是已经被无数实验证实的结论了.

第 9 章　删失数据的分析: 生存树和随机森林

我们在第 4 章介绍了递归划分对于二分类的响应变量的实用性. 这种方法 [119]
不仅可以推广到删失数据分析中, 而且 Gordon 和 Olshen (1985) 指出用树方法来做回归可以被应用到很多场景中, 不仅仅是比例风险的回归中. 事实上, 树方法最广泛的应用就是在生存分析中.

9.1　分裂准则

自从 Breiman 等人 (1984) 发表了 CART 的著作之后, 关于生存树的分裂准则已经有许多学者进行了探讨. 我们会按照时间顺序介绍它们. 由于现在这些方法的好坏并没有实验进行比较证明, 因此比较保险的方法是选择 log-rank 统计量进行分裂. 在实际应用中, 大家可以尝试不同的分裂方式, 选择一个对数据最适合的方式. 因此, 从这个角度来说, 证明某个分裂准则优于别的分裂准则就没有那么重要了.

*9.1.1　Gordon 和 Olshen 法则

Gordon 和 Olshen (1985) 首先尝试将递归划分思想应用到生存数据分析
中. 当在 4.1 节对二分类变量分类时, 我们提出了结点不纯度的概念. 那么, 对 [120]
于有删失的生存数据, 结点不纯度应该如何衡量? 如果在某个结点内所有的样本都在同一个时间死亡, 则我们认为这个结点是纯的. 在这种情况下, 结点内的

Kaplan-Meier 曲线有三种可能性, 展示在图 9.1 中. 正如图中所展示的那样, 如果结点是纯的, 那么 Kaplan-Meier 曲线最多只有一次下降. 令 $\mathcal{P}$ 表示这样的 Kaplan-Meier 曲线构成的集合.

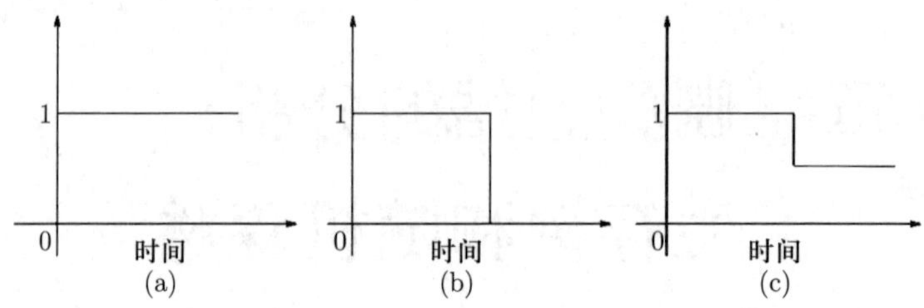

图 9.1 一个同质结点内可能的 Kaplan-Meier 曲线. (a) 所有样本都删失; (b) 所有死亡的样本在同一时间并且之后没有样本删失; (c) 所有死亡的样本在同一时间并且之后有样本删失

判断一个结点不纯度的方法是衡量结点内的数据构成的 Kaplan-Meier 曲线与 $\mathcal{P}$ 中的任一曲线之间的偏离程度. 为了实现这一点, 我们首先需要定义 Kaplan-Meier 曲线之间的距离. Gordon 和 Olshen 用了 L^p Wasserstein 测度 $d_p(\cdot,\cdot)$ 作为衡量两个函数之间的距离. 从图像上直观来看, 如果 $p=1$, 则两条 Kaplan-Meier 曲线之间的 Wasserstein 距离 $d(S_1,S_2)$ 就是图 9.2 中展示的两条曲线之间公共的面积. 一般情况下, $d_p(\cdot,\cdot)$ 定义如下.

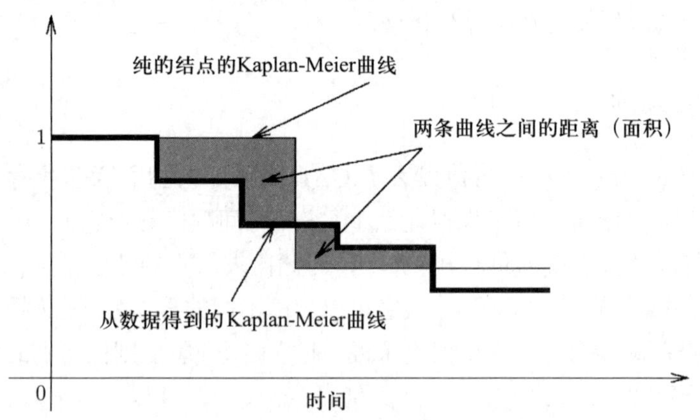

图 9.2 两条 Kaplan-Meier 曲线之间的 L^1Wasserstein 距离

[121] 设 F_1,F_2 为两个分布函数, 则二者之间的 L^p Wasserstein 距离为

$$\left[\int_0^1 |F_1^{-1}(u)-F_2^{-1}(u)|^p du\right]^{1/p}, \tag{9.1}$$

其中 $F_i^{-1}(u)=\min\{t: F_i(t)\geqslant u\}, i=1,2.$

我们令 $F_1(t) = 1 - S_1(t), F_2(t) = 1 - S_2(t)$. F_1, F_2 具有分布函数的所有性质, 除了它在右极限取值不接近 1 (只有在最长的生存时间是删失的情况下取 1, 如图 9.1(a) 和 (c)). 用符号表达

$$\lim_{t\to\infty} F_1(t) = m_1 \leqslant 1, \lim_{t\to\infty} F_2(t) = m_2 \leqslant 1.$$

满足这样条件的 F_1, F_2 被称作不完全分布函数. 如果我们能把 (9.1) 中定义的两个分布函数之间的距离度量推广到不完全分布函数上, 则我们就可以定义两条 Kaplan-Meier 曲线之间的距离了. 事实上, S_1, S_2 之间的 L^p Wasserstein 距离可以定义如下:

$$\left[\int_0^m |F_1^{-1}(u) - F_2^{-1}(u)|^p du\right]^{1/p}, \tag{9.2}$$

其中 $m = \min(m_1, m_2)$. 为了避免技术上的复杂性, 这里的定义比 Gordon 和 Olshen 最初的版本要稍微简单一些.

接下来我们可以定义结点不纯度. 如果一个结点是纯的, 那么结点内的 Kaplan-Meier 曲线一定是图 9.1 三种之一. 在其他情况下, 我们可以将结点内的 Kaplan-Meier 曲线与图 9.1 中的三种情形进行比较. 这些比较可以反映结点的纯度. 结点的不纯度公式定义如下

$$i(\tau) = \min_{\delta_S \in \mathcal{P}} d_p(S_\tau, \delta_S), \tag{9.3}$$

其中 S_τ 是结点 τ 内的 Kaplan-Meier 曲线. 最小化 $\min_{\delta_S\in\mathcal{P}}$ 表示 S_τ 和图 9.1 的三种曲线中最接近的一种进行距离计算.

一般情况下, (9.3) 的计算不是很直接的, 虽然距离是一个凸函数. 当 $p = 1$ 时, (9.3) 中的不纯度可以看作生存时间与其中位数之间的偏差. 当 $p = 2$ 时, (9.3) 中的不纯度是生存时间 Kaplan-Meier 估计的方差. 除了理论上的推广之外, 我们选择 $p = 1$ 或者 $p = 2$ 来进行计算并没有任何损失.

有了前文的铺垫, 我们就可以按照以下规则将一个结点一分为二. 首先, 对
于分裂的两个结点, 分别按照 8.1.1 节介绍的方法计算 Kaplan-Meier 曲线. 接 [122]
着按照公式 (9.3) 来计算结点不纯度. 一个理想的分裂应该能够使得不纯度下降最多. 因此分裂过程与 2.2 节介绍的类似. 实际上, 我们再次利用 (2.3) 式来选择分裂. 用来衡量分裂 s 好坏的式子为

$$\Delta I(s, \tau) = i(\tau) - \mathbb{P}(\tau_L) i(\tau_L) - \mathbb{P}(\tau_R) i(\tau_R). \tag{9.4}$$

我们知道了一个结点如何分裂成两个之后, 接下来就可以像构建二分类树一样来构建生存树. 关于生存树的剪枝会在 9.2 节讲述.

9.1.2　差别最大化

利用 Kaplan-Meier 曲线之间的距离, 我们可以用另一种度量方式来分裂结点. 理论上, 分裂产生的两个结点如果都很纯的话, 则二者应该差别很大. 也就是说如果一种分裂方式能够给出两个完全不同的子结点, 则这两个子结点内部都是较为同质的. 这和方差分析的思想很类似, 如果组间差别较大, 那么组内的差别就会较小. 因此分裂产生两个完全不同的子结点就是增大结点之间的方差, 减小结点内部的方差. 较小的结点内方差就表示结点内部的同质性. 如果用这种想法, 我们可以选择使得两个子结点之间差别最大的分裂方式, 或者选择最小化两个子结点之间相似程度的分裂方式. 例如, 我们可以选择使得 $d_1(S_L, S_R)$ 最大的分裂方式, 这里的 S_L, S_R 分别表示左右子结点内的 Kaplan-Meier 曲线. 但是不幸的是, 一些经验表明这种分裂方式产生的结果不如其他分裂方式.

如 8.1.2 节讨论的, log-rank 统计量是一种常用的比较两组生存时间差异性的方法. 根据这个思想, Ciampi 等人 (1986) 和 Segal (1988) 提出了最大化 log-rank 统计量的分裂方式. 我们这里不再展开了, 不过数值实验表明用 log-rank 统计量分裂的方式构建的生存树结果比较令人满意.

9.1.3　似然函数的使用

除了上述提及的方法, 也有些学者提出基于似然函数的分裂方式. Davis 和 Anderson (1989) 在假设每个结点内的生存函数是一个具有常数危险的指数函数, 如 (8.3) 所示, 每个结点内的似然函数可以得到, 如 (8.4). 在这样的假
[123] 设下, 结点 τ 的对数似然函数最大值为

$$l(\tau) = \sum_{i \in \tau} \delta_i [\log(\hat{\lambda}_\tau) - 1], \tag{9.5}$$

其中 $\hat{\lambda}_\tau$ 是风险的估计值. 他们选择使得 $l(\tau_L) + l(\tau_R)$ 最大化的分裂方式, 这里的 τ_L, τ_R 分别表示分裂的左右子结点.

LeBlanc 和 Crowley (1992) 提出的分裂方式基于两个子结点的风险函数是未知的, 但是是成比例的. 他们提出的两种方法唯一的不同就是使用的是似然函数还是 Cox 模型中的偏似然函数. 在这里我们只阐述如何用似然函数的方式进行分裂, 并且在概念上采取 LeBlanc 和 Crowley (1992) 版本的简单形式.

我们之后会看到利用 Cox 模型的似然函数来选取分裂方式相对于 log-rank 统计量的分裂方式, 要求读者对于生存分析的概念有更为深刻的理解. 但

是, LeBlanc 和 Crowley (1992) 用数值模拟表明这两种方法的表现基本持平. 因此只对实际应用感兴趣的读者可以跳过这部分的讲解. 从理论上来说, 通过这里的讨论大家可以知道参数思想是如何用在非参数的框架中的.

假设结点 τ 里的样本服从比例风险模型, 并且风险为

$$\lambda_\tau(t) = \theta_\tau \lambda_0(t), \tag{9.6}$$

其中 $\lambda_0(t)$ 是独立于结点的基础风险函数, θ_τ 是一个与 $\exp(x\beta)$ 有关的非负参数. 回忆一下在之前我们对分类树进行分裂的时候, 我们一次使用一个协变量并且认为在每个子结点这个协变量的值是一样的. 这就是为什么在 (9.6) 中 $\exp(x\beta)$ 变为了一个单独的参数 θ_τ.

根据 (9.6) 和 (8.12), 则结点 τ 内的生存函数为

$$S(t;\tau) = \exp[-\theta_\tau \Lambda_0(t)], \tag{9.7}$$

其中 $\Lambda_0(t)$ 是从 $\lambda_0(t)$ 推导出的基础累积风险函数.

用 (8.4) 中的表达我们就有结点 τ 内的似然函数

$$L(\theta_\tau, \lambda_0) = \prod_{\{i\in 结点\tau\}} [\lambda_0(T_i)\theta_\tau]^{\delta_i} \exp[-\Lambda_0(U_i)\theta_\tau]. \tag{9.8}$$

从而, 整棵树 $\mathcal{T}$ 的似然函数可以表示为树中所有结点似然函数的乘积 [124]

$$L(\boldsymbol{\theta}, \lambda_0; \mathcal{T}) = \prod_{\tau\in\tilde{\mathcal{T}}} L(\theta_\tau, \lambda_0), \tag{9.9}$$

每次当我们把结点一分为二时, 我们都需要最大化 (9.9) 中的似然函数. 很显然, 这样计算量会很大, 并且有时候最大化 (9.9) 并不能实现. 更糟糕的是, 累积风险 Λ_0 在实际中并不知道, 如果按照上述做法的话, 需要一遍又一遍地估计. 由于我们分裂的次数可能会很多, 因此用这样的方法找到最终的解是很复杂的. 另外, 由于 Λ_0 的地位, 当我们选择不同的顺序来分裂时, 很可能最终不能得到同一棵树. 例如, 当根结点分裂为左右两个子结点之后, 我们可以首先分裂左子结点也可以先分裂右子结点. 理论上这样的选择方式应该对最终树的产生没有影响. 因此, LeBlanc 和 Crowley 提出利用 Breslow (1972) 的估计来对上述方法进行修正:

$$\hat{\Lambda}_0(t) = \frac{\sum_{i:Y_i\leqslant t}\delta_i}{|\mathcal{R}(t)|}, \tag{9.10}$$

其中分母表示的是在时刻 t 处于风险中的样本个数. 因此, 在这样的条件下, 可以得到 Nelson(1969) 累积风险估计的简化版, 见表 8.2. 因此 θ_τ 的估计为

$$\hat{\theta}_\tau = \frac{\sum_{\{i\in 结点\tau\}}\delta_i}{\sum_{\{i\in 结点\tau\}}\hat{\Lambda}_0(Y_i)}, \tag{9.11}$$

上述式子可以理解为结点 τ 内实际死亡的人数比上期望死亡的人数.

LeBlanc 和 Crowley (1992) 建议根据每个子结点内的方差来进行结点分裂. 为了避免引入方差的概念, 我们利用 2.2 节的结点不纯度熵概念. 在二项分布的假设下, 结点不纯度熵与似然函数的最大值成正比. 因此我们将 (9.11) 中的 θ 和满足下述条件的 λ_0,

$$\hat{\lambda}_0(Y_i) = \frac{\delta_i}{|\mathcal{R}(t)|},$$

带入 (9.9) 中对其进行最大化.

[125] 注意到 $\hat{\lambda}_0(Y_i)$ 可以在分裂之前被估计. 如果我们要把结点 τ 分裂成为两个子结点 τ_L, τ_R, 则我们要最大化两个子结点的对数似然函数之和, 也就是最大化下述式子

$$\sum_{i\in\tau_L}\{\delta_i \log[\hat{\lambda}_0(Y_i)\hat{\theta}_{\tau_L}] - \hat{\Lambda}_0(t)\hat{\theta}_{\tau_L}\} + \sum_{i\in\tau_R}\{\delta_i \log[\hat{\lambda}_0(Y_i)\hat{\theta}_{\tau_R}] - \hat{\Lambda}_0(t)\hat{\theta}_{\tau_R}\}.$$

如果我们定义了结点内的方差, 那么只需要用 $\hat{\lambda}_0$ 代替上述式子中的 $\hat{\Lambda}_0$.

9.1.4 直接推广

除了 Davis 和 Anderson (1989) 的方法外, 其他的方法都很复杂. 那么, 有没有既简单又实用的方法呢? 在 8.2.1 节, 我们尝试将删失的生存数据补充完全. 如果数据完整的话, 我们就可以用 Breiman 等人 (1984) 提出的回归树方法来进行分析. 但是可惜的是, 这样的填补方式很复杂并且性质不是很理想.

Zhang (1995) 提出了一个简单直接的基于树的方法分析有删失的生存数据. 由于生存数据包含两个变量, 一个是二元的状态变量 δ, 一个是生存时间. 如果我们把这两个变量当作两个响应变量的话, 我们就可以根据状态变量计算一个结点内的不纯度 i_δ, 根据生存时间计算一个结点内的二次损失函数 i_y. 例如, $i_\delta(\tau)$ 可以选 (4.4) 中的熵, $i_y(\tau)$ 可以选择结点 τ 内的标准化方差 Y_i. 另外, 我们在计算 $i_y(\tau)$ 的时候可以去掉删失的生存时间. 这样, 每个结点内删失状态和生存时间的不纯度合起来可以用二者的加权和来表示: $w_\delta i_\delta + w_y i_y$. Zhang (1995) 尝试了不同权重的组合, 最终发现 (1:1) 的组合是一个很合理的选择.

大家可能对此方法的表现还会有一定的疑问. 包括 7.2 节在内的对此方法的一些应用都表明这个方法是卓有成效的. 更令人惊讶的是, Zhang (1995) 通过数值模拟发现这种方法比其他很多复杂的方法在探究数据本身的结构上表现得更好. 虽然如此, 仍然需要更多的模拟实验来验证. 在 9.6 节, 我们会讲述

Gruenewald 等人 (2006) 利用生存树方法进行分析的例子. 这个例子更好地阐述了基于树方法在生存分析领域的地位.

9.2 剪枝生存树

利用 9.1 节讲述的任意一种分裂准则, 我们都可以得到一棵生存树. 接下 [126]
来我们需要思考如何对这棵生存树 $\mathcal{T}$ 进行剪枝. 回归 2.3 节所讲的, 剪枝过程最关键的是引入成本复杂度的概念. 在 (4.7) 中, 我们定义一棵树 $\mathcal{T}$ 的成本复杂度为

$$R_\alpha(\mathcal{T}) = R(\mathcal{T}) + \alpha|\tilde{\mathcal{T}}|, \tag{9.12}$$

其中 $R(\mathcal{T})$ 是这棵树中所有终端结点的成本复杂度之和. 如果我们可以对生存树定义一个结点成本复杂度, 那么接下来的步骤就可以如同 4.2.3 节一样进行.

除了提出了很多分裂准则之外, 很多学者也相应地提出了剪枝原则. 例如, Gordon 和 Olshen (1985) 建议利用 (9.3) 的不纯度为结点的成本复杂度 $R(\tau)$. Davis 和 Anderson (1989) 取 (9.5) 中的 $-l(\tau)$ 作为 $R(\tau)$. 然而结点分裂的准则和剪枝的准则不一定非要是直接相联系的. 实际上, 大家可以任意地选择结点分裂准则和剪枝准则. 如果有兴趣, 可以研究一下是否有一种稳健的结点分裂与剪枝匹配的组合, 使得最终的结果最理想.

LeBlanc 和 Crowley (1993) 提出在树的剪枝过程中利用分裂复杂度来代替成本复杂度. 设 $LR(\tau)$ 是结点 τ 的 log-rank 统计量. 那么分裂复杂度的定义为

$$LR_\alpha(\mathcal{T}) = \sum_{\tau \notin \tilde{\mathcal{T}}} LR(\tau) - \alpha(|\tilde{\mathcal{T}}| - 1).$$

注意到上述式子是对所有的内部结点而不是终端结点进行求和的, $|\tilde{T}| - 1$ 是内部结点的个数. 表达式中的符号表示我们要最大化 $LR_\alpha(\tau)$ 而不是像成本复杂度一样, 最小化表达式. LeBlanc 和 Crowley 建议如果 log-rank 统计量服从 χ_1^2 分布, 则 α 取值在 2 到 4 之间. 如果取值为 4, 这种分裂方式等价于置信水平为 0.05 的分裂; 如果取值为 2, 这与利用 AIC (Akaike 1974) 指标进行分裂是一致的. 和分类树一样, log-rank 统计量的分裂方式过于自信, 因此 LeBlanc 和 Crowley 利用重抽样的技巧去降低 LR 的值.

除此以外, Segal (1988) 也推荐了一种方式. 这种方法与 4.5 节介绍的对于离散的响应变量构建分类树方法类似, 除了需要将 χ^2 统计量替换为 log-rank 统计量. 我们会在 9.5 节的例子中阐述这种方法.

9.3 随机生存森林

[127] 一旦我们建立了生存树, 我们就可以用类似 6.1 节的方法去构造随机生存森林. 毫不奇怪, LeoBreiman 承担了这项任务. 最近, Ishwaran 等人 (2008) 提出了利用几个 log-rank 为基础的分裂法则 (Segal 1988; LeBlanc 和 Crowley 1993) 构建随机生存森林, 并且将方法整理为 R 包: randomSurvivalForest. 通过例子他们说明以 log-rank 为基础的分裂法则构建的随机生存森林在预测错误率上表现良好. 随着干扰协变量的增加, Cox 回归的效果越来越差. 但是, 随机生存森林会受到高删失率的影响.

9.4 实现

实现随机生存森林要比普通的分类树要复杂很多. 因为 log-rank 统计量、Kaplan-Meier 曲线、似然函数等都不是很好计算的, 尤其还要计算成百上千次. 因此如何降低算法的复杂度是十分重要的.

如表 8.4 呈现的, 无论计算 log-rank 统计量还是 Kaplan-Meier 曲线, 有四个值 K_i, d_i, a_i, n_i 是必备的. 我们希望有一个有效的算法能够在分裂的同时不断地更新这四组数值. 例如, 令 $K_i(\tau)$ 为在结点 τ 内时刻 t_i 的风险人数. 假设我们基于体重指数 (body mass index, BMI) 将结点 τ 分裂为 τ_L, τ_R. 为了简单, 假设 BMI 只取三个值: 24, 26 和 28. 首先, 我们可以获得在不同 BMI 水平的 K_i, 记为 $K_i^{24}, K_i^{26}, K_i^{28}$. 接着根据某种分裂法则, 让 BMI 为 24 的人分到左结点, 剩下的分在右结点. 从而有 $K_i(\tau_L) = K_i^{24}$, $K_i(\tau_R) = K_i^{26} + K_i^{28}$. 在下一次的分裂, 我们让 $K_i(\tau_L) = K_i^{26}$. 这样一直进行下去, 直到分裂停止. 这种方式我们只需要统计一次 K_i, 在之后的分裂中可以一直使用.

上述提到的方法在张和平教授的 stree 软件中都有实现. 该软件可以从网址

http://c2s2.yale.edu/software/stree

免费使用. 对于 R 熟悉的读者, 可以利用 randomSurvivalforest 包中的 rsf() 函数来实现随机生存森林.

9.5 西部协作组研究数据的生存树分析

[128] 在 7.2 节我们展示了如何从生存树中得出结论, 这里我们将会详细阐述如何构建生存树. 这有助于我们深入了解生存树生成的实际过程.

我们首先利用 log-rank 统计量来作为分裂法则构建生存树. 图 9.3 展示了长成的具有 39 个结点的初始树. 对每个结点分裂, 给出了原始的 (上) 和最大的 (下) log-rank 统计量. 如 4.5 节所述, 统计量的最大值是指以某个结点为根结点构成的子树的 log-rank 统计量的最大值. 显然, 对所有终端结点原始的和最大的 log-rank 测试统计信息是相同的. 以根结点为例, 最初的和最大的 log-rank 统计量值都是 129.4, 因为 129.4 是整棵树中的最大值.

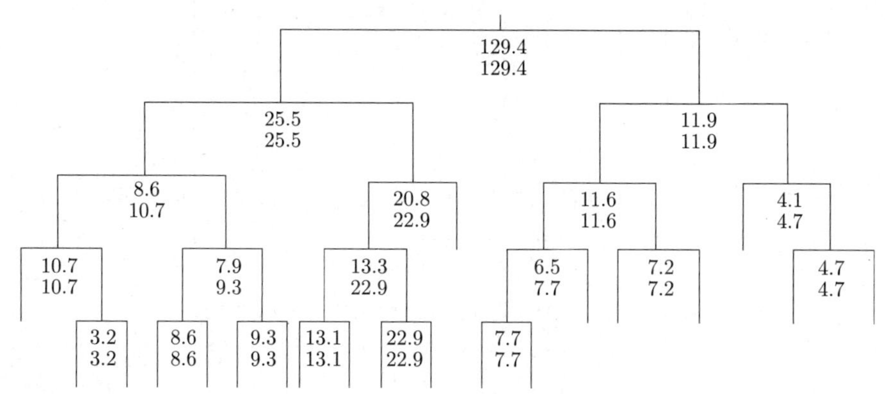

图 9.3 通过 log-rank 统计量进行分裂得到的原始生存树. 每个结点上面的值表示原始的统计量, 下面的值表示统计量的最大值

虽然我们可以利用成本复杂度或者分裂复杂度来对图 9.3 中的树进行剪枝, 但是我们这里采用了另一种方法, 因为这种方法可以显示出剪枝的每一步骤的情况. 在图 9.4 中, 我们绘制出最大的 log-rank 统计量与树的大小的图像. 根据图像, 我们可以选定最大 log-rank 统计量值的一个作为阈值, 剪去所有比这个统计量小的结点及以其为根结点构成的子树. 我们找的这个阈值一般是图像中的纽结. 虽然这是一个主观的选择, 但是在实际中表现效果还是较为理想的. 通过观察图 9.4, 我们最终选择了具有 13 个结点的树, 展示在图 7.2 的左侧.

为了对比, 我们还使用另一个分裂准则来生长树. 图 7.2 的右侧采用了组 [129]
合不纯度的方法来进行分裂并最终得到一棵树. 数据分析家不一定要把电脑输出的结果作为最终结果, 而是可以灵活地进行合理的调整. 我们在绘制图 7.2 中右侧的树之前, 通过观察类似图 9.4 的一张图选择了一个具有 7 个结点的树. 如果我们选择这棵树, 那么根结点的右子结点会变成终端结点. 为了使这棵树左右较为平衡, 我们在对右子结点进行剪枝的时候, 降低了阈值. 因此这样得到了一个相对大一点的树. 作为修正, 我们减去了右边两个 log-rank 统计量最大值较小的结点.

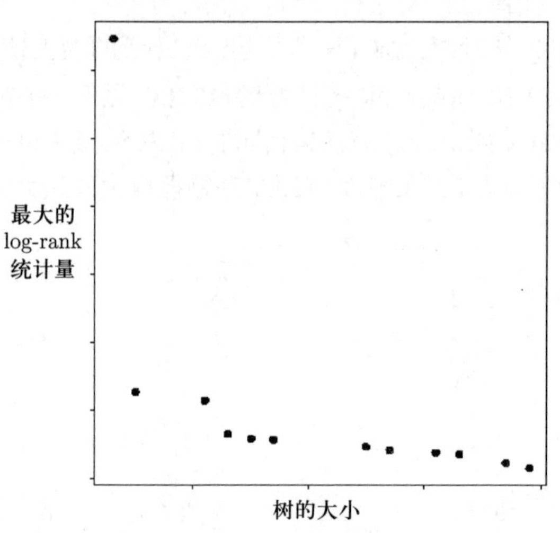

图 9.4 最大的 log-rank 统计量与树的大小的图像

9.6 生物标志物对于老年死亡率的组合预测

反映心血管、免疫系统等系统的生物紊乱性的一些生物标志物, 对于预测老年人的死亡率是十分有效的 (Danesh 等人 1998; McEwen 2003). 预测的一般方法是结合加法评分算法中的健康风险指标, 通常称为适应负荷 (McEwen 2003). 虽然这种方法为许多老年人的风险提供了现实的预测, 但是这个算法像一个黑匣子一样, 它不利于人们理解这些生物紊乱性如何导致的死亡率. 为了
[130] 克服这一问题, Gruenewald 等人 (2006) 提出利用递归划分的方法来识别一组高风险路径. 他们记录了 12 年间实验者的死亡时间以及检测了 13 项生物标志物. 这些生物标志物代表了人体内不同的调控系统, 包括收缩压、舒张压、肾上腺素 (EPH, μg/g)、去甲肾上腺素 (NE, μg/g)、皮质醇、脱氧表雄酮、高密度脂蛋白 (HDL, mg/dL)、总胆固醇、糖化血红蛋白、IL-6 (pg/mL)、血纤蛋白原、C-反应蛋白 (CRP, mg/L) 和白蛋白. 如果想要知道为什么选择这 13 种生物标志物, 请参考 Gruenewald 等人 (2006) 的论文.

Gruenewald 等人 (2006) 的研究参与者来自麦克阿瑟成功老年化研究. 这项纵向研究的对象是年龄在 70 到 79 岁之间的老年人, 基于两项认知和四项身体功能的测量, 这些老人的认知和身体功能水平在同年龄组的前三分之一. 他们来自三个以社区为基础的群组 (Durham, NC; East Boston, MA; and New

Haven, CT). 在 4030 名年龄合格的成年人中, 有 1313 名符合筛选标准, 并被邀请参加; 1189 人 (530 名男性,659 名女性) 同意参加, 并提供了知情同意. 作为 1988 年和 1989 年基线数据收集的一部分, 参与者完成了面对面和电话采访. 83% 的参与者提供了血样, 85.5% 提供了夜间尿样. 1991 年和 1995 年进行了随访. 生物标志物信息的缺失是本研究的严重局限. 只有 339 名女性 (51.4%) 和 328 名男性 (61.9%) 拥有所有 13 种生物标志物的数据. Gruenewald 等人 (2006) 使用具有完整数据的男性和女性参与者的子样本进行并报告了主要分析, 尽管他们也对包括部分具有生物标志物的参与者进行了分析. 总体结果是一致的. 为了验证树的表现情况如何, 我们利用三分之二的数据建立树, 再用三分之一的数据去验证. 如图 9.5 所示, 204 名男性用来构建这棵树.

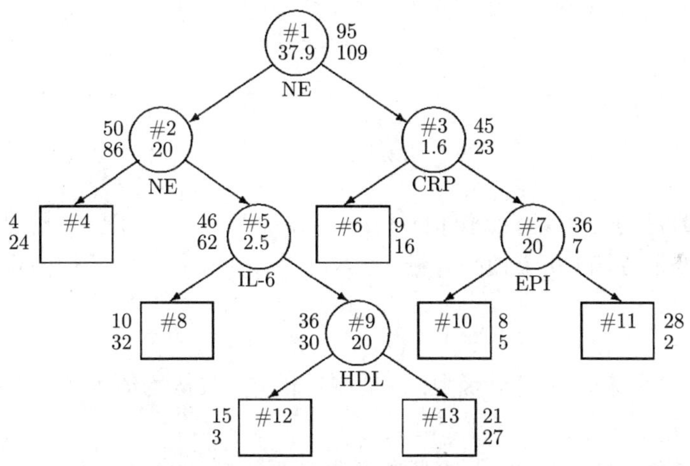

图 9.5　Gruenewald 等人 (2006) 图 1 建立的树. 这是只用男性建立的树. 死亡 (上) 或者存活 (下) 人数都标记在每个结点旁边.
在每个结点下面是分裂时选用的变量以及变量的分裂值

虽然样本的生存时间是可以获得的, 但是 Gruenewald 等人 (2006) 还是只利用了样本是否存活来构建了二分类树, 这与 9.1.4 节讨论的精神是一致的. 接着, 他们对于图 9.5 中的每个终端结点简单绘制生存分析曲线探索高风险的致病通路. 他们发现在男性样本中, 11 个生物标志物在神经内分泌肿瘤以及免
疫系统中更频繁地出现在致病通路中. 他们也对女性进行了类似的研究. 他们 [131]
的研究表明递归划分方法在实际中既方便使用, 又能得到不错的结果.

值得注意的是 NE 这个变量在结点 1 进行了分裂, 在结点 2 又作为分裂变量出现. 这是变量有多个值时可能出现的多种分裂方式, 这是另一个例子来强调考虑基于有序尺度变量的多路分裂的有用性, 详情见 2.2 节.

第 10 章 连续响应变量的回归树和自适应性样条

[133] 本章的目的是在有了观测值 $\{x_{i1},\cdots,x_{ip},Y_i\}_1^N$ 的基础上, 构建模型描述一个响应变量 Y 和 p 个预测变量 $x_1,\cdots,x_p$ 之间的关系. 我们假设模型形式如下

$$Y=f(x_1,\cdots,x_p)+\epsilon, \tag{10.1}$$

其中 f 是一个未知的光滑函数, ϵ 是测量误差, 服从均值为 0、方差未知的分布.

在普通的线性回归中, 上述光滑函数 f 形如 $f(x)=\sum_1^p x_i\beta_i$. 从而估计函数 f 的问题就转化为估计参数 β 的问题. 由于其简单性, 普通线性回归是最常用的统计技术之一. 然而, 实际中有些数据结构不能用这个简单的模型来刻画, 否则表现结果会很差. 因此, 对于理解协变量和响应之间的关系, 线性回归的替代方法是很有意义的. 非参数统计中的样条为解决此类问题提供了途径. 它基于一个光滑函数能够被分段多项式函数逼近的思想 (详见 De Boor 1978). 在这里, 我们介绍两种递归划分方法来建立模型, 一个是回归树, 另一个是多元自适应性样条回归 (MARS, Friedman 1991).

回归树在每个终端结点内取一个常数, 然而自适应样条使用分段线性函数作为基函数. CART 和 MARS 最大的不同在于, 在 MARS 中回归函数关
[134] 于连续的协变量是连续的, 但是在 CART 中并不是. 因此, 当我们比较关注函数的连续性时, MARS 模型更适合. 在某些领域的应用中, 如图像压缩 (例如, Gersho 和 Gray 1992, Poggi 和 Olshen 1995), 提取预测性质一致的图像

区域是研究者们关注的问题, 此时回归树的方法会更合适. 图 10.1 对 CART 和 MARS 方法进行了示意比较. 早期 MARS 的一维情况是由 Friedman 和 Silverman (1989) 建立的, 本书还加入了 Zhang (1994) 对该方法的推广和改进.

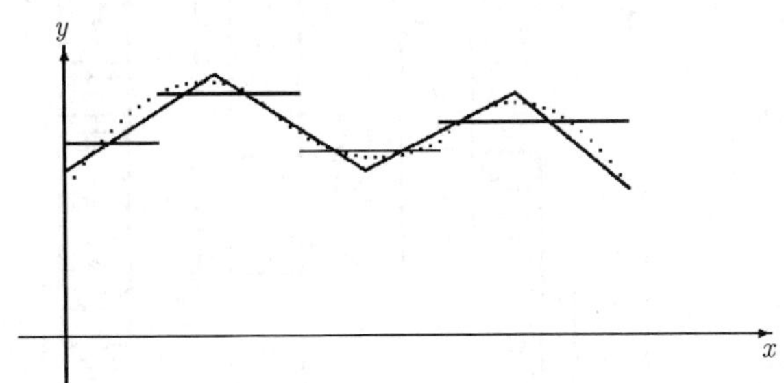

图 10.1 一维 MARS(分段直线), CART 模型 (阶梯函数). 虚线表示真实的光滑函数

10.1 样条模型的树表示以及新生儿体重的分析

在介绍这些方法之前, 我们先看一下 MARS 方法分析第 2 章所介绍的耶鲁妊娠结果研究的结果. 在 3.2 节中, 我们知道变量 x_7 (吸食大麻) 和变量 x_8 (被动吸食大麻) 有很多缺失值. 在进行逻辑斯谛回归时, 我们将其删去; 在这里我们依然不考虑它们. 因此, 本分析包含表 2.1 中 15 个预测因素中的 13 个. 响应变量是以克为单位的新生儿体重. 与前面的逻辑斯谛回归一样, 我们使用了 3836 个完整的 3861 名受试者的观察结果.

图 10.2 展示的是用 MARS 分析这份数据集的结果, 其中 z_5, z_{10} 是 3.2 节 [136]
定义的哑变量, 分别表示白人女性和孕妇是否使用 DES. MARS 模型详细的公式会在 (10.41) 中给出. 图 10.2 中的形式可以看出自适应样条与回归树的关系, 它们都是基于协变量递归划分的思想进行建模的.

在图 10.2 的根结点中, 有函数

$$3141.3 + 296.4z_5 - 21.7x_9 + 111x_{15} - 276.3z_{10}. \tag{10.2}$$

这个式子可以用来预测新生儿的体重. 例如一个白人母亲, 不吸烟 ($z_5 = 1, x_9 = 0$), 她的母亲未使用 DES($z_{10} = 0$), 她之前怀过孕 ($x_{15} = 1$), 则她的新生儿会有最初的体重 $3141.3 + 296.4 * 1 - 21.7 * 0 + 111 * 1 - 276.3 * 0 = 3548.7$ 克. 在第二层, 左子结点有 0 值出现, 右子结点为 $-414.1(x_6 - 25)$. 这说明, 如果 $x_6 = 27$, 那么新生儿的体重会在最初的体重基础上减少 $-414.1 * (27 - 25) = -828.2$ 克. 如果 $x_6 < 25$, 那么新生儿的体重不需要做变化. 其他结点也可以类似地解释.

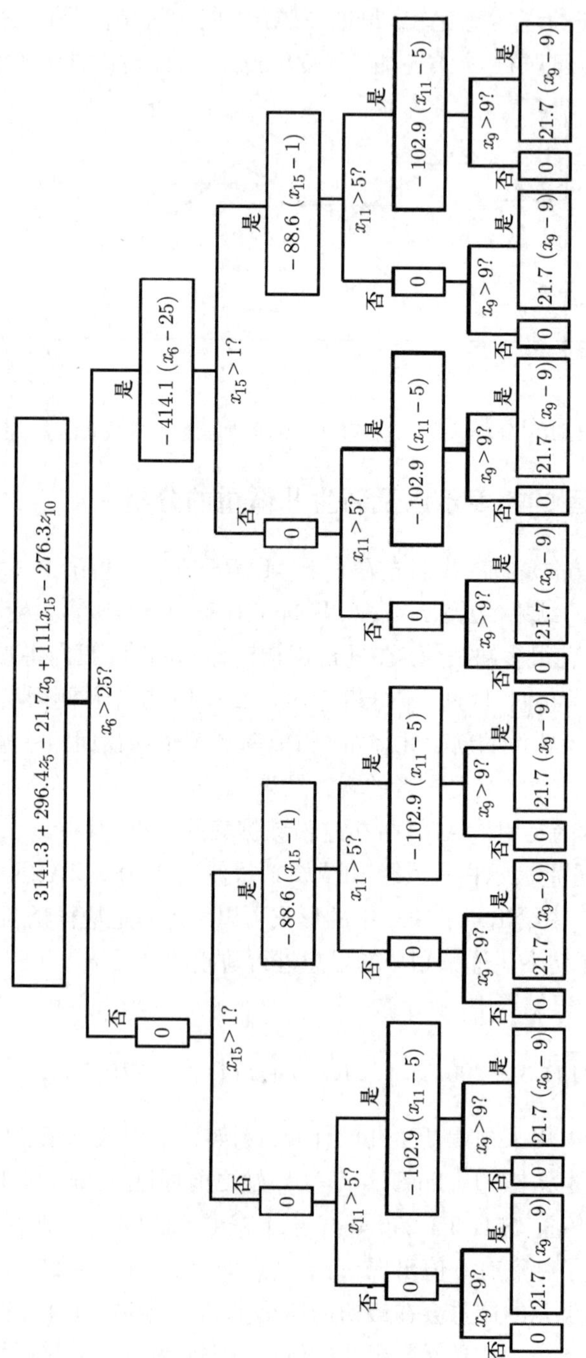

图 10.2 MARS 模型的图像表示. 根结点内是最初的回归方程, 从上到下被每个结点内的值叠加

综上, 平均来说, 白人孕妇的新生儿普遍比其他人种的新生儿要重 296.4 克. 孕妇母亲使用 DES 会导致新生儿的体重偏轻 276.3 克. 同时, 教育水平过高 ($x_6 > 25$), 平等意识高 ($x_{15} > 1$), 怀孕次数多 ($x_{11} > 5$) 对于新生儿的体重是不利的. 图中有两项都和 x_9 有关, 即吸烟情况. 在根结点中有一项 $-21.7x_9$, 在终端结点中有 $21.7(x_9 - 9)$, 这两项结合起来说明如果一个孕妇每天的吸烟数目超过半包烟的话, 对于新生儿的体重是不利的.

图 10.2 中左右两边相对平衡因为我们使用的是可加性样条模型. 也就说, 每一项包含一个预测变量. 但是, 如果有两个或多个预测变量的乘积出现, MARS 模型中树的结构不一定是平衡的, 这和我们之前分类树的结果很类似.

10.2 回归树

第 4 章的讨论指出, 我们需要一个分裂准则来生长树, 之后需要一个成本复杂度函数对树进行剪枝. 当建立基于树的方法时, 这两个原则是必不可少的. [137]

对于连续的响应变量, 结点 τ 的不纯度函数可以选择结点内方差:

$$i(\tau) = \sum_{\text{样本}i\in\tau} (Y_i - \bar{Y}(\tau))^2, \tag{10.3}$$

其中 $\bar{Y}$ 是结点 τ 中所有 Y_i 的平均值. 为了将结点 τ 分裂成两个子结点, τ_L, τ_R, 我们最大化分裂函数

$$\phi(s,\tau) = i(\tau) - i(\tau_L) - i(\tau_R), \tag{10.4}$$

其中 s 是一个可能的分裂. 不像 (2.3) 中的表达, (10.4) 中的函数不需要权重. 同样地, 我们也可以利用 $i(\tau)$ 定义树的损失

$$R(\mathcal{T}) = \sum_{\tau\in\mathcal{T}} i(\tau), \tag{10.5}$$

然后把这个表达式带回 (4.7) 中就可以得到损失复杂度的表达.

为了比较回归树和 MARS 的结果, 我们仍然利用耶鲁妊娠结果数据集构建回归树, 结果展示在图 10.3 中. 图 10.4 展示了对图 10.3 中的树进行剪枝的分析结果. 横坐标下方是树的大小, 上方是复杂度参数, 纵坐标是方差.

从图 10.4 中可以看出, 复杂度为 2.5E6 时, 方差有很大的降低, 但是之后减小的幅度越来越少. 因此我们选择复杂度为 2.5E6 对树进行剪枝, 得到的结果在图 10.5 中. 图 10.5 中也绘制了每个最终结点的新生儿体重的经验分布函

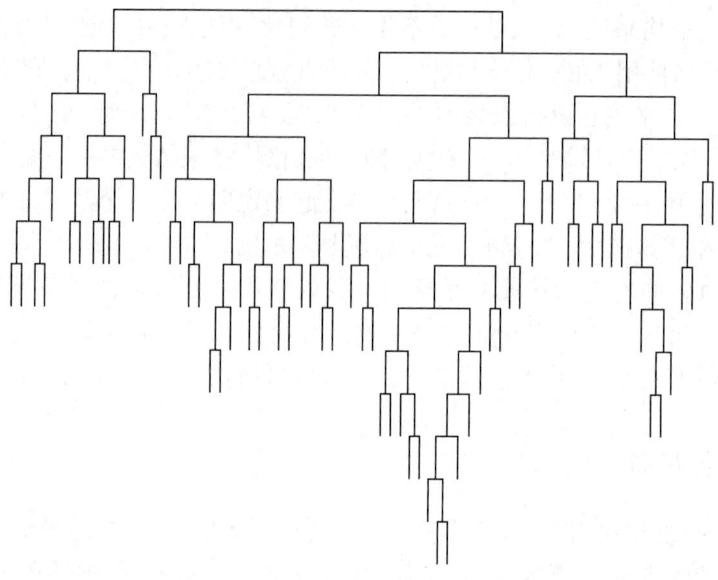

图 10.3 耶鲁妊娠结果数据集生成的未剪枝的树

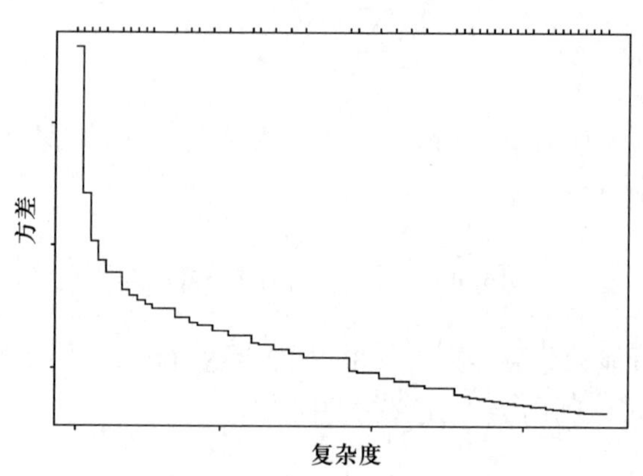

图 10.4 子树复杂度与方差的关系图

数图像. 在这棵树中, 每天吸烟数量被使用了两次, 一次值为 8, 一次为 1. 为了解释方便, 也可以将这两个值改为 9 和 0, 分别对应每天吸半包烟和不吸烟.

MARS 和 CART 的结果都表明白人孕妇的新生儿体重更重. 每天吸半包或者更多烟的女性生出的婴儿体重偏轻. 图 10.5 中还表明之前生过孩子的孕妇再次生育, 新生儿体重会倾向于更重. 在 MARS 模型中, 之前生育过孩子的孕妇对于新生儿体重贡献的权重如下, 可以看出 MARS 模型提供了更为准确

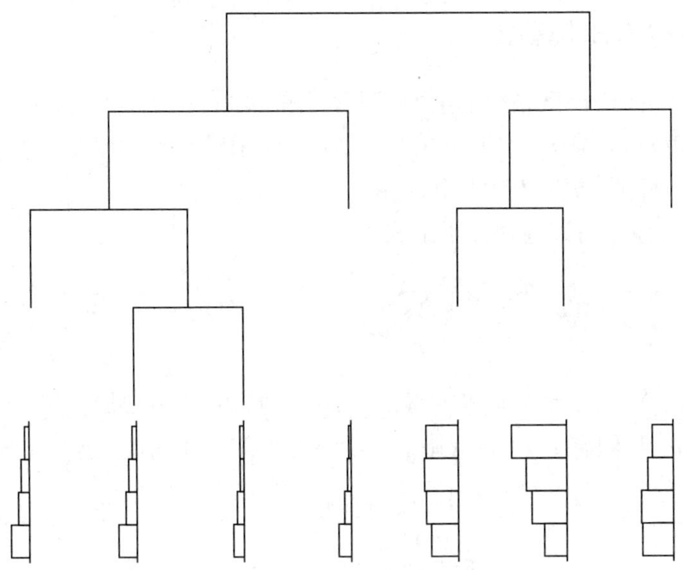

图 10.5　耶鲁妊娠结果数据集剪枝后的树. 上面是整棵树, 下面是每个终端结点内的新生儿体重的柱状图

的关系.

$$\begin{cases} 0, & \text{之前未生育过}, \\ 111, & \text{之前生育过一个孩子}, \\ 25, & \text{之前生育过两个孩子}, \\ -66, & \text{之前生育过三个孩子}. \end{cases}$$

所有的分析都是用 R 完成的. 下面给出了一个代码的样例. 响应变量记为 btw, [140] 所有的预测变量记为 allpreds, 为了减少计算的负担, 我们在生长树的过程中要求每个结点最小的样本数目为 80 个.

```
birth.tree <- tree(btw ~ allpreds, minsize=80, mincut=40)
plot(birth.tree, type="u")
plot(prune.tree(birth.tree))
final.tree <- prune.tree(birth.tree, k=2500000)
tree.screens()
plot(final.tree, type="u")
text(final.tree)
tile.tree(final.tree)
```

10.3 MARS 模型简介

建立 MARS 模型是很复杂的, 因此了解 MARS 过程产生的模型形式有助于更好地理解 MARS. 如果只是对 MARS 应用感兴趣的读者, 这一节的介绍足以让你了解 MARS 模型及其应用.

MARS 模型可以写成以下形式

$$\beta_0 + \sum \beta_{ij}(x_i - \tau_j)^* + \sum_{i \neq k} \beta_{ijkl}(x_i - \tau_j)^*(x_k - \tau_l)^* + \cdots, \tag{10.6}$$

其中 $(x_i - \tau_j)^*$ 表示负的截断函数 $(x_i - \tau_j)^+$ 或者正的截断函数 $(x_i - \tau_j)^-$. 对于任意的 a, 我们有 $a^+ = \max(0, a), a^- = a^+ - a$. 图 10.6 展示了这两种截断函数.

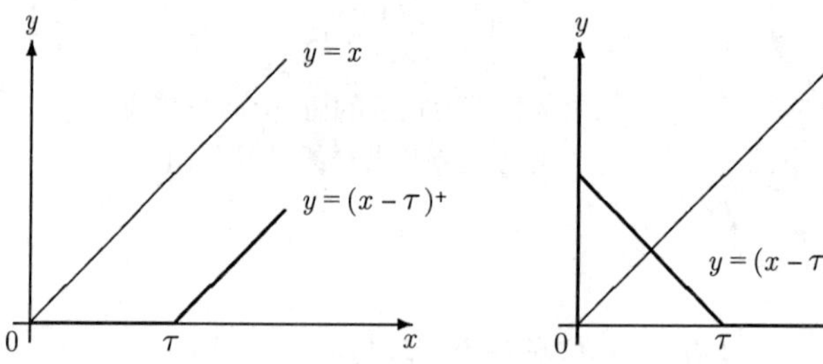

图 10.6　截断基函数

(10.6) 中的求和是对所有的预测变量的不同组合进行的, 因为在第二项中
[141] 有 $i \neq k$ 个条件. 也就是说, 同一个变量在一项中不能出现一次以上. 因此, 在一维的数据中, 模型 (10.6) 变成

$$\beta_0 + \sum_{k=1}^{M} \beta_k (x - \tau_k)^*, \tag{10.7}$$

我们不会再有更高阶的项了, 因为同一个预测变量在一项中出现不能超过一次. 模型 (10.7) 是截断函数的线性组合, 因此被称为分段线性函数, 如图 10.1 所示. 如果模型 (10.7) 中的截断函数用 $I(x > \tau_k)$ 来代替, 则该模型就变为回归树. 示性函数的和产生一个阶梯函数, 就如同图 10.1 中展示的.

另外, 模型 (10.6) 可以看作回归树的推广. 如果预测变量是属性变量, 则这两个模型是一样的. 当预测变量是连续型变量时, 模型 (10.6) 可以通过将截断函数替换为示性函数得到回归树模型.

假设有两个连续预测变量, x_1, x_2, 图 10.7 和图 10.8 绘制了两个相应的 MARS 模型. 值得我们注意的是, 预测变量的空间 (x_1, x_2) 被分为几个长方形. 在回归树的每个长方形中, 我们用一个水平的平面来拟合这个长方形中的所有数据点, 从而长方形的边界是不连续的. 而在 MARS 中, 在每个长方形中可能 [142] 不是用一个简单的平面去拟合数据, 并且边界是连续的. 例如, 图 10.7 中由六个连续的平面连接而成, 但是在图 10.8 中, 在三个长方形中既有简单的平面,

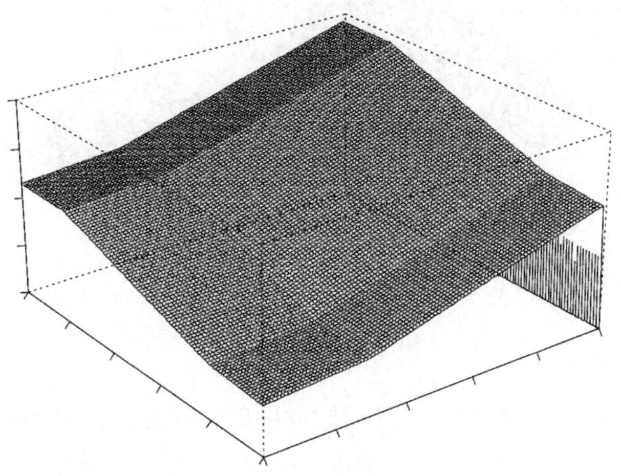

图 10.7 MARS 模型: $2.5 + 4(x_1 - 0.3)^+ - (x_1 - 0.3)^- + 4(x_2 - 0.2)^+ - (x_2 - 0.2)^- - 4(x_2 - 0.8)^+$

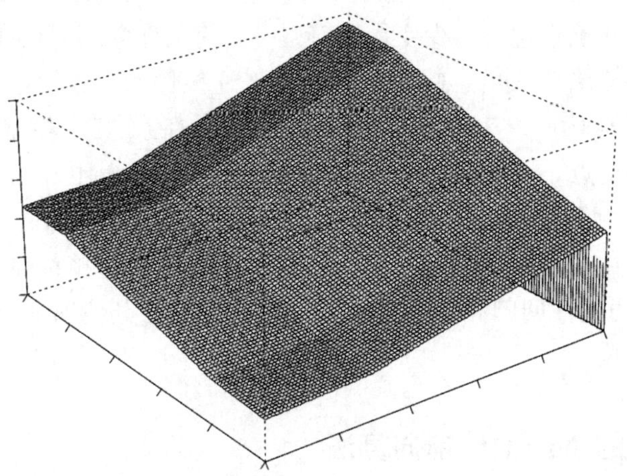

图 10.8 MARS 模型: $2.5 + 5(x_1 - 0.3)^+ - (x_1 - 0.3)^- + 4(x_2 - 0.2)^+ - (x_2 - 0.2)^- - 4(x_2 - 0.8)^+ + 2(x_1 - 0.3)^+(x_2 - 0.2)^+ - 5(x_1 - 0.3)^-(x_2 - 0.2)^-$

也有弯曲的面. 弯曲的面来自表达式中最后两个二次项, 而且位于三个长方形中 (1) $x_1 > 0.3, x_2 < 0.2$; (2) $x_1 > 0.3, 0.2 < x_2 < 0.8$; (3) $x_1 > 0.3, x_2 > 0.8$. 图 10.9 给出了弯曲的面大致的形状.

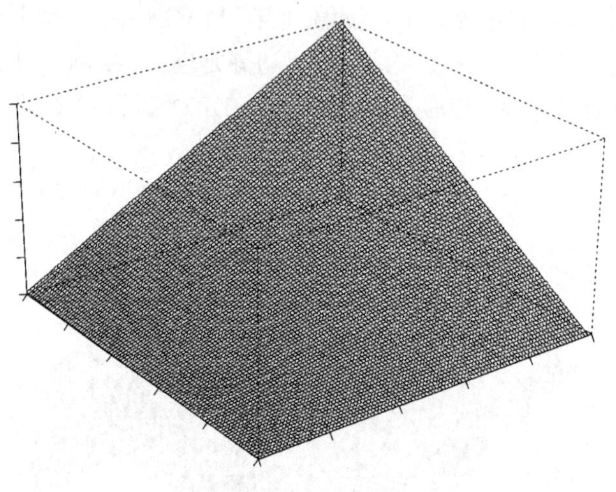

图 10.9 曲面: $x_1 x_2$

那么, (10.6) 中的模型和线性回归的区别是什么? 在线性回归中, 我们在建模之前就决定了哪些变量以及多少变量进入模型中. 但是, 在 MARS 模型中, 在建模之前我们并不知道应该有多少项. 在图 10.1 中, MARS 模型由四段线组成, 其实可以更多, 五段、六段甚至任意的数目. 在实际应用中, 我们会根据数据的大小规定一个 MARS 模型中可以包含项目的上限, 如 20 或者 50. 选择这个上限要比确定包含多少变量在模型中要简单许多, 并且上限的选择对于模型的选择并没有太大的影响. MARS 和普通线性回归之间还有一个不同在
[143] 于, 普通线性回归中每一项都是事先决定的, 但是在 MARS 模型中不是. 例如, $(x - \tau_k^*)$ 中的结点 τ_k 是需要从数据中估计的. 这就是为什么 (10.6) 成为自适应性样条模型. 而且, 要使用哪些 x_i 以及 $(x_1 - \tau_1)^+(x_2 - \tau_2)^+$ 是否需要包括在模型中都是由数据决定的. 然而在普通线性回归中, 这些都需要在建立模型之前决定. 普通线性回归和 (10.6) 的一个共同点是在其他项都确定之后, β 都是线性项的系数.

10.4 修正的 MARS 前向算法

MARS 最早是由 Friedman (1991) 发明的. 本节中, 将会展现 Zhang (1994) 对于 MARS 修正的前向算法. 两个版本之间的差别在于最佳结点的精确解和结点位置的限制. 在前向算法中, 我们需要理解两个问题: 如何把预测变量放入 MARS 模型中以及如何找到最佳结点.

首先, 我们给出算法的纲要, 这样方便读者快速了解我们如何往模型 (10.6) 中添加项. 之后我们会详细说明每一步.

算法 1 前向算法 [144]

0. 输入截距项, β_0. 通常情况下, 添加常数 1 作为第一个基函数.

1. 当基函数

$$(x_i-\tau_1)^+,(x_i-\tau_1)^-$$

加入模型中时, 找到拟合数据最好的 x_i 和 τ_1 组合.

2. 如果 K 个基函数已经进入到模型中, 对于一个已经存在的项 s, 当

$$s(x_k-\tau_l)^+,s(x_k-\tau_l)^-$$

进入模型时, 找到拟合数据最好的 x_k 和 τ_l 组合.

3. 不断重复过程 2, 直到足够多的基函数进入到模型中.

步骤 0 是细枝末节, 需要注意一下的只是随着越来越多项的加入, β_0 的值会发生变化. 对于剩下三步, 我们需要定义什么是拟合数据最好.

定义 10.1 最小二乘准则

对于任何的回归函数 $f(x;\theta)$, 其中 x 是预测变量, θ 是未知参数. 我们在 θ 的所有取值中选择一个使得残差平方和 (RSS) 最小的 $\hat{\theta}$

$$\sum_1^N(Y_i-f(x_i;\theta))^2, \tag{10.8}$$

也就是说我们的参数估计基于最小二乘准则.

为了理解步骤 1 在做什么, 我们先看一下 MARS 模型在这一步的形式. 在步骤 0 之后, 模型包括一个常数项, 而根据最小二乘准则, 最好的常数项为 $\bar{Y}$. 在步骤一中, 我们考虑添

$$(x_i-\tau_1)^+,(x_i-\tau_1)^-$$

到只有常数的模型当中. 因此 MARS 模型在此时的形式为

$$\beta_0+\beta_1(x_i-\tau)^++\beta_2(x_i-\tau)^-, \tag{10.9}$$

[145] 对于 $i=1,\cdots,p$ 中的某个值以及结点 τ. 我们有

$$(x_i-\tau)^- = (x_i-\tau)^+ - (x_i-\tau),$$

这表明 $(x_i-\tau)^-$ 是 $(x_i-\tau)^+$ 和 $(x_i-\tau)$ 的线性组合. 因此, 在 (10.9) 中我们不需要两个截断函数. 从计算的角度考虑, 可以用模型 (10.10) 来替代 (10.9)

$$\beta_0+\beta_1 x_i+\beta_2(x_i-\tau)^+. \tag{10.10}$$

模型 (10.10) 较好的原因有两个. 一个是非线性参数, 结点 τ 只出现了一次, 因此在推导最佳结点的过程中会更加容易. 第二个原因是我们不能总是添加同一对基函数, 因为这样会产生线性相关性. 当 x_i 进入模型之后, 我们只能再添加一项 $(x_i-\tau)^+$ 或者 $(x_i-\tau)^-$. 为了表述简便, 我们在第 2 步没有提出这一问题.

10.9 节我们会介绍几个例子. 例如, 例 10.4 会用 MARS 模型拟合三维模型. 特别地, 表 10.1 给出了 MARS 模型计算的步骤.

表 10.1 MARS 模型的每一步骤详解, 新加入的项用下划线标出

步数	拟合模型
0	-0.71
1	$0.68\underline{-2.18x_2-7.1(x_2-0.72)^+}$
2(a)	$-0.41-2.18x_2-7.92(x_2-0.72)^+\underline{+1.28x_1+3.59(x_1-0.55)^+}$
2(b)	$-0.4-3.37x_2-8.21(x_2-0.72)^++1.36x_1+3.05(x_1-0.55)^+$ $\underline{+2.65x_2x_3-30.4x_2(x_3-0.94)^+}$
2(c)	$-0.39-3.17x_2-8.24(x_2-0.72)^++1.32x_1+3.09(x_1-0.55)^+$ $+2.56x_2x_3-37x_2(x_3-0.94)^+\underline{-0.4x_2x_4-0.81x_2(x_4-0.84)^+}$
……	

这里一个很重要的问题是, 对于变量 x_i, 我们要如何寻找最优结点 τ. 我们把这个问题放在 10.6 节讲述. 在这里我们先讨论一个简单一点的问题, 在最佳结点找到之后, 接下来怎么办? 模型 (10.10) 关于系数 β 是线性的. 因为我们用的是最小二乘准则, 因此 β 的估计与普通线性回归的系数估计是类似的.

步骤 2 是用来扩大现有的 MARS 模型的. 假设我们在第一步找到了 x_1 和
[146] $(x_1-\tau_1)^+$, 有三种可以扩大现有模型的方式. 因为新的成分可以与已有的三个

成分之一进行联系. 当新的成分与常数相乘的时候, 它们在更大的模型中是不变的, 所以得到的 MARS 模型为以下之一

$$\beta_0+\beta_1x_1+\beta_2(x_1-\tau_1)^++\beta_3x_i+\beta_4(x_i-\tau)^+, \text{对于 } i\neq 1 \tag{10.11}$$

或者

$$\beta_0+\beta_1x_1+\beta_2(x_1-\tau_1)^++\beta_3(x_i-\tau)^+. \tag{10.12}$$

但是如果新加入的项与 x_1 相乘, 得到的模型如下

$$\beta_0+\beta_1x_1+\beta_2(x_1-\tau_1)^++\beta_3x_1x_i+\beta_4x_1(x_i-\tau)^+, \tag{10.13}$$

其中 $i\neq 1$. 同样地, 新加入的项可以与 $(x_1-\tau_1)^+$ 相乘, 从而得到如下模型

$$\beta_0+\beta_1x_1+\beta_2(x_1-\tau_1)^++\beta_3(x_1-\tau_1)^+x_i+\beta_4(x_1-\tau_1)^+(x_i-\tau)^+, \tag{10.14}$$

其中 $i\neq 1$. 在第 2 步的时候, 会从 (10.11)—(10.14) 中选择最好的模型. 第 3 步会重复第 2 步的操作, 不断地扩大模型, 添加新的项进去. 新添加的项可以看作是新的基函数与已有的基函数的乘积.

按照上述算法, 我们可以产生很多个基函数, 并且不断地扩大模型. 在实际中, 我们会限制模型中的项达到一定数目之后就停止算法. 并且, 我们也会对模型中的阶数进行限制. 在实际中, 三阶的模型已经是非常高而且能够很好地刻画数据了.

接下来, 我们需要对如此庞大的模型进行修剪, 就像分类树一样. 后向算法删除模型中项的步骤要比树的剪枝容易理解一些, 我们将在 10.5 节介绍.

10.5 MARS 后向删除算法

如 10.4 节一样, 我们会先给出算法, 然后详细解释算法中的每一步骤. 在这个算法中最关键的问题是交叉验证条件的推广, 在这一节会给出定义.

算法 2 后向算法 [147]

0. 首先给出一个由前向算法得到的包含 M 个基函数的模型.
1. 根据最小二乘原则, 删除对于模型贡献最小的非常值基函数.
2. 重复步骤 1, 直到模型中只有常数.

假设开始的时候在步骤 0, 我们有一个具有五个基函数的模型

$$f_1(x) = \beta_0 + \beta_1 x_1 + \beta_2 (x_1 - \tau_1)^+ + \beta_3 (x_1 - \tau_1)^+ x_2 + \beta_4 (x_1 - \tau_1)^+ (x_2 - \tau)^+. \tag{10.15}$$

下面四个非常数的基函数

$$x_1, (x_1 - \tau_1)^+, (x_1 - \tau_1)^+ x_2, (x_1 - \tau_1)^+ (x_2 - \tau)^+$$

在步骤 1 中会有一个被移除. 假设我们移除的是 x_1, 那么新的模型为

$$\beta_0 + \beta_1 (x_1 - \tau_1)^+ + \beta_2 (x_1 - \tau_1)^+ x_2 + \beta_3 (x_1 - \tau_1)^+ (x_2 - \tau)^+. \tag{10.16}$$

用模型 (10.16) 去拟合数据, 我们可以得到一个残差平方和 (RSS), 记作 RSS_1. 我们可以类似地选择移除另外三个基函数中的任意一个, 得到 RSS, 记作 RSS_2 到 RSS_4. 如果, RSS_3 是最大的 RSS, 则第三个去掉的基函数 $(x_1 - \tau_1)^+ x_2$ 会被首先移除. 然后我们就可以得到下述的模型:

$$f_2(x) = \beta_0 + \beta_1 x_1 + \beta_2 (x_1 - \tau_1)^+ + \beta_3 (x_1 - \tau_1)^+ (x_2 - \tau)^+,$$

再重复步骤 2, 不断进行下去. 总共进行了四步之后, 我们在模型中就会只剩下常数项. 在这个过程中, 我们可以得到 5 个嵌套模型, $f_k, k = 1, \cdots, 5$, 既包括最初的模型又包含最后的常数模型. 这五个模型作为最终模型的候选. 接下来的问题就是, 我们应该选择哪一个模型? 如果我们有一个准则去判断它们的好坏, 答案就显而易见了. Friedman 和 Silverman (1989), Friedman (1991) 和 Zhang (1994) 使用了在 Craven 和 Wahba (1979) 的交叉验证基础上推广的广义交叉验证条件来筛选模型.

$$GCV(k) = \frac{\sum_{i=1}^{N} (Y_i - \hat{f}_k(x_i))^2}{N[1 - (C(k)/N)]^2}, \tag{10.17}$$

其中 $\hat{f}_k$ 是通过在 f_k 中带入拟合的参数得到的函数, $k = 1, \cdots, 5$. $C(k)$ 反映了模型的复杂度, 这在接下来会讲述. 分子是模型 f_k 的 RSS, 因此 $GCV(k)$ 可以同时反映模型的拟合程度和复杂度. 因此, $GCV(k)$ 与树结构中的成本复杂度是等价的. 我们利用 $GCV(k)$ 作为模型选择的标准, 最好的模型应该具有最小的 $GCV(k)$.

[148] 基于 Friedman 和 Silverman (1989), Friedman (1991) 的讨论, 根据经验来看, 最优的 $C(k)$ 应该选择 3 到 5 的相应模型中非常值基函数的个数.

模型选择的准则一般要能够衡量模型的拟合能力, 模型的复杂度和模型的解释性. 为什么这三者的平衡很重要? 因为有两个问题我们很关注, 一个是偏

差 (衡量精确性的), 一个是方差 (衡量稳定性的). 一个 "好的" 模型可能是使得偏差很小的模型, 但是此时它的方差会很大. 后向删除算法就是希望在这二者之间找到一个平衡.

截至目前, 我们已经讲解了 MARS 的大框架, 在接下来的章节, 我们讲详细讨论发展此方法时必须处理的一些技术问题.

*10.6 最优结点

MARS 算法最难的部分就是在前向算法的第 1 步和第 2 步中确定最优结点, 这也是计算最消耗时间的地方. 如果想要理解这一节的证明, 读者需要具备线性代数和线性回归的基础知识.

图 10.6 中展示的线性截断函数是最简单的非线性函数, 但是我们仍然需要花费很大的精力来寻找非线性参数结点. 尤其截断函数在结点不是可导的. 因此平时常用的最优化求解方法在这里并不适用. 基于 Hinkley (1971), Friedman 和 Silverman (1989) 以及 Zhang (1991) 的思想, 我们给出寻求最优结点的详细公式. 这些推导来自 Zhang (1994).

10.4 节前向算法的第 1 步其实是第 2 步的特殊情况. 我们需要引入向量和矩阵记号, 用公式来表达步骤 2 中的问题.

当进入到第 2 步时, 假设我们已经找到 K 个基函数, 把它们应用到 N 个样本上, 我们可以得到 K 个基向量, 记为 $\boldsymbol{b_0},\cdots,\boldsymbol{b_{K-1}}$. 例如, 第一个基函数为常数 1. 因此, 第一个基向量 $\boldsymbol{b_0}$ 是一个取值均为 1 的 N 维向量. 如果 $(x_i-\tau_1)^+$ 是第二个基向量的话, 则

$$\boldsymbol{b_1}=\big((x_{1i}-\tau_1)^+,\cdots,(x_{Ni}-\tau_1)^+\big)'.$$

为了方便, 我们也可以把上述向量记为

$$(\boldsymbol{x^{(i)}}-\tau_1\mathbf{1})^+,$$

其中 $\boldsymbol{x^{(i)}}=(x_{1i},\cdots,x_{Ni})',\mathbf{1}=\boldsymbol{b_0}=(1,\cdots,1)'$.

现在, 我们必须找到一对基函数, 它们和模型中已有的基函数结合之后, 可 [149]
以最好地拟合数据. 在新的记号下, 假设我们考虑 x_k 和 $(x_k-\tau)^+$ (这与 $(x_k-\tau)^-$ 和 $(x_k-\tau)^+$ 是等价的). 它们可以产生两个基向量, $\boldsymbol{x^{(k)}}$ 和 $(\boldsymbol{x^{(k)}}-\tau\mathbf{1})^+$. 在将这两个基向量与模型中已有的任一基函数结合之后, 我们假设添加下面两个基向量

$$\boldsymbol{b}_l\circ\boldsymbol{x^{(k)}},\ \boldsymbol{b}_l\circ(\boldsymbol{x^{(k)}}-\tau\mathbf{1})^+ \tag{10.18}$$

到现有的模型中, 其中 $l=0,\cdots,K$, $\circ$ 表示两个向量对应的元素相乘. 如果 $\boldsymbol{b}_l$ 中含有与 $x^{(k)}$ 有关的项, 则 (10.18) 中的一对基向量不会被加入到模型中. 同时, 如果 $\boldsymbol{b}_l\circ\boldsymbol{x}^{(\boldsymbol{k})}$ 已经在模型中, 那么也不会被加入. 为了避免这种情况出现, 我们假设 (10.18) 中的两个基向量都可以被添加至模型中. 令

$$B=(\boldsymbol{b}_{\boldsymbol{0}},\cdots,\boldsymbol{b}_{\boldsymbol{K}},\boldsymbol{b}_l\circ\boldsymbol{x}^{(\boldsymbol{k})}),$$

$$\boldsymbol{b}_{\boldsymbol{K+1}}(\tau)=\boldsymbol{b}_l\circ(\boldsymbol{x}^{(\boldsymbol{k})}-\tau\mathbf{1})^+,$$

以及

$$\boldsymbol{r}=(I-PP')\boldsymbol{Y},$$

其中 $\boldsymbol{Y}=(Y_1,\cdots,Y_N)'$, $PP'=B(B'B)^{-1}B'$, $P'P$ 是单位矩阵. 因此, $\boldsymbol{r}$ 是模型中有 K 个基向量又加入一个新的基向量时的残差向量. 对于任意给定的分裂 τ, 如果 $\boldsymbol{b}_{\boldsymbol{K+1}}$ 也加入到模型中, 那么最小二乘的准则就等价于

$$\|\ \boldsymbol{r}\ \|^2-\frac{(\boldsymbol{r}'\boldsymbol{b}_{\boldsymbol{K+1}}(\tau))^2}{\boldsymbol{b}'_{\boldsymbol{K+1}}(\tau)(I-PP')\boldsymbol{b}_{\boldsymbol{K+1}}(\tau)}. \tag{10.19}$$

(10.19) 的第二项是关于 τ 的函数, 但是第一项不是, 因此与最优结点的求解无关. 因此, 我们需要找到最大化下述式子的 τ, 从而才能使得 (10.19) 的残差最小化,

$$h(\tau)=\frac{(\boldsymbol{r}'\boldsymbol{b}_{\boldsymbol{K+1}}(\tau))^2}{\boldsymbol{b}'_{\boldsymbol{K+1}}(\tau)(I-PP')\boldsymbol{b}_{\boldsymbol{K+1}}(\tau)}. \tag{10.20}$$

如果我们把 τ 的取值限制在连续两个 x_k 的观测值构成的区间上, (10.20) 可以更详细地表达. 不失一般性, $x_{1k},\cdots,x_{Nk}$ 升序排列, 并且都不一样. 对于 $\tau\in[x_{jk},x_{j+1,k})$, 我们有

$$\boldsymbol{b}'_{\boldsymbol{K+1}}(\tau)=(\boldsymbol{b}_l\circ\boldsymbol{x}_{\boldsymbol{k}})_{(-j)}-\tau\boldsymbol{b}_{l(-j)}, \tag{10.21}$$

其中对于任意的向量 v 有 $\boldsymbol{v}_{(-j)}=(0,\cdots,0,v_{j+1},\cdots,v_N)'$. 这样的话, $h(\tau)$ 的分子与下式的平方相等

$$\boldsymbol{r}'(\boldsymbol{b}_l\circ\boldsymbol{x}_{\boldsymbol{k}})_{(-j)}-\tau\boldsymbol{r}'\boldsymbol{b}_{l(-j)}, \tag{10.22}$$

[150] 这是一个关于 τ 的线性表达式, 因为 $\boldsymbol{r}'(\boldsymbol{b}_l\circ\boldsymbol{x}_{\boldsymbol{k}})_{(-j)}$ 和 $\boldsymbol{r}'\boldsymbol{b}_{l(-j)}$ 都和 τ 无关. 并且, $h(\tau)$ 的分母可以写成

$$\begin{aligned}&\|\ (\boldsymbol{b}_l\circ\boldsymbol{x}_{\boldsymbol{k}})_{(-j)}\ \|^2-\|\ P'(\boldsymbol{b}_l\circ\boldsymbol{x}_{\boldsymbol{k}})_{(-j)}\ \|^2+\tau^2(\|\ \boldsymbol{b}_{l(-j)}\ \|^2-\|\ P'\boldsymbol{b}_{l(-j)}\ \|^2)\\&\quad-2\tau(\boldsymbol{b}'_{l(-j)}(\boldsymbol{b}_l\circ\boldsymbol{x}_{\boldsymbol{k}})_{(-j)}-(\boldsymbol{b}_l\circ\boldsymbol{x}_{\boldsymbol{k}})'_{(-j)}PP'\boldsymbol{b}_{l(-j)}).\end{aligned} \tag{10.23}$$

因此, $h(\tau)$ 是关于 τ 的二次项的比值, 即

$$h(\tau)=\frac{(c_{1j}-c_{2j}\tau)^2}{c_{3j}-2c_{4j}\tau+c_{5j}\tau^2},$$

其中

$$c_{1j}=\boldsymbol{r}'(\boldsymbol{b}_l\circ\boldsymbol{x}_{\boldsymbol{k}})_{(-j)}, \tag{10.24}$$

$$c_{2j}=\boldsymbol{r}'\boldsymbol{b}_{l(-j)}, \tag{10.25}$$

$$c_{3j}=\|(\boldsymbol{b}_l\circ\boldsymbol{x}_{\boldsymbol{k}})_{(-j)}\|^2-\|P'(\boldsymbol{b}_l\circ\boldsymbol{x}_{\boldsymbol{k}})_{(-j)}\|^2, \tag{10.26}$$

$$c_{4j}=\boldsymbol{b}'_{l(-j)}(\boldsymbol{b}_l\circ\boldsymbol{x}_{\boldsymbol{k}})_{(-j)}-(\boldsymbol{b}_l\circ\boldsymbol{x}_{\boldsymbol{k}})'_{(-j)}PP'\boldsymbol{b}_{l(-j)}, \tag{10.27}$$

$$c_{5j}=\|\boldsymbol{b}_{l(-j)}\|^2-\|P'\boldsymbol{b}_{l(-j)}\|^2 . \tag{10.28}$$

下标 j 提醒我们将 τ 限制在了某个特定区间. 通过一些代数变换可以得到在区间 $[x_{jk},x_{j+1,k})$ 上, 使得 $h(\tau)$ 最小的 τ 要么是 x_{jk}, 要么是

$$\frac{c_{2j}c_{3j}-c_{1j}c_{4j}}{c_{2j}c_{4j}-c_{1j}c_{5j}}, \tag{10.29}$$

如果后者在区间中的话.

可以发现, 如果我们已经有这些常数 c, 就不需要如此复杂的计算最优结点. 幸运的是, c 的计算不像看上去那么复杂, 让我们以 c_{1j} 和 c_{4j} 作为例子.

我们从 $j=1$ 开始, 首先根据定义计算 c_{11},c_{14}. 接着计算当 $j=2$ 时, 我们有

$$c_{12}=c_{1j}-r_2b_{2l}x_{2k}, \tag{10.30}$$

其中 $\boldsymbol{r}=(r1,\cdots,r_N)',\boldsymbol{b}_l=(b_{1l},\cdots,b_{Nl})'$. 类似地, 对于 c_{42} 的第一项, 我们有

$$\boldsymbol{b}'_{l(-2)}(\boldsymbol{b}_l\circ\boldsymbol{x}_{\boldsymbol{k}})_{(-2)}=\boldsymbol{b}'_{l(-2)}(\boldsymbol{b}_l\circ\boldsymbol{x}_{\boldsymbol{k}})_{(-1)}-b_{2l}^2x_{2k}.$$

对于 c_{4j} 的第二项, 我们需要建立两个暂时的 $K+1$ 维向量:

$$\boldsymbol{w}_{1j}=P'(\boldsymbol{b}_l\circ\boldsymbol{x}_{\boldsymbol{k}})_{(-j)},\boldsymbol{w}_{2j}=P'\boldsymbol{b}'_{l(-j)}.$$

接下来, 就有 [151]

$$\boldsymbol{w}_{12}=\boldsymbol{w}_{11}-b_{2l}x_{2k}\boldsymbol{p}_{2\cdot},\boldsymbol{w}_{22}=\boldsymbol{w}_{21}-b_{2l}\boldsymbol{p}_{2\cdot},$$

其中 $\boldsymbol{p}_{2\cdot}$ 是向量 P 的第二行. 因此

$$c_{42}=c_{41}-b_{2l}^2x_{2k}-b_{2l}\boldsymbol{w}'_{11}\boldsymbol{p}_{2\cdot}-b_{2l}x_{2k}\boldsymbol{w}'_{11}\boldsymbol{p}_{2\cdot}+b_{2l}^2x_{2k}\|\boldsymbol{p}_{2\cdot}\|^2 . \tag{10.31}$$

为什么我们要推导出公式 (10.30) 和 (10.31)? 如果我们知道了 c_{11}, 只需要做两次乘法一次减法就可以得到 c_{12}. 另外, 如果 c_{41} 已经求解出来, 那么需要 $5(K+1)$ 步更新 $\boldsymbol{w}_{12}$ 和 $\boldsymbol{w}_{22}$; 需要 $3(K+1)$ 步更新 $\boldsymbol{w}_{11}'\boldsymbol{p}_{2\cdot}$, $x_{2k}\boldsymbol{w}_{11}'\boldsymbol{p}_{2\cdot}$ 以及 $\| \boldsymbol{p}_{2\cdot} \|^2$; 因此需要 $8(K+1)+11$ 步计算得到 c_{42}. 这里详细地说明了从 c_{11} 计算 c_{12} 需要的计算量是固定的, 但是从 c_{41} 到 c_{42} 的计算量随着模型中基函数数量的增加而增大. 并且, 从 c_{1j} 到 $c_{1,j+1}$ 需要的计算量和从 c_{4j} 到 $c_{4,j+1}$ 需要的计算量是与之前相同的. 事实上, 从一个区间更新下一个区间的 c 值的运算量不会超过 $18K$. 因此, 关于 $\boldsymbol{x}_k$ 和 $\boldsymbol{b}_l$ 的最佳结点在 $18KN$ 步计算内可以完成. 由于 (k,l) 的组合最多有 Kp 种, 因此最佳的组合可以在 $18K^2pN$ 步内完成. 因此, 如果我们打算构建一个不超过 M 项的 MARS 模型, 那么计算量等于 M^3pN.

我们在这一节介绍了如何在观测值的每个区间内寻找最佳结点. 总的策略就是每一次在一个区间寻找一个最佳结点, 然后记录这个最佳结点.

*10.7 结点的限制

10.7.1 最小跨度

在 MARS 算法中还有一步需要很强的技巧性, 我们在这一节会讲述. 在之前的小节, 我们尝试如何选择最优的结点. 在实际中, 当数据的信噪比很低时, 如果结点互相接近, MARS 模型很容易受到噪声的干扰. 为了解决这个问题, Friedman 和 Silverman (1989, 2.3 节) 通过将两个相邻的结点施加固定数量的观测值, 引入了一个最小展开的概念. 如果至少需要 m 个结点之间的观测值, 最小展开就是 m. 那么下一个问题就是, 我们如何选择合理的最小展开? 基于掷硬币思想, Friedman 和 Silverman (1989) 建议用下面的表达

$$m = -\frac{1}{2.5}\log_2[-(1/N)\ln(1-\alpha)], \tag{10.32}$$

[152] 其中在一维情况下, $0.01 \leqslant \alpha \leqslant 0.05$.

基本思想如下: 在一维情况下, 模型形式如下

$$Y_i = f(x_i) + \epsilon_i \quad (1 \leqslant i \leqslant N).$$

虽然 ϵ_i 期望为 0, 即取负值和正值的概率一样. 但是, 长期地取到负值或者正值还是需要很多运气的. 假设, 在某个区域内, 这种长期现象出现了, 那么样条就可以通过这个函数推导出来. 有趣的是, 如果我们在区域的开始或者结束或者中间的某一处放置结点, 那么样条的结果不会变化, 无论是在区域内

还是区域外. 假设在 N 次二项实验中, 区域最大的长度为 $L_{\max}$, 我们可以选择 $L_{\max}/3$ 作为最小展开来避免问题的出现, 因为我们无法放置结点. 保守一点, 我们也可以选择 $L_{\max}/2.5$. 不幸的是我们并不知道 $L_{\max}$. 但是我们有一定的自信知道它可能多大. 在 N 次二项实验中, 观测到长大于等于 $L(\alpha) = -\log_2[-(1/N)\ln(1-\alpha)]$ 的区域的概率近似等于 α. 因此, 具有 (10.32) 概率的最小展开经历噪声干扰的可能性为 α.

10.7.2 极大相关系

最小展开的方法只有当样本数据分散较均匀时才能使用. 在实际中, 很多数据不是这样的. 在分布不均匀的样本空间中, 在结点上加入距离的度量而不是样本个数可能会更有效. 因此加入因子 $(x_N - x_1)/(N-1)$. 除此之外, 我们也希望两个结点之间至少有一个样本. 根据这些思想, 我们对 (10.32) 进行了修正变为

$$m = \max\left\{-\frac{x_N - x_1}{2.5(N-1)}\log_2\left[-\left(\frac{1}{N}\right)\ln(1-\alpha)\right], \frac{1}{N}\sum_{i=1}^{3}(x_{N-i+1} - x_i)\right\}. \tag{10.33}$$

(10.33) 中的最小展开是单变量样条的结果, 然而我们更感兴趣的是多元样条. Zhang (1994) 指出了多元样条可能存在的问题. MARS 模型中的设计矩阵随着模型的增大会逐渐退化, 并且在结点越来越接近的时候会更加明显. 最小展开的方法并不能很好地解决退化的问题. 而且, 在多元情况下, 我们需要考虑预测变量之间的关系以及属性变量. 最小展开的概念在多元的情况下必须被重新定义之后才能使用.

Zhang (1994) 的推论为我们重新定义最小展开概念提供了支持, 从而产生 [153]
了一个新的概念: 最大关联.

命题 10.1 假设 x_i 是一个取值有次序的预测变量. 对于 $x_{1i} \leqslant \tau \leqslant x_{Ni}$, 令 $\boldsymbol{b}(\tau) = (\boldsymbol{x}_i - \tau\mathbf{1})^+$. 对于 $\tau_1 < \tau_2$, $\boldsymbol{b}(\tau_1)$ 和 $\boldsymbol{b}(\tau_2)$ 之间的相关性 $\rho(\tau_1, \tau_2)$ 随着 $\delta = \tau_2 - \tau_1$ 的增加而减小.

证明 只需要证明, 对于给定的 τ_1, 只需要说明 ρ 关于 δ 的导数是非负的.

假设对于某个 $1 \leqslant j \leqslant k < N$, 有 $x_j \leqslant \tau_1 < x_{j+1}, x_k \leqslant \tau_1 + \delta < x_{k+1}$. 令 $Y_i = x_i - \tau_1$, $i = 1, \cdots, N$. 则 $\rho(\tau_1, \tau_1 + \delta)$ 等于

$$\frac{\sum_{i>k} Y_i(Y_i - \delta) - \sum_{i>j} Y_i \sum_{i>k}(Y_i - \delta)/N}{([\sum_{i>j} Y_i^2 - (\sum_{i>j} Y_i)^2/N]\{\sum_{i>k}(Y_i - \delta)^2 - [\sum_{i>k}(Y_i - \delta)]^2/N\})^{1/2}}.$$

从而, $\rho(\tau_1,\tau_1+\delta)$ 关于 δ 求导与下面式子符号相同

$$\left[-\sum_{i>k} Y_i+(1-k/N)\sum_{i>j} Y_i\right]\left\{\sum_{i>k}(Y_i-\delta)^2-\left[\sum_{i>k}(Y_i-\delta)\right]^2/N\right\}$$
$$+(k/N)\sum_{i>k}(Y_i-\delta)\left[\sum_{i>k} Y_i(Y_i-\delta)-\sum_{i>j} Y_i\sum_{i>k}(Y_i-\delta)/N\right]. \quad (10.34)$$

经过一些化简, (10.34) 等价于

$$\frac{1}{N}\left\{\sum_{i>k}(Y_i-\delta)^2-\left[\sum_{i>k}(Y_i-\delta)\right]^2/(N-k)\right\}\left(\sum_{i=j+1}^{k} Y_i-k\delta\right),$$

因为对于 $i\leqslant k$ 有 $\delta\geqslant Y_i$, 所以上述式子小于等于 0.

接下来阐述从几何角度来看这个推论. 假设 x_i 取值 1 到 5 的正整数, $\tau_1=1$. 我们可以将 $\boldsymbol{b}(1)$ 作为横坐标, $\boldsymbol{b}(\tau)$ 作为纵坐标, 绘制这五个样本点, 如图 10.10 所示. 当 τ 从 1 开始增大, 5 个点越来越接近一条斜率为 0 的直线, 表明 $\boldsymbol{b}(1)$ 与 $\boldsymbol{b}(\tau)$ 之间的相关性随着 τ 的增大而减小. 上述推论还说明了结点越近, 那么加入模型中的项与项之间的相关性也就越大. 也就是说, 增加最小展开的限制是一种控制相关性的方法, 但是直接控制相关性会更好.

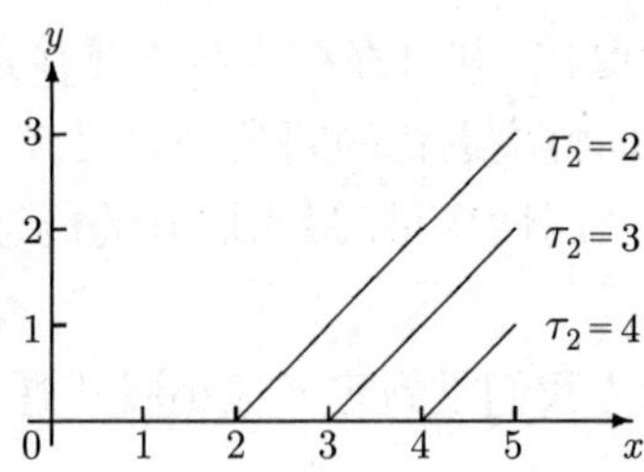

图 10.10 基向量之间的相关性

值得注意的是, 上述推论并没有说明当 $\tau_1\neq\tau_2,\delta_1<\delta_2$ 时, $\rho(\tau_1,\tau_1+\delta_1)>\rho(\tau_2,\tau_2+\delta_2)$. 因此对于相关性 $\rho(\tau_1,\tau_2)$ 的边界我们需要特别关注. 下面说明单
[154] 变量的情况, 假设模型有两个结点 τ_1,τ_2 并且 $\tau_1>\tau_2$, τ_1 在内部而 τ_2 靠近边界. 我们引入第三个结点 $\tau_3.\tau_3$ 可以离 τ_2 更近一些, 这并不违反相关性阈值, 因为 $\rho(\tau_2,\tau_2+\delta)$ 要比 $\rho(\tau_1,\tau_1+\delta)$ 更小. 通过固定 δ 变换 τ, 我们从图上可以看到 $\rho(\tau,\tau+\delta)$ 随着 τ 从左向右移动而增大. 从而, 位于区间左边缘的结点会越来越近.

为了解决这一个问题, Zhang (1994) 对相关性进行了修正. 假设 $\tau_1, \cdots, \tau_k$ 已经在模型中, 下一个与 x_i 相关的结点 τ 需要选择. 令 ρ_+ 为 $(\boldsymbol{x}_i - \tau\mathbf{1})^+$ 与之前已有的基函数之间的广义线性相关性, ρ_- 可以用 $(\boldsymbol{x}_i - \tau\mathbf{1})^-$ 类似定义. 用公式表达:

$$\rho_- = 1 - \frac{\| (I - PP')\boldsymbol{b}_-(\tau) \|^2}{\| \boldsymbol{b}_-(\tau) - \bar{\boldsymbol{b}}_-(\tau)\mathbf{1} \|^2}, \tag{10.35}$$

$$\rho_+ = 1 - \frac{\| (I - PP')\boldsymbol{b}(\tau) \|^2}{\| \boldsymbol{b}(\tau) - \bar{\boldsymbol{b}}(\tau)\mathbf{1} \|^2}, \tag{10.36}$$

其中 $\boldsymbol{b}_-(\tau) = (\boldsymbol{x}_i - \tau\mathbf{1})^-$.

修正过后的相关系数定义为 $\max(\rho_+, \rho_-)$. 我们观测到当结点 τ 接近右尽头时, ρ_+ 会越来越大; 当结点 τ 接近左尽头时, ρ_- 会越来越大. 因此, $\max(\rho_+, \rho_-)$ 可以防止结点靠近边缘. 接下来的章节, ρ 都表示修正后的相关系数.

10.7.3 对 MARS 前向算法的修正

在这里我们考虑将最大相关系数运用到 MARS 的前向算法中.

在第 0 步, 我们初始化一个自己设定的最大相关系数 R^*. 在大多数情况下, R^*=0.9999 是个不错的选择. 这样的选择保证了相关性很接近 1.

在第 1 步中, 当找到了与 x_{i1} 对应的第一个结点 τ_1, 我们利用最小展开 L [155]
定义与 x_{i1} 相关的最大相关性 R 如下:

$$R = \begin{cases} \max\{\rho(\tau_1 - L), \rho(\tau_1 + L)\}, & x_{i_1N} - L \geqslant \tau_1 \geqslant x_{i_11} + L, \\ \rho(\tau_1 - L), & \tau_1 + L > x_{i_1N}, \\ \rho(\tau_1 + L), & \text{其他}, \end{cases}$$

其中 $\rho(\tau)$ 是修正后的相关系数. 如果 $R > R^*$, 令 $R = R^*$, R^* 可以组织 R 超过 1.

当在第 2 步添加与 x_{i_k} 有关的结点 τ_k 到已有的结点集合 $\tau_1, \cdots, \tau_{k-1}$ 时, τ_k 与 $\tau_1, \cdots, \tau_{k-1}$ 之间修正后的相关系数 $\rho(\tau_k)$ 应小于当前的 R. 当添加越来越多结点时, 新添加结点与已有结点之间的相关系数会越来越大, 因此 R 会增加, 但是不会超过 R^*. 与此同时, 我们还可以计算出一个暂时的 $\tilde{R}$, 与第 1 步中的 R 很类似:

$$\tilde{R} = \begin{cases} \max\{\rho(\tau_k - L), \rho(\tau_k + L)\}, & x_{i_kN} - L \geqslant \tau_1 \geqslant x_{i_k1} + L, \\ \rho(\tau_k - L), & \tau_k + L > x_{i_kN}, \\ \rho(\tau_k + L), & \text{其他}. \end{cases}$$

接下来, 如果 $\tilde{R}$ 的值介于 R 和 R^* 之间, 我们用 $\tilde{R}$ 来更新 R.

更新 R 需要在不同的位置计算 ρ. 这会不会使得计算量很复杂? 事实上并不会. 因为 ρ_- 和 ρ_+ 的分子和分母可以用类似 (10.23)— (10.31) 的办法迭代更新. 因此, 我们在定位一个结点时就可以同时判断它是否是最优结点.

*10.8 光滑自适应性样条

我们在 (10.1) 中假设 f 是光滑函数, 但是截断样条基函数和 MARS (10.6) 都不是光滑的. 虽然这个问题没有那么主流, 但是还是值得我们探索的. 对此问题有两种解决办法. 一种是首先用线性截断基函数决定模型的结构, 然后用三次光滑函数代替截断基函数, 10.8.1 节会进行探讨. 另一种办法是直接用三次函数作为基函数, 10.8.2 节会进行讨论.

10.8.1 平滑化线性截断基函数

[156] Friedman (1991) 提出了一个特定方法来修正 MARS 模型. 修正后的模型有连续的导数. 如果我们只需要求解出来的模型可导的话, 那么我们只需要用 Tishler 和 Zang(1981) 以及 Zhang(1991) 中的方法即可.

假设 x_i 在模型中, 而且关于它有三个结点 $\tau_1 < \tau_2 < \tau_3$. 假设 x_i 的最小值和最大值分别为 τ_0 和 τ_4. 接下来, 我们在两个结点之间加入人工结点,

$$\nu_i = (\tau_{j-1} + \tau_j)/2 \quad (j = 1, \cdots, 4).$$

放置人工结点的方式展示在图 10.11 中. 下一步, 我们把原始 MARS 模型中的基函数 $(x_i - \tau_j)^+ (j = 1, 2, 3)$ 用下面的式子替代

$$\begin{cases} 0, & x_i \leqslant \nu_j, \\ \dfrac{2\nu_{j+1} + \nu_j - 3\nu_j}{(\nu_{j+1} - \nu_j)^2}(x_i - \nu_j)^2 + \dfrac{2\nu_j - \nu_{j+1} - \nu_j}{(\nu_{j+1} - \nu_j)^3}(x_i - \nu_j)^3, & \nu_j < x_i < \nu_{j+1}, \\ x_i - \nu_j, & x_i \geqslant \nu_{j+1}. \end{cases}$$

完成替换之后, 我们可以从修正后的模型中重新估计系数, 此时的模型是连续可导的.

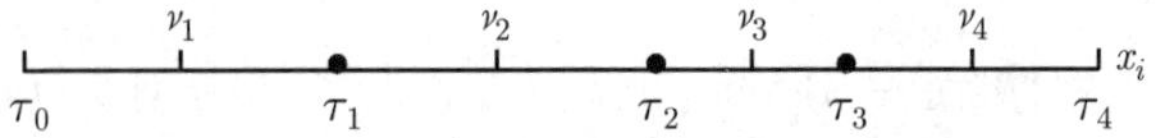

ν_1 ν_2 ν_3 ν_4 x_i

τ_0 τ_1 τ_2 τ_3 τ_4

图 10.11 人工插入结点

10.8.2 三次基函数

在 10.4 节, 我们把 x 和 $(x-\tau)^+$ 作为基函数. 如果我们替代性地添加下述样条项到已有的基函数中,

$$\beta_1 x + \beta_2 x^2 + \beta_3 x^3 + \beta_4[(x-\tau)^+]^3,$$

我们可以得到一个自适应性三次样条模型. 因为函数 $[(x-\tau)^+]^3$ 有连续的导数, 从而最终的模型也具有连续的导数. 这种替换, 一个关键的问题就是我们是否能够有效地找到结点? 如果我们将候选结点限制在观测集上, 那么是可以找到的. 如果没有这个限制, 那么三次样条模型也就没什么优点了.

继续 10.6 节的讨论, 假设 $\boldsymbol{b}_1, \cdots, \boldsymbol{b}_K$ 是已经在模型中的基向量, 新的基向量有

$$\boldsymbol{x}_k, \boldsymbol{x}_k^2, \boldsymbol{x}_k^3 \quad \text{和} \quad [(\boldsymbol{x}_k - \tau\mathbf{1})^+]^3,$$

乘以已有的基向量 $\boldsymbol{b}_l$ 就可以加入模型中. 这里向量的次方表示对向量中的每个元素次方.

回忆 (10.19) 和 (10.20), MARS 模型中包括已有基函数和新加入的基函 [157]
数构建出的模型的 RSS 为 $\| \boldsymbol{r} \|^2 - h(\tau)$, 其中 $h(\tau)$ 如 (10.20) 中所定义的. 在这里, $\boldsymbol{r}$ 表示的是当 $\boldsymbol{b}_1, \cdots, \boldsymbol{b}_K, \boldsymbol{x}_k, \boldsymbol{x}_k^2, \boldsymbol{x}_k^3$ 都进入模型之后的残差. 由于使用三次基函数, 我们需要把 (10.21) 中的 $\boldsymbol{b}_{K+1}(\tau)$ 改成

$$[(\boldsymbol{b}_l \circ \boldsymbol{x}_{\boldsymbol{k}})_{(-j)} - \tau \boldsymbol{b}_{l(-j)}]^3.$$

接下来我们需要求解类似 (10.24)—(10.28) 中定义的 c 去寻找最佳结点. 例如, 我们需要更新

$$\boldsymbol{r}'(\boldsymbol{b}_l \circ \boldsymbol{b}_l \circ \boldsymbol{b}_l \circ \boldsymbol{x}_k \circ \boldsymbol{x}_k \circ \boldsymbol{x}_k)_{(-j)}.$$

这比 c_{1j} 要复杂很多, 但是基本的原理是类似的.

10.9 数值例子

在这一节我们会用几个例子来说明自适应性样条模型的应用与解释. 首先, 我们会说明如果数据是由纯噪声组成的, MARS 模型是否能够分辨出来. 接下来, 我们会用三个例子, 分别说明一维、二维和三维的模型. 最后, 我们会阐述图 10.2 中的模型是如何得到的.

例 10.1 纯噪声数据

在利用 MARS 模型建模之前, 我们需要知道当没有信息存在时, MARS 模型是否会错误地选择信息. 纯噪声模型对此是很好的检验. Friedman 和

Silverman (1989), Friedman (1991) 以及 Zhang (1994) 通过模拟实验得出结论: MARS 模型和算法是十分可靠的, 基本不会错误地选择信息. 这一点会在例 10.4 中有所体现, 在这个例子中, 最终得到的 MARS 模型排除了所有无关的变量.

例 10.2 摩托车冲击数据

这是一个具有挑战性结构的一维模型. Friedman 和 Silverman (1989) 以及 Zhang (1994) 都用了这个例子来阐述自适应性样条的使用. 这个例子的名字反映了数据来自在摩托车碰撞中使用头盔的效果的模拟实验 (Silverman 1985).

假设真实的函数为

$$f(x) = \begin{cases} 0, & -0.2 \leqslant x < 0, \\ \sin[2\pi(1-x^2)], & 0 \leqslant x \leqslant 1. \end{cases}$$

[158] 首先, 我们在区间 $[-0.2, 1.0]$ 中随机产生 50 个点, 记作 x_i, $i = 1, \cdots, 50$. 接着我们从正态分布中产生 50 个噪声数据, 即 $\epsilon_i \sim N[0, \max^2(0.05, x^i)], i = 1, \cdots, 50$. 最后, 观测值为信号和噪声的组合, 即

$$Y_i = f(x_i) + \epsilon_i,\ i = 1, \cdots, 50.$$

在这里注意到, 干扰项的方差是随着预测变量而变化的. 因此这个例子可以说明, 在测量误差是异质的情况下, 自适应样条方法的实用性.

图 10.12 展示了模拟数据 (点) 和真实函数 (实线) 的图. 8 个结点和相对应的 8 个基函数加入到了 MARS 模型中, 顺序依次是 0.12, 0.480, 0.817, −0.00656, 0.547, 0.345, 0.233 和 0.741. 在后向删除算法中, 4 个基函数根据广义交叉验证准则而被移除. 最终得到的 MARS 模型为

$$\begin{aligned} &0.0033 + 0.1832x - 9.0403(x+0.00656)^+ + 14.6662(x-0.12)^+ \\ &\quad - 10.9915(x-0.547)^+ + 10.8185(x-0.817)^+. \end{aligned}$$

这个模型也绘制在图 10.12 中 (虚线), 同时也绘制了用 SPLUS 中 loess() 函数拟合的平滑函数图像 (点组成的虚线).

从图 10.12 可以看出, MARS 模型很好地拟合了真实的函数, 除了在最右端的时候稍有偏差, 那是受到 3 个很大的干扰项的影响. loess 拟合在尾部的时
[159] 候出现了问题, 虽然我们可以通过选择窗宽来找到更好的模型. 值得注意的是, 在 MARS 模型的 4 个结点中, 有 3 个都是真实函数中重要的点. 最后一个结点可能因为受到极大干扰而有所偏差.

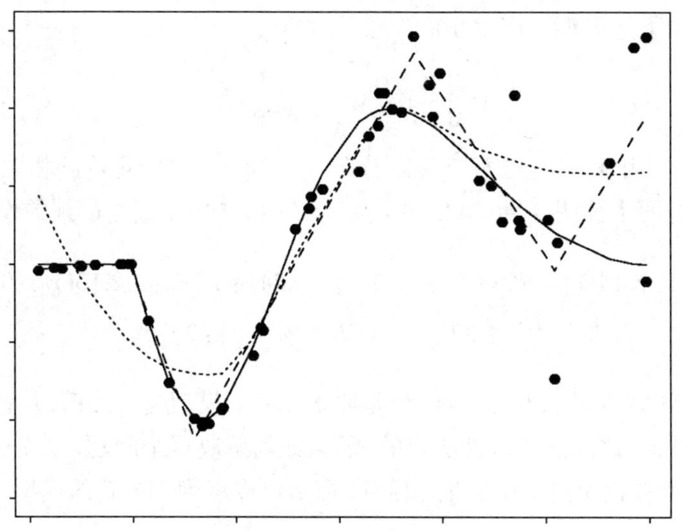

图 10.12 摩托车数据: 模拟数据 (点), 真实函数 (实线), MARS 拟合 (虚线), loess 拟合 (点组成的曲线)

图 10.13 给出了残差和绝对误差的图像. 残差是真实值与拟合值之间的差, 而绝对误差是函数值和拟合值之间相差的大小. 两个图像都说明 MARS 模型要比 loess 拟合要好.

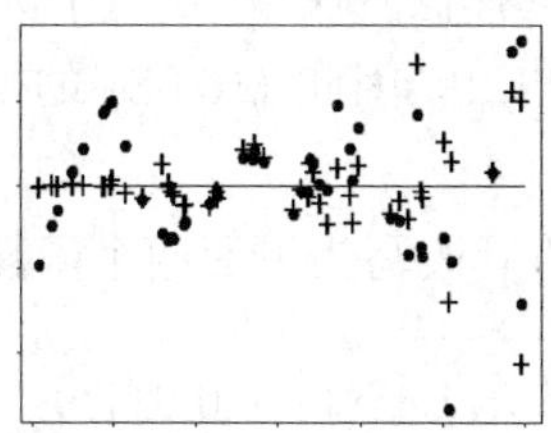

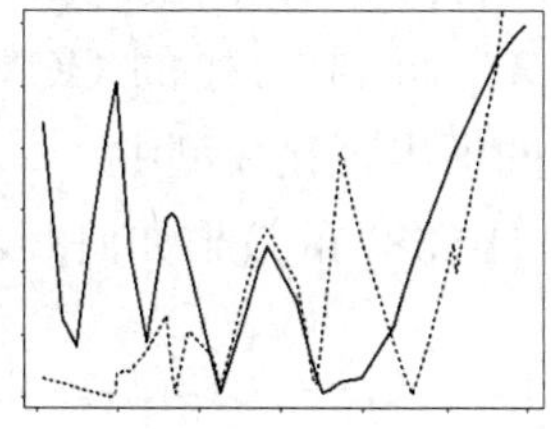

图 10.13 残差和绝对误差图. 点和实现都是来自 loess 拟合. 加号和虚线来自 MARS 拟合

对于这个例子, 在原本的实验中 (Silverman 1985) 寻找最大和最小值是十分重要的. 可以看出, MARS 模型很好地拟合了最小值, loess 很好地拟合了最大值. 但两种方法都高估了函数的另一端.

例 10.3 可加模型

我们用这个例子说明 MARS 模型中一个很重要的问题: 共线性. 我们根据 Hastie (1989) 的描述产生了模拟数据, 但是我们稍微增大了干扰项的值.

我们从下述模型中产生 100 个模拟数据

$$Y_i = \frac{2}{3}\sin(1.3x_{i1}) - \frac{9}{20}x_{i2}^2 + \epsilon_i,$$

其中 x_{i1}, x_{i2} 和 ϵ_i 产生于标准正态分布. x_{i1} 和 x_{i2} 之间理论的相关性为 0.4.
[160] 因为有两个预测变量, MARS 模型会产生二次项. 最终得到的模型为

$$0.77 - 6.14(x_1 - 0.48)^+ + 5.81(x_1 - 0.24) + 1.58x_2 - 2.16(x_2 + 0.6)^+ \\ - 1.92(x_1 + 1.36)^+(x_2 - 1.97)^+. \tag{10.37}$$

这个 MARS 模型有二阶项, 但是原本真实的模型是可加模型. 这个很可能是由 x_1 和 x_2 之间的共线性决定的. 那么如何解决这个问题? 首先, 我们禁止 MARS 模型在这个过程中产生二阶项, 那么可以得到一个新的模型

$$0.45 - 1.73(x_1 - 0.48)^+ + 1.48(x_1 + 0.61)^+ \\ + 1.5x_2 - 2.06(x_2 + 0.6)^+ - 2.21(x_2 - 1.49)^+. \tag{10.38}$$

在我们知道真实函数的情况下, (10.38) 显然要比 (10.37) 好. 但是在实际情况中, 我们并不会知道真实的函数, 这样要如何解决? Friedman (1991) 建议比较不同模型之间的 GCV 来确定选择哪个模型. 实际中, 我们一般都会从一阶的模型开始计算, 如果在使用高阶模型之后, GCV 的值并没有比低阶模型中的 GCV 有所改善, 那么我们就应该直接选择低阶模型. 在这个例子中, (10.37) 的 GCV 为 1.37, 而 (10.38) 的 GCV 为 1.28, 因此 (10.38) 的模型就很好了, 不需要更高阶的项出现在模型中.

为了验证 (10.38) 的效果如何, 我们将其改写为下面两个函数

$$f(x_1) = -0.8 - 1.73(x_1 - 0.48)^+ + 1.48(x_1 + 0.61)^+,$$
$$f(x_2) = 1.25 + 1.5x_2 - 2.06(x_2 + 0.6)^+ - 2.21(x_2 - 1.49)^+,$$

其中两个截距合起来依然为 0.45. 图 10.14 绘制出了数据点, 真实分布和两个函数的图像. 虽然 MARS 模型可能不能解决所有情况下的问题, 但是大部分的数据都是适用的.

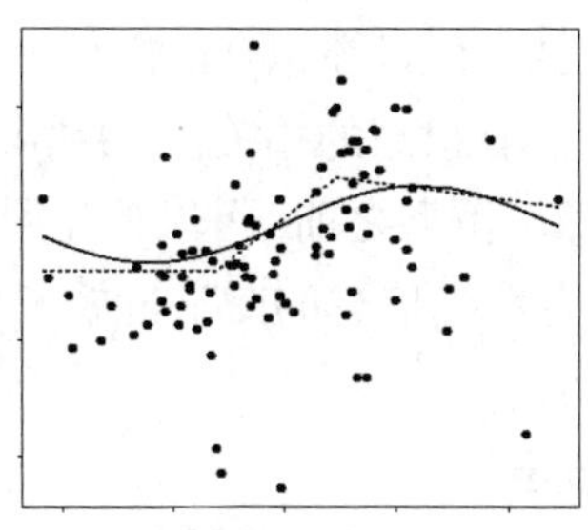
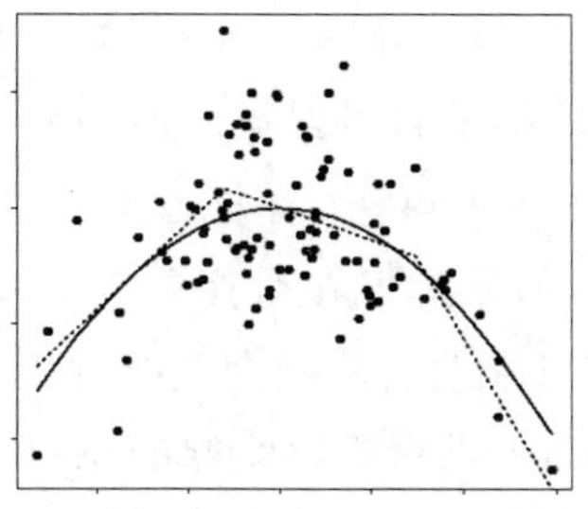

图 10.14 可加模型的模拟数据. 观测值 (点)、真实函数 (实现)、拟合 (虚线)

例 10.4 有交互项的模型

在之前的例子中, 在真实模型中, 我们并没有考虑交互项, 也没有添加无关的变量进入模型. 为了验证 MARS 算法的表现, 我们加入二阶交互项和两个无信息的干扰预测变量.

我们假设真实函数为 [161]

$$\frac{1}{20}\exp(4x_1) - x_2\exp(2x_2 - x_3),$$

误差项产生自正态分布. 预测变量 x_1 到 x_5 是取自 $[0,1]$ 上均匀分布的独立样本. 设置样本量为 150.

当限制 MARS 模型为可加模型时, 得到的模型如下, GCV 为 1.44:

$$-0.58 - 2.07x_2 - 8.16(x_2 - 0.716)^+ + 5.71(x_1 - 0.547)^+ + 1.13x_3. \quad (10.39)$$

假如允许加入二次交互项, 那么可以得到模型如下, GCV 为 1.38:

$$-0.0025 - 3.22x_2 - 8.67(x_2 - 0.716)^+ + 5.50(x_1 - 0.547)^+ + 2.37x_2x_3. \quad (10.40)$$

两个模型很接近, 但是后者有交互项. 从 GCV 值上看, 后一个模型会更好一些. 当允许加入三次项的时候, 筛选出来的模型仍然为 (10.40).

目前, MARS 模型的表现良好. 实际上, 这个算法是很容易被愚弄的. 假如有五个独立变量 x_1 到 x_5. 如果我们观测到的值为 $z = x_2 + x_3$ 而不是 x_3, 会发生什么? 理论上, 这并不影响数据中的信息, 假如我们取 $z - x_2$ 作为变量加入 MARS 算法中, 得到的模型是一样的. 但是如果我们直接用 z 加入模型中, 真实的分布为 [162]

$$\frac{1}{20}\exp(4x_1) - x_2\exp(3x_2 - z),$$

拟合的模型为

$$0.11 - 2.70x_2 - 9.89(x_2 - 0.716)^+ + 5.50(x_1 - 0.547)^+ + 2.57(z - 1.145)^+.$$

虽然 $(z-1.145)^+$ 可以作为 x_2 和 x_3 的交互项, 但是在拟合的模型中没有 x_2 和 z 的交互项. 造成这种结果的原因是 x_2 和 z 有很高的相关性 (0.73). 那么是否有办法解决这个问题? 在把变量放入 MARS 模型之前, 可以首先用一些算法, 如主成分分析来提取相对独立却又包含所有数据信息的变量再放入 MARS 算法中, 这样可能会解决数据共线性带来的问题.

例 10.5 耶鲁妊娠结果的 MARS 模型

这个例子中我们重新回到 10.1 节关于耶鲁妊娠结果的数据集上. 我们用表 2.1 和 3.2 节都定义过的变量进行分析. 当限制模型为可加模型时, 在前向算法中, 我们会依次产生 29 项, z_5, x_9, $(x_9-9.2)^+$, x_{15}, $(x_{15}-1.14)^+$, x_{11}, $(x_{11}-4.93)^+$, z_{10}, x_{14}, $(x_{14}-77.1)^+$, x_6, $(x_6-14.67)^+$, z_6, z_{11}, x_1, $(x_1-34.11)^+$, $(x_6-25)^+$, $(x_6-26)^+$, $(x_6-20.74)^+$, $(x_{14}-160.5)^+$, $(x_1-42)^+$, $(x_{11}-8)^+$, $(x_6-24)^+$, $(x_{15}-6)^+$, $(x_{15}-5)^+$, $(x_{15}-2)^+$, $(x_1-38.28)^+$, $(x_1-36.53)^+$ 和 $(x_{11}-5.45)^+$. 在这些基函数中, 后向算法选择了 9 项: z_5, x_9, $(x_9-9.2)^+$, x_{15}, $(x_{15}-1.14)^+$, $(x_{11}-4.93)^+$, z_{10}, $(x_6-25)^+$ 和 $(x_6-26)^+$. 由于最后两项基本没有差别, 所以删除最后一项. 为了解释的方便, 我们把 x_9, x_{11} 和 x_{15} 的结点值从 9.2, 4.93 和 1.14 变成 9, 5 和 1. 经过这些调整之后, 最终的模型为

$$\begin{aligned}&3141+296.4z_5-21.7x_9+21.7(x_9-9)^+ +111x_{15}-88.6(x_{15}-1)^+\\&\quad-102.9(x_{11}-5)^+-276.3z_{10}-414.1(x_6-25)^+,\end{aligned}\tag{10.41}$$

这正是图 10.2 的数学表达式.

第 11 章　纵向数据分析

在与健康相关的研究中, 研究人员通常会在不同时间段对同一个体 (或者 [163]
研究对象) 进行重复数据采集. 不同研究对象在不同时间段的测量方式可能不同. 这就是纵向研究 (longitudinal study). Diggle, Liang 和 Zeger (1994) 在对这类研究问题的设计和纵向数据分析方式作出了出色的论述. 他们还提供了很多有趣的数据示例. 如需对这个问题详尽了解, 请参考了他们的著作. 本章旨在介绍一些基于递归划分的算法, 并且通过数据分析比较这些不同的算法的性能.

11.1　婴儿生长曲线

本例中的数据来自康涅狄格州纽黑文市的耶鲁大学医学院的 John Leventhal 博士以及他的同事在耶鲁大学医学院进行的回顾性研究. 他们的首要目标是研究孕妇怀孕期间导致产后虐待婴儿 (身体侵犯或性侵犯) 的潜在危险因素. 调查者在耶鲁纽黑文医院审核了所有在 1989 年 9 月 1 日至 1990 年 9 月 30 日间分娩的产妇的医疗记录后挑选出了 298 名孩子. 详细的入选标准在其他地方也有报道, 如 Wasserman 和 Leventhal (1993) 以及 Stier 等人 (1993). 查明是否存在可卡因使用的现象是筛选样本时的一个重要问题. 婴儿依据母亲是 [164]
否为可卡因定期服用者被分为了两组. 组员是按照婴儿的毒理学检查记录和母亲的产科病例归类的. 另外, 还努力通过出生日期、医疗保险、母亲孕次、年龄以及首次产前检查的时间等信息匹配未曝光的新生儿和已经曝光的新生儿. 我们关心的问题是母亲吸食可卡因是否会对婴儿的成长产生显著影响.

婴儿需要在出生之后继续去看儿科医生. 每次就诊时都需要记录体重、身高和头围. 图 11.1 展示了 20 名随机挑选的孩子的体重生长曲线.

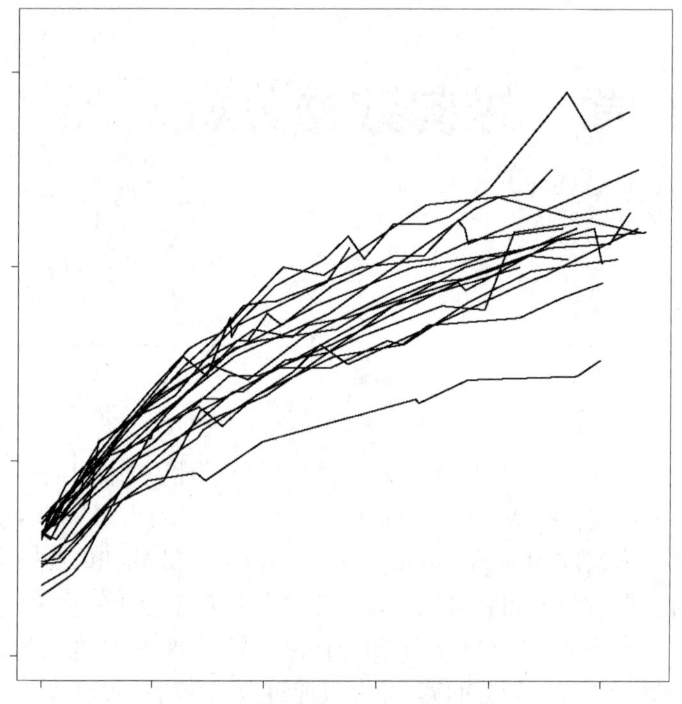

图 11.1 20 个婴儿的体重生长曲线

图 11.1 显示随着孩子的发育, 体重的波动性增大. 因此, 我们需要在模拟发育曲线的时候处理这种加快的波动性. 在 11.5.5 节中, 我们会对拟合数据的过程作出解释. 目前, 我们直接引用了 Zhang (1999) 的分析结果, 并且讲解自适应样条模型如何用来分析纵向数据.

Zhang (1999) 将母亲是否使用可卡因、婴儿的性别、胎龄和种族 (白人或黑人) 作为协变量, 得到了以下模型.

$$\begin{aligned}\hat{f}(x) = & 0.744 + 0.029d - 0.0092(d-120)^{+} - 0.0059(d-200)^{+} \\ & + (g_a - 28)^{+}\{0.2 + 0.0005d - 0.0007(d-60)^{+} - 0.0009(d-490)^{+}\} \\ & + s\{-0.0026d + 0.0022(d-120)^{+}\},\end{aligned} \tag{11.1}$$

[165] 其中 d 表示婴儿的年龄, 以天为单位, g_a 表示胎龄, 以星期为单位. 变量 s 是性别指示变量: 1 表示女孩, 0 表示男孩. 模型 (11.1) 中没有加入母亲是否使用可

卡因这个变量是因为该因素不太显著. 尽管如此, 我们仍会在之后重新检验该因素.

由模型 (11.1) 可以知道随着小孩的发育, 生长速度会减慢. 除了这点常识外, 还可以发现随着生长速度的变化, 模型 (11.1) 还定义了几个有趣的阶段, 其中速度是变化的. 注意到协变量年龄的结点为 60, 120, 200 和 490 天, 大约为 2, 4, 8 和 16 个月. 换句话说, 随着生成速度的减缓, 相对应的持续时间增加一倍. 而该现象很难用传统的方法发现. 另外, 女孩在刚出生不久发育缓慢, 但是在四个月之后开始追赶上来. 该模型还表明胎龄不仅影响婴儿出生时的体重, 还会影响生长动态. 胎龄更长的新生儿通常在早期发育较快, 但是后期发育逐渐变慢. 最后, 模型 (11.1) 不需要任何先验知识便能将婴儿生长模式数字化, 这点十分吸引人. 这种刻画方式为之后更精细化的生长模式研究和其他感兴趣的影响因子分析提供了经验基础.

11.2 通用模型及符号定义

为了分析纵向数据, 我们首先需要在一般的统计框架下对数据进行描述. 为此, 一些符号是必不可少的. 假设我们在纵向研究中收集到了 n 个样本, 每一个样本都会接受多次测量 (有时称为随访和检查, 一般指看医生或体检).

表 11.1 给出了如图 11.1 中数据的抽象表示. 为了简化表示, 我们在表格中限制所有样本的测量数相同, 为 q. 对于 j 时刻的样本 i, $x_{k,ij}$ 和 Y_{ij} 分别表
示 t_{ij} $(j=1,\cdots,q,i=1,\cdots,n)$ 时刻第 k 个协变量 x_k $(k=1,\cdots,p)$ 的测量 [166]
值和响应变量 Y 的观测值. 在生长曲线数据中, 除了年龄 (测量时间 t) 外还有 $4(p=4)$ 个协变量. 响应变量是出生体重.

表 11.1 纵向数据结构

样本	时期 (随访或检查)		
	1	$\cdots$	q
1	$t_{11},x_{1,11},\cdots,x_{p,11},Y_{11}$	$\cdots$	$t_{1q},x_{1,1q},\cdots,x_{p,1q},Y_{1q}$
$\vdots$	$\vdots$		$\vdots$
i	$t_{i1},x_{1,i1},\cdots,x_{p,i1},Y_{i1}$	$\cdots$	$t_{iq},x_{1,iq},\cdots,x_{p,iq},Y_{iq}$
$\vdots$	$\vdots$		$\vdots$
n	$t_{n1},x_{1,n1},\cdots,x_{p,n1},Y_{n1}$	$\cdots$	$t_{nq},x_{1,nq},\cdots,x_{p,nq},Y_{nq}$

注: 产生自 Zhang (1997) 的表 1.

我们感兴趣的是建立 Y 和测量时间 t 以及 p 个响应变量 $x_1, \cdots, x_p$ 之间的关系, 即建立以下关系

$$Y_{ij} = f(t_{ij}, x_{1,ij}, \cdots, x_{p,ij}) + e_{ij}, \tag{11.2}$$

其中 f 是未知函数, e_{ij} 是误差项, $j = 1, \cdots, q$, $i = 1, \cdots, n$. 为了针对收集到的数据解决相应的问题, 我们必须像模型 (11.1) 一样估计模型 (11.2) 的参数.

模型 (11.2) 和一般的多元线性回归模型 (比如 (10.1)) 不太一样, 这是因为每个样本 i 的误差项 e_{ij} ($j = 1, \cdots, q$) 都有一个独立的自相关系数矩阵 Σ_i. 如下定义 Σ_i 的具体设定在参数模型和非参数模型中是不一样的.

11.3 混合效应模型

混合效应模型 (mixed-effects model) 经常用来分析纵向数据. Crowder 和 Hand (1990, 第 6 章) 以及 Laird 和 Ware (1982) 的文章中假设

$$Y_{ij} = \sum_{k=0}^{p} \beta_k x_{k,ij} + \sum_{k=0}^{r} \nu_{ki} z_{k,ij} + \epsilon_{ij}, \tag{11.3}$$

其中 β 是未知参数, $\boldsymbol{\nu}_i = (\nu_{1i}, \cdots, \nu_{ri})'$ 是 r 维随机变量, $\boldsymbol{\epsilon}_i = (\epsilon_{i1}, \cdots, \epsilon_{iq})'$ 是 q 维误差向量. 另外为方便起见, 用 t_{ij} 代替 $x_{0,ij}$. 向量 $\boldsymbol{\nu}_i$ 反映了个体 i 相对整体的波动情况. 它表示随机效应 $z_1, \cdots, z_r$ 的系数, 随机效应因子需要逐个计算.

考虑到含有固定效应参数 β 和随机效应参数 ν_i, 模型 (11.3) 被称为混合效应模型或者简称混合模型. 有时候, 模型 (11.3) 也被称为二阶线性模型 (two-stage linear model), 因为该模型具有分层假设. 下面将会阐述该假设.

第一阶段描述的是同一个体内 $\boldsymbol{\epsilon}_i$ 的分布, 第二阶段则是通过 $\boldsymbol{\nu}_i$ 来考虑不同个体之间的差异性. 具体来看, 我们假设第一阶段

$$\boldsymbol{\epsilon}_i \sim N(\mathbf{0}, R_i), \ i = 1, \cdots, n, \tag{11.4}$$

[167] 第二阶段

$$\boldsymbol{\nu}_i \sim N(\mathbf{0}, G), \ i = 1, \cdots, n, \tag{11.5}$$

而且 ν_i 和 ν_j 以及 ϵ_i 和 ϵ_j (当 $i \neq j$ 时) 之间相互独立. 另外, 我们还假设两样本之间任意属性均相互独立.

我们可以认为模型 (11.3) 是模型 (11.2) 的一个特例, 只需令

$$f(t_{ij}, x_{1,ij}, \cdots, x_{p,ij}) = \sum_{k=0}^{p} \beta_k x_{k,ij}$$

以及

$$e_{ij} = \sum_{k=0}^{r} \nu_{ki} x_{k,ij} + \epsilon_{ij},$$

$j = 1, \cdots, q$, $i = 1, \cdots, n$. 令 $\mathbf{y}_i = (Y_{i1}, \cdots, Y_{iq})'$, 则假设 (11.4) 和 (11.5) 意味着

$$E\{\mathbf{y}_i\} = X_i \boldsymbol{\beta}, \quad \Sigma_i = \mathrm{Cov}\{\mathbf{y}_i\} = X_i G X_i' + R_i,$$

其中 X_i 表示样本 i 的设计矩阵, 即

$$X_i = \begin{pmatrix} x_{0,i1} & \cdots & x_{p,i1} \\ \vdots & & \vdots \\ x_{0,ij} & \cdots & x_{p,ij} \\ \vdots & & \vdots \\ x_{0,iq} & \cdots & x_{p,iq} \end{pmatrix}, \quad i = 1, \cdots, n.$$

那么在利用模型 (11.3) 分析纵向数据时, 哪些步骤必不可少呢? SAS 软件中的 PROC MIXED 包可以方便我们进行计算. 关于随机效应的设定是比较复杂的一步. 这需要我们知道特定研究设计和目标知识. 可以查看 Kleinbaum 等人 (1988, 第 17 章) 的文章作为参考. 这一步完成之后, 我们仍需设定 (11.4) 中的 R_i 和 (11.5) 中的 G 的协方差阵结构.

在实践中, 一般取 R_i 为对角矩阵, 比如 $R_i = \sigma_1^2 I$, 其中 I 表示单位矩阵. 这样的话, 最终的模型被称为条件独立模型 (conditional independence model). 换句话说, 在移除随机效应成分后, 每个样本内的测量值均是独立的. 在应用中, G 通常设为 $\sigma_2^2 I$ (这里省略了单位矩阵的维度, 明显它应该和 G 的维度一致). σ 的下标提醒我们这些协方差矩阵出现在第二阶段.

协方差矩阵还有很多种别的取法. SAS 在线帮助中有详细的选项. Diggle
等人 (1991) 用了一个很好的章节来理解纵向数据的协方差结构. 讽刺的是, 在 [168]
实际应用中, 大部分情况还是考虑最简单的选择. 我们将会提供一个一般和简
要的准则估计协方差, 并且还会阐述一些图方法在实践中的应用.

作为对比, 我们先用 SAS 中的 PROC MIXED 包分析一下婴儿发育数据. 初始模型包含主效应项种族、先前的怀孕数 (编码为 npp)、母亲分娩的年龄 (mage)、母亲是否使用可卡因 (coc)、胎龄 (gage)、婴儿性别、婴儿看医生的年龄、婴儿年龄的指数变换以及 4 个交互作用项 (性别或胎龄乘以母亲分娩年龄或变换后的婴儿年龄). 这些模型变量作为固定效应展示在表 11.2 中. 样本

编号是仅有的随机效应. 另外, 协方差通过 repeated 命令被设定为 AR(1) 结构 (Box 等人 1994, p. 58).

表 11.2 SAS 代码: 纵向数据分析

```
data one;
infile 'infant.dat';
input infantID race npp mage gender coc ga age wtkg;
eage = exp(age/100.);
run;
proc mixed;
   model wtkg = coc gender|age gender|eage ga|age ga|eage;
   repeated /type=ar(1) subject=person;
run;
```

利用后向逐步删除法, 我们得到了如下模型:

$$-4.0 + 0.18c + 0.194g_a - 0.115s + 0.02d - 0.0008sd \\ + 0.006\exp(d/100) - 0.0005g_a\exp(d/100), \tag{11.6}$$

这里 c 表示母亲是否使用可卡因, 其他变量和模型 (11.1) 是一样的. 这其中大部分变量的 p 值都低于 0.05 水平, 只有 s(婴儿性别) 和 $\exp(d/100)$ 的 p 值在 0.2 左右的水平. 但是因为它们的二阶交互作用项显著, 故此处仍保留这两个变量. 从该模型可以看出, 母亲是否使用可卡因具有 0.03 的 p 值, 边际效应显著.

大体上来讲, 从模型 (11.6) 与样条模型 (11.1) 中得到的结论相似. 然而, 模型 (11.1) 对该数据的拟合比模型 (11.6) 更好. 需要注意的是在混合模型中考虑数据变换和交互作用项通常是多余并且耗时的. 样条模型处理数据一般更快并且有时更加实用. 所以我们首推使用样条模型, 再基于专业知识对其进行细化.

11.4 半参数模型

[169] 正如多元线性回归一样, 混合效应模型中的线性假设让人很难发现非线性的时间趋势. 为了在分析纵向数据时补入更一般的时间趋势项, Diggle 等人 (1991, p. 111) 以及 Zeger 和 Diggle (1994) 提出了以下的半参数模型:

$$Y_{ij} = \beta_0 + \sum_{k=1}^{p} \beta_k x_{k,ij} + \mu(t_{ij}) + e_i(t_{ij}), \tag{11.7}$$

其中 μ 表示一个未加规定的光滑函数. 与混合效应模型不一样的是, 半参数模型 (11.7) 中包含了一个几乎可以任意设定的时间趋势项. 还可以注意到模型 (11.7) 中的误差项也被明确指定为时间的函数. 它等价于模型 (11.3) 后两项求和: 个体随机效应和测量误差. 严格来讲, Diggle 等人假设 $\{Y_{ij}(t), t \in R\}, i = 1, \cdots, n$, 是相互独立的平稳高斯过程. $\{Y(t)\}$ 方差为 σ^2, 自相关性函数为 $\rho(\Delta)$. 这意味着对于任意的时间点 $t_1, \cdots, t_k$ 和增量 Δ, 有

$$(Y(t_1), \cdots, Y(t_k)) \quad \text{和} \quad (Y(t_1+\Delta), \cdots, Y(t_k+\Delta)),$$

这二者服从相同的多元正态分布. $Y(t)$ 和 $Y(t+\Delta)$ 的相关系数为 $\rho(\Delta)$. $\rho(\Delta)$ 可以取为

$$\exp(-\alpha\Delta) \quad \text{或} \quad \exp(-\alpha\Delta^2), \tag{11.8}$$

其中 α 需要从数据中估计.

作为后向拟合算法 (Hastie 和 Tibshirani) 的一个例子, Diggle 等人 (1991) 提出通过三个步骤拟合模型 (11.7): (a) 对于一个给定的 $\hat{\boldsymbol{\beta}}$, 利用残差模型

$$Y_{ij} - \hat{\beta}_0 - \sum_{k=1}^{p} \hat{\beta}_k x_{k,ij} = \mu(t_{ij}) + e_i(t_{ij}) \tag{11.9}$$

找到 μ 的核估计. (b) 利用广义最小二乘法

$$\hat{\boldsymbol{\beta}} = (X'\Psi^{-1}X)^{-1}X'\Psi^{-1}\mathbf{r}, \tag{11.10}$$

更新 $\hat{\boldsymbol{\beta}}$, 其中 $X = (X_1', \cdots, X_n')'$, $\mathbf{r}$ 是 r_{ij} 的串联向量 (concatenate vector), $i = 1, \cdots, n, j = 1, \cdots, q$, $r_{ij} = Y_{ij} - \hat{\mu}(t_{ij})$ 表示残差项, Ψ 是一个块对角协方差矩阵, 其中第 i 块为协方差矩阵 Σ_i. (c) 重复步骤 (a) 和步骤 (b) 直到收敛, 这一般只需少许的迭代.

我们不会讨论步骤 (a) 中是如何得到 μ 的核估计的, 这一点可以参考 Hart 和 Wehrly (1986)、Rice 和 Silverman (1991)、Truong (1991) 以及 Altman (1992) 的文章. 有必要指出, 除非使用自适应样条, $\hat{\mu}$ 没有显示表达式, 必须通 [170]
过数值方法计算.

步骤 (b) 中牵涉一个未知的协方差矩阵. 但只需简单选取 $\rho(\Delta)$, 估计 Ψ 和 β 就不是难事了.

该方法的更多细节补充以及理论性质在 Zeger 和 Diggle (1994) 以及 Moyeed 和 Diggle (1994) 的文章中均有提及.

11.5 自适应样条模型

混合效应模型 (11.3) 和半参数模型 (11.7) 为纵向数据模型的建立提供了非常有效的帮助. 但同时我们有必要知道这些模型存在一定的局限性, 因此仍需找到更好的替代.

对于协变量混合效应模型都是参数化的. 对协变量做变换或引入交互作用项方面灵活度不高.

半参数模型考虑了一般的时间趋势, 但是在考虑时间和一些协变量的交互效应上时这些模型仍有缺陷. 如果协变量是属性变量, 那么对不同的属性值通常可能拟合出不同的趋势. 明显, 这些模型拟合的优劣严重依赖样本量. 当协变量是连续型变量时, 相应的解就没有那么明显.

为了克服以上提到的混合效应模型和半残模型的局限性, Zhang (1997) 提出了一种函数型非参数模型

$$Y_{ij} = f(t_{ij}, x_{1,ij}, \cdots, x_{p,ij}) + e_i(x_{*,ij}, t_{ij}), \tag{11.11}$$

这里 f 是一个未知的光滑函数, $\mathbf{x}_*$ 表示误差项依赖的一些解释变量, 11.5.2 小节将对该依赖性展开讨论. 为了避开复杂的技术细节, 我们假设 $e_i(x_{*,ij}, t)$ 是一个高维的平稳高斯过程. 则模型 (11.11) 可以认为是半参数模型 (11.7) 的更一般的形式. 它和模型 (11.2) 的区别在于它把误差项表示为时间的函数.

接下来要讨论内容多数采纳了 Zhang (1997) 的文章. 在文章中他建议使用多变量自适应样条 (MASAL) 分析纵向数据.

MASAL 的目标就是拟合模型 (11.11). 它大致分为三步: (a) 在给定 $e_i(x_{*,ij},$
[171] $t_{ij})$ 的协方差结构的情况下, 利用第 10 章介绍的想法找到 f 的一个自适应样条估计. (b) 利用残差项 $r_{ij} = Y_{ij} - \hat{f}_{ij}$, $i = 1 \cdots, n$, $j = 1, \cdots, q$, 更新协方差结构的估计. (c) 重复步骤 (a) 和步骤 (b) 直到收敛.

这三个步骤和前一节提到的步骤非常相似. Crowder 和 Hand (1990, p. 73) 称之为跷跷板 (see-saw) 算法. 事实上, 如果每一步的估计都是基于极大似然估计的话, 那么这个三步的算法便是一种称为带约束的极大似然估计 (restricted maximum likelihood estimation, 简称 RMLE) 的 “广义” 版本. RMLE 算法是 Patterson 和 Thompson 在 1971 年提出的. 它被用来估计广义线性模型中的方差项. 后来, 该算法被应用在了纵向数据的分析上, 比如 McGilchrist 和 Cullis (1991). 混合模型中 RMLE 估计的优点也已经被很多人发现了, 比如 Cressie 和 Lahiri (1993)、Richardson 和 Welsh (1994). 有理由相信一些 RMLE 估计的重要性质仍然对 MASAL 估计成立.

11.5.1 小节对步骤 (a) 进行了补充, 11.5.2 小节则是阐述步骤 (b).

11.5.1 已知协方差结构

当给定 Σ_i (等价于给定 Ψ), 我们可以利用加权平方和来衡量模型 (11.11) 的拟合优度, 即

$$WSS(f) = (\mathbf{y} - \mathbf{f})'\Psi^{-1}(\mathbf{y} - \mathbf{f}), \tag{11.12}$$

其中

$$\mathbf{y} = (\mathbf{y}_1', \cdots, \mathbf{y}_n')' \tag{11.13}$$

以及

$$\mathbf{f} = (f(t_{11}, x_{1,11}, \cdots, x_{p,11}), \cdots, f(t_{ij}, x_{1,ij}, \cdots, x_{p,ij}), \cdots,$$
$$f(t_{nq}, x_{1,nq}, \cdots, x_{p,nq}))'.$$

从结构上来看, 10.4 节中的前向算法和 10.5 节中的后向算法对这种情况仍然适用. 只是每一步的解读方式不相同. 这里, 我们主要强调区别和难点, 具体细节参考 Zhang (1997).

明显地, 区别来源于模型 (11.11) 中残差项的自相关系数. 假设协方差矩阵 Ψ 已知, 我们可以对 $\mathbf{y}$ 进行变换使得观测值变换后相互独立. 也就是说, 我们直接对

$$\mathbf{z} = \Psi^{-1/2}\mathbf{y} \tag{11.14}$$

进行操作, 其中 $\Psi^{-1/2}\Psi^{-1/2} = \Psi^{-1}$.

如果模型 (11.11) 是线性模型, 则可以利用变换后的数据对 f 进行加权最小二乘估计, 这点与 (11.10) 类似. 遗憾的是, 模型 (11.11) 不是线性的. 接下来我们来看一看为什么非线性关系值得重视. [172]

回忆最初的 MARS 模型 (10.10) 的构造过程. 前向算法中的第一步也是关键的一步是找到协变量 x_k 对应的最优结点 $\hat{\tau}$, 从而使得 (11.12) 中的 WSS 最小化. 此时对应的 f 有如下形式

$$\mathbf{f} = \beta_0\mathbf{1} + \beta_1\mathbf{x}_{k\cdot\cdot} + \beta_2(\mathbf{x}_{k\cdot\cdot} - \tau\mathbf{1})^+, \tag{11.15}$$

其中

$$\mathbf{x}_{k\cdot\cdot} = (x_{k,11}, \cdots, x_{k,1q}, \cdots, x_{k,i1}, \cdots, x_{k,iq}, \cdots, x_{k,n1}, \cdots, x_{k,nq})'.$$

这就是所有预测因子 x_k 的串联向量.

联立 (11.14) 式和 (11.15) 式, (11.11) 变成了下面的回归模型:

$$\mathbf{z} = \beta_0 \Psi^{-1/2}\mathbf{1} + \beta_1 \Psi^{-1/2}\mathbf{x}_{k\cdot\cdot} + \beta_2 \Psi^{-1/2}\mathbf{b}(\tau) + \Psi^{-1/2}\mathbf{e}, \tag{11.16}$$

这里 $\mathbf{b}(\tau) = (\mathbf{x}_{k\cdot\cdot} - \tau\mathbf{1})^+$. 找到 $\hat{\tau}$ 不难, 难的是如何在尽可能短的时间内找到它. 速度非常重要, 因为同一算法会被调用很多次.

哪些因素可能会阻碍我们设计出一个满意的算法呢? 首先, WSS 需要表达成一个 τ 的简单函数. 其次, 我们必须在扫描 x_k 的所有观测值, 即 $\hat{\tau}$ 的可能取值时, 高效地计算 WSS. 我们已经在第 10 章说明了当 Ψ 是单位矩阵时, 这些是有可能的. 但是由于模型是非线性的, 模型 (11.6) 会出现下面的问题

$$\Psi^{-1/2}\mathbf{b}(\tau) \neq (\Psi^{-1/2}\mathbf{x}_{k\cdot\cdot} - \Psi^{-1/2}\mathbf{1})^+,$$

求解 $\hat{\tau}$ 的高效算法可参考 Zhang (1997).

11.5.2 未知协方差结构

在实际问题中, 协方差结构一般都是未知的. 我们需要交替地估计协方差结构 Ψ 和固定效应函数 f. 在前面的章节中, 我们解释了如何在给定协方差结构的情况下通过自适应样条估计固定效应函数. 现在的问题是如何在固定效应函数估计出的情况下更新协方差结构.

对于 f 的任意估计 $\hat{f}$, 我们可以计算一个残差 $r_{ij} = Y_{ij} - \hat{f}_{ij}$, 其中 $\hat{f}_{ij}$ 表示第 i 个样本在时间 j 时的估计值, $j = 1, \cdots, q$, $i = 1, \cdots, n$. 注意模型
[173] (11.11) 中有一个残差正态性的假设. 那么, 问题变成了如何通过观测数据来估计 q 元正态分布的协方差矩阵.

当 q 远小于 n 时, 答案非常简单, 因为可以用样本协方差矩阵作为估计. 这就是所谓的协方差矩阵的非结构化估计. 然而在很多应用中, q 与 n 相比不算很小, 因此有必要对潜在的协方差结构设定一定的限制, 比如, 复合对称结构 (compound symmetry structure):

$$\Sigma_i = \sigma^2 \begin{pmatrix} 1 & \rho & \cdots & \rho \\ \rho & 1 & \cdots & \rho \\ \vdots & \vdots & & \vdots \\ \rho & \rho & \cdots & 1 \end{pmatrix}. \tag{11.17}$$

该协方差矩阵有时被称为一致相关的 (uniform correlation, Diggle 等人 1991, p. 56).

当时间是均匀分布的时候, 下面的平稳结构也是 Σ_i 的一个合理选择:

$$\begin{pmatrix} \sigma^2 & \sigma_1 & \cdots & \sigma_{q-2} & \sigma_{q-1} \\ \sigma_1 & \sigma^2 & \cdots & \sigma_{q-3} & \sigma_{q-2} \\ \vdots & \vdots & & \vdots & \vdots \\ \sigma_{q-2} & \sigma_{q-3} & \cdots & \sigma^2 & \sigma_1 \\ \sigma_{q-1} & \sigma_{q-2} & \cdots & \sigma_1 & \sigma^2 \end{pmatrix}. \tag{11.18}$$

一般来说, Σ_i 都假设依赖一个通用的参数向量 $\boldsymbol{\theta}$ (Larid 和 Ware 1982). 在复合对称结构的例子中, $\boldsymbol{\theta} = (\sigma^2, \rho)$. 而在平稳结构中, $\boldsymbol{\theta} = (\sigma^2, \sigma_1, \cdots, \sigma_{q-1})$.

自然人们便会怀疑这些特定的结构是否合适, 选取这样的结构是否有通用准则. 除了分析方法外, 这些问题在分析纵向数据时同样令人费解. 为了理解这些问题, 我们可以参考 Diggle 等人 (1991, 第 5 章) 文章中的讨论.

为了选择一个合理的协方差结构, 我们必须首先理解协方差结构的性质. 随机效应、序列相关性以及测量误差这三个主要的随机过程通常是构造协方差结构的基础, 尽管它们不一定是仅有的. 大体上, 我们假设这三个不确定性函数的潜在来源满足可加结构:

$$e_{ij} = \mathbf{x}'_{*,ij}\mathbf{u}_i + w(t_{ij}) + \epsilon_{ij}, \tag{11.19}$$

这里三项分别表示随机效应、序列自相关系数以及测量误差.

在 (11.19) 中, $\mathbf{u}_i$ 是一些均值为 0、协方差为 G 的高斯随机变量组成的向量, G 与随机效应 $\mathbf{x}_{*,ij}$ 有关. Zhang (2004) 认为 $\mathbf{x}_{*,ij}$ 可能只和时间 t_{ij} 相 [174]
关. 例如, $\mathbf{x}_{*,ij} = (\phi_1(t_{ij}), \cdots, \phi_v(t_{ij}))'$, $\phi_k(t)$ 是一个设定好的关于 t 的函数. 在 MASAL 目前的实现过程中, $\phi_k(t) = t^{k-1}$, $k = 1, 2, 3$. 用户可以选择是否加入常数项 ($k = 1$), 线性项 ($k = 2$) 或者平方项 ($k = 3$).

在一些研究中, 某个样本的响应截面与其他样本的响应截面相比不确定性可能更大. 不过这种变异性的差别可以通过原始 p 个变量的子集或者它们的变换形式刻画出来. 然而在 MASAL 中, 这些功能仍待实现.

尽管这种变化程度可能不同, 只要我们不断收集测量结果, 同一个样本内持续存在的变化模式还是可能表现出来的. 换句话说, 单个样本的响应截面很可能是一个自相关的时间序列. 这种自相关性是通过 $w(t)$ 反映的. 我们假设 $w(t)$ 是一个平稳的高斯随机过程, 均值为 0, 方差为 σ_2^2, 自相关函数为 $\rho(\Delta)$.

最后, 测量误差几乎在任何实验中都存在. 误差的量级可能与设备的质量、调查者的经验等因素相关. 在 (11.19) 中, ϵ_{ij} 表示这些 “孤立” 的测量误差. 通常假设 ϵ_{ij} 之间独立同分布, 并且服从 $N(0, \sigma_1^2)$.

综合 (11.19) 和相关假设得到

$$\Sigma_i = \mathrm{Cov}(e_i) = X'_{*,i} G X_{*,i} + \sigma_2^2 H + \sigma_1^2 I_q, \tag{11.20}$$

$X_{*,i}$ 表示第 i 个样本随机效应对应的设计矩阵, H 是自相关系数矩阵

$$\begin{pmatrix} 1 & \rho(t_2-t_1) & \cdots & \rho(t_q-t_1) \\ \vdots & \vdots & & \vdots \\ \rho(t_q-t_1) & \rho(t_q-t_2) & \cdots & 1 \end{pmatrix}. \tag{11.21}$$

这里, 我们假设 $t_{ij}=t_j$ 对所有 $j=1,\cdots,q$ 和 $i=1,\cdots,n$ 都成立. ρ 的常用选择在 (11.8) 中已经给出. 为了避免 G 的形式过于复杂, 我们可以限制 G 为复合对称矩阵. 然而, 关于这一点, 需要注意观测数据的协方差结构不一定具有复合对称性. 为了证明该观点, 我们模拟通过 5 维正态分布 (方差为 4, 变量之间相关性均为 0.2) 产生了 100 个向量. 其中两次实验的协方差矩阵为

$$\begin{pmatrix} 4.35 & 1.00 & 1.08 & 0.95 & 1.05 \\ 1.00 & 4.28 & 1.20 & 1.15 & 1.55 \\ 1.08 & 1.20 & 3.44 & 0.44 & 1.53 \\ 0.95 & 1.15 & 0.44 & 4.19 & 0.87 \\ 1.05 & 1.55 & 1.53 & 0.87 & 3.90 \end{pmatrix}, \quad \begin{pmatrix} 3.96 & 0.60 & 1.16 & 0.81 & 0.54 \\ 0.60 & 4.39 & 0.82 & 0.32 & 0.88 \\ 1.16 & 0.82 & 4.06 & 0.25 & 0.19 \\ 0.81 & 0.32 & 0.25 & 3.59 & 0.58 \\ 0.54 & 0.88 & 0.19 & 0.58 & 3.31 \end{pmatrix}.$$

[175] 可以看出, 这些样本协方差矩阵似乎不具备复合对称性, 尽管数据产生时满足该条件. 因此, 在实践中, 放弃使用复合对称性可能是更明智的选择, 除非协方差结构有明显的复合对称趋势.

在我们确定了 Σ_i 的基本结构后, 我们可以通过极大化简化的对数似然函数来估计参数:

$$l_r(\Psi) = -\log(|\Psi|) - (\mathbf{y}-\hat{\mathbf{f}})'\Psi^{-1}(\mathbf{y}-\hat{\mathbf{f}}), \tag{11.22}$$

其中 Ψ 是块对角矩阵, 对应的块为 Σ_i.

11.5.3　模拟实例

在这一节中, 我们将通过模拟数据讲解 MASAL 的用法. 表 11.3 列出了模拟中涉及的变量, 包括时间 t, 响应变量 Y, 3 个基准协变量 $x_1, x_2, \cdots, x_3$ 和 3 个时依协变量 $x_4, x_5, \cdots, x_6$.

例 11.1　考虑一个 5 维函数

$$f(t,\mathbf{x}) = 10t + 10\sin(x_1 x_4 \pi) + 20\left(x_2 - \frac{1}{2}\right)^2 + 5x_5. \tag{11.23}$$

表 11.3 模拟中的变量定义

变量	含义	规定
t	时间	$1 \sim q$
x_1	基准协变量	$U(0,1)$
x_2	基准协变量	$U(0,1)$
x_3	基准协变量	$U(0,1)$
x_4	时依协变量	$U(0,1)$
x_5	时依协变量	$U(0,1)$
x_6	时依协变量	$U(0,1)$
Y	响应变量	模型 (11.11)

注: 来自 Zhang (1997) 的表 2.

这是 Zhang (1997) 研究的函数结构之一. 这里需要提及一些细节. 首先, x_3 和 x_6 不在 f 中, 因此它们是噪声 (或冗余) 预测因子. 其次, 该函数既包含线性项, 又包含非线性项. 最后, 模型中还有可加项和可乘项.

模拟数据过程如下所示. 我们选取 $n = 100$ 和 $q = 5$. 观测值 Y 从模型 (11.11) 中生成. 测量误差从一个 5 维的正态分布中生成, 其协方差对角线元素为 4, 非对角线元素为 0.8.

信号 (或真实函数) 和噪声的样本协方差矩阵分别为 [176]

$$\begin{pmatrix} 4.97 & 0.42 & 0.29 & 1.08 & 1.12 \\ 0.42 & 4.20 & 1.15 & 0.59 & 1.21 \\ 0.29 & 1.15 & 3.83 & 0.75 & 1.16 \\ 1.08 & 0.59 & 0.75 & 3.89 & 1.29 \\ 1.12 & 1.21 & 1.16 & 1.29 & 4.33 \end{pmatrix}$$

和

$$\begin{pmatrix} 12.9 & 6.12 & 6.47 & 5.46 & 5.86 \\ 6.12 & 13.7 & 7.50 & 6.42 & 6.90 \\ 6.47 & 7.50 & 16.6 & 5.62 & 5.98 \\ 5.46 & 6.42 & 5.62 & 16.3 & 6.78 \\ 5.86 & 6.90 & 5.98 & 6.78 & 15.3 \end{pmatrix}.$$

这两个矩阵表明信噪比的范围在 2.6 到 4.3 之间.

在拟合过程中, 最多包含 20 项, 交互项最高阶数限制为 2 阶. 为了检验模型迭代过程中的变化, 我们不但在表 11.4 报告最终模型, 还报告了两个协方差矩阵的差异 d_c 和 (11.22) 中对数似然函数的差异 l_r.

表 11.4 例 11.1 中的模型拟合

迭代步骤	拟合模型	d_c	l_r
1	$3.79+9.92t+27.3x_1x_4-21x_1(x_4-0.47)^+$		
	$-61.6(x_1-0.53)^+(x_4-0.47)^+-10.2x_2$		
	$+12.8(x_2-0.43)^++94.7(x_2-0.75)^+x_5$		
	$-107(x_2-0.75)^+(x_5-0.22)^++5.76x_5$		
	$+8.13(x_4-0.47)^+-11.4(x_4-0.75)^+x_5$	2091	−1525
2	$3.89+9.91t+28.7x_1x_4-14.9(x_1-0.6)^+x_4$		
	$-69.8(x_1-0.4)^+(x_4-0.53)^+-8.55x_2$		
	$+19.4(x_2-0.54)^++5.34x_5$	1	−1190
3	$3.9+9.91t+28.6x_1x_4-15(x_1-0.6)^+x_4$		
	$-70(x_1-0.4)^+(x_4-0.53)^+-8.57x_2$		
	$+19.4(x_2-0.54)^++5.37x_5$	0.001	−1189

表 11.4 中的所有信息 (拟合的模型、d_c 以及 l_r) 表明继续循环对拟合结果影响很小. 最终没有一个模型包含噪声因子 x_3 和 x_6. 拟合模型在第二步迭代后捕获了原始结构中的所有四项. 我们选择了第三步迭代后的模型作为最终模型. 我们发现变量 t 和 x_5 包含在了线性效应中, 并且它们的系数和真实值几乎一样. $-8.57x_2+19.4(x_2-0.54)^+$ 和真实模型中的二次项 $10(x_2-\frac{1}{2})^2$ 相
[177] 对应. 此处的结点 0.54 与抛物线的中心 0.5 非常接近, 系数也和真实值相匹配. 模型中仅存在 x_1 和 x_4 的乘积效应. 正弦函数的替代项是 $28.6x_1x_4-15(x_1-0.6)^+x_4-70(x_1-0.4)^+(x_4-0.53)$. 在图 11.2 中, 我们沿着两条对角线 $x_1=x_4$ 和 $x_1=1-x_4$ 比较了 $10\sin(x_1x_4\pi)$ 和

$$28.6x_1x_4-15(x_1-0.6)^+x_4-70(x_1-0.4)^+(x_4-0.53). \tag{11.24}$$

该例说明了 MASAL 模型有发现真实模型整体与局部结构的能力. 另一方面, 噪声等级增加很容易造成 MASAL 模型失效. 在这种情况下, 我们可能没有更好的替代方法.

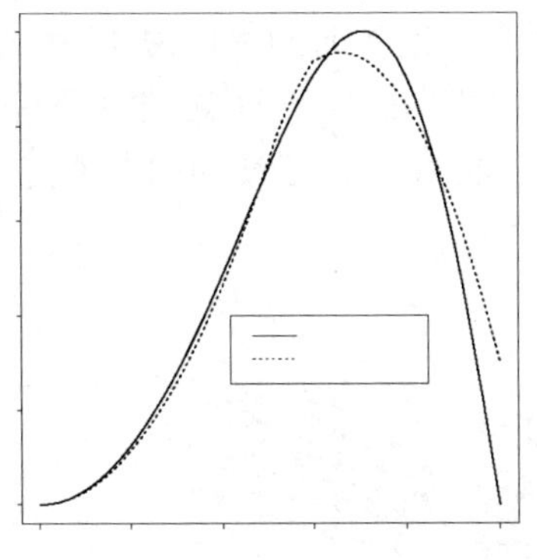 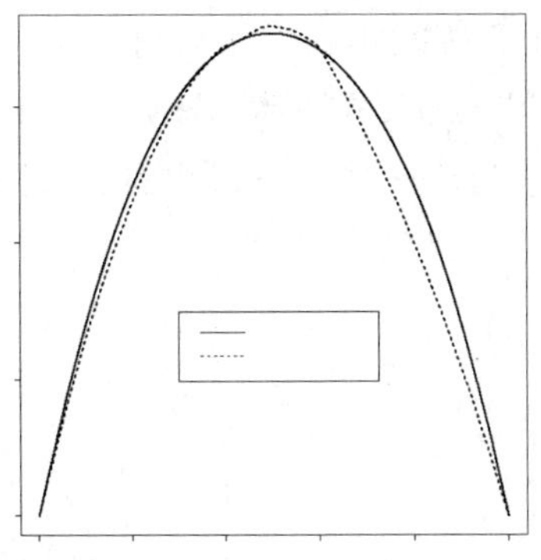

图 11.2 真实曲线与 MASAL 曲线的比较

为了作比较, 接下来让我们看看使用混合效应模型时会发生什么吧. 我们采用了后向逐步过程. 初始时刻, 模型包含了 7 个线性项, $t, x_1, \cdots, x_6$ 以及它们的二阶交互项. 我们还设定了加入某项到最终模型的显著性水平为 0.05. 最终, 我们得到了如下模型:

$$-0.5+10.6t+9.5x_1+4.49x_2+13.8x_4-1.44tx_4-6.4x_1x_4-10.2x_2x_4. \quad (11.25)$$

模型 (11.25) 有一些值得注意的地方. 首先, 该模型不存在 x_2 的二次项, 因为我们没有先验知识告诉我们要考虑这一项. 其次, 该模型排除了线性项 x_5. 再者是该模型有两个真实模型中没有的交互项 tx_4 和 x_2x_4. 最后, 虽然 x_1 和 x_4 的交互项被证明显著, 但是从实际的观点来看, 很难考虑这个非线性项.

为了公平起见, 我们将 x_2^2 和 x_5 加入到模型 (11.25) 之后再次进行拟合.
结果这两项是显著的, 这不足为奇, 但是 x_1x_4 不再显著. 因此, 我们丢失了一 [178]
个真实的交互项, 同时还保留了错误的两项. 混合效应模型理论上来说没有什么错误. 我们得不到精确的模型通常是因为我们不知道初始的时候应该选择什么模型. 该例只是一个模拟实验. 真实的问题一般更难解决. 也就是说, 尽管混合效应模型的重要性不言而喻, 但是我们同样应该正视它的局限性.

11.5.4 两个公开数据集的再分析

为了更充分地说明 MASAL 模型的作用并且与更加标准的模型进行对比. 我们分析了两个公开的数据集.

例 11.2 奶牛的体重

该例的数据是从 Diggle 等人 (1991) 文章的表 5.2 提取出来的. 测量结果是一个 2×2 因子实验中 26 头奶牛的体重. 这些奶牛的体重是在 22 个月份中

的 23 个不等间距的时间点测量的. 我们重新规定了时间单位为 10 天, 这点和 Diggle 等人的文章一致. 图 11.3 描绘了这些奶牛的生长曲线, 曲线下标注了时间. 和图 11.1 一样的是, 随着奶牛体重的增加, 生长曲线波动越来越大.

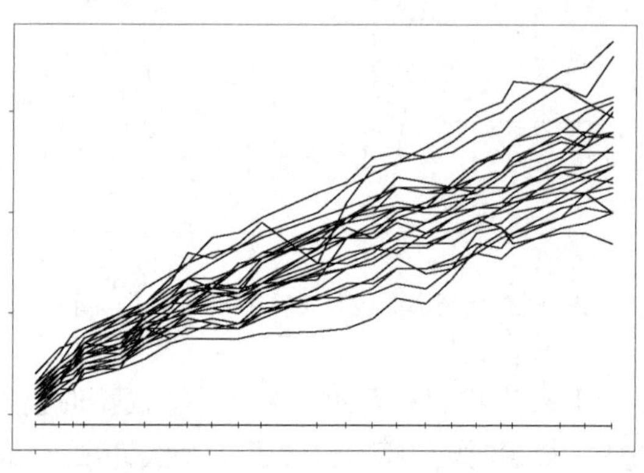

图 11.3　26 头奶牛的体重曲线

是否服用铁以及是否感染副结核 (paratuberculosi) 是两个潜在的影响因素. 临床关注的问题是它们的乘积效应 (factorial effect) 对体重的影响. 这些因子决定了 4 个乘积组: 对照组、服用过铁的对照组、感染组以及服用过铁的感
[179] 染组. 我们引进了 2 个哑变量: x_1 表示是否服用铁, x_2 表示是否感染. 另外, 我们将 $x_3 = x_1x_2$ 作为 x_1 和 x_2 的交互项.

我们将会从两个方面采用与 Diggle 等人 (1991, p. 102) 不一样的分析策略. 首先, 他们对体重进行了对数变换以使方差关于时间平稳. 图 11.4 展示了随时间变化的体重样本协方差, 以及对数变换后的样本协方差. 该图表明变换后的方差和时间有一个平方趋势, 这点 Zhang (1997) 也提到了. 因此, 对数变换不一定能使方差平稳. 另一方面, 模型 (11.27) 似乎可以很好地描述原始体重的方差. 因为这一点, 我们将对原始的体重进行分析, 而不是分析对数变换后的数据. 另外需注意, 对数变化对自相关趋势没有丝毫影响.

既然时间趋势不是 Diggle 等人的兴趣所在, Diggle 等人便想出了一个在声明主要假设的同时避开拟合时间趋势的好方法. 他们对对照组 ($x_1 = x_2 = 0$) 的生长曲线进行了平均, 然后对其他组的体重和对照组平均值的差异进行建模. 他们假设该差异和时间具有平方关系. 然而, 理解该方法的缺点非常重要. 对照组在时间截面上的均值需要 23 个参数来拟合, 尽管真实的趋势可能只需要很少的参数就可以拟合得很好. 最后, 该差距可能具有很强的波动性, 并且可能会影响最终的结论. 既然 MASAL 就是设计出来拟合随机时间趋势的, 那么该差异也不再重要. 因此, 我们将基于上面提到的两个因子和时间直接对体重进行拟合. 这也是我们的方法和 Diggle 等人的方法的第二个区别.

时期数 $q = 23$ 与样本数 $n = 26$ 相比明显比较大. 因此使用非结构化的协方差矩阵没有任何意义. 因而, 我们在建立模型之前需要对结构化的协方差进行研究. 在我们选定协方差结构之后, 挖掘总体的时间趋势非常重要. 但如果我们在估计时间趋势时使用了过多的自由度, 则可能达不到预期效果.

图 11.4 中上面两幅图分别展示了自相关系数与时间差异 $\Delta_{ij} = t_i - t_j$ 的关系 (左图), 以及协方差与时间的关系 (右图), 体重采用原始尺度. 时间差异 Δ 被称为滞后 (lag). 自相关系数似乎随着滞后增大线性下降, 而方差图则看起来像高斯函数. 特别地, 我们通过最小二乘法将自相关系数拟合成了滞后的线性函数

$$\hat{\rho}(\Delta) = 0.94 - 0.0037\Delta. \tag{11.26}$$

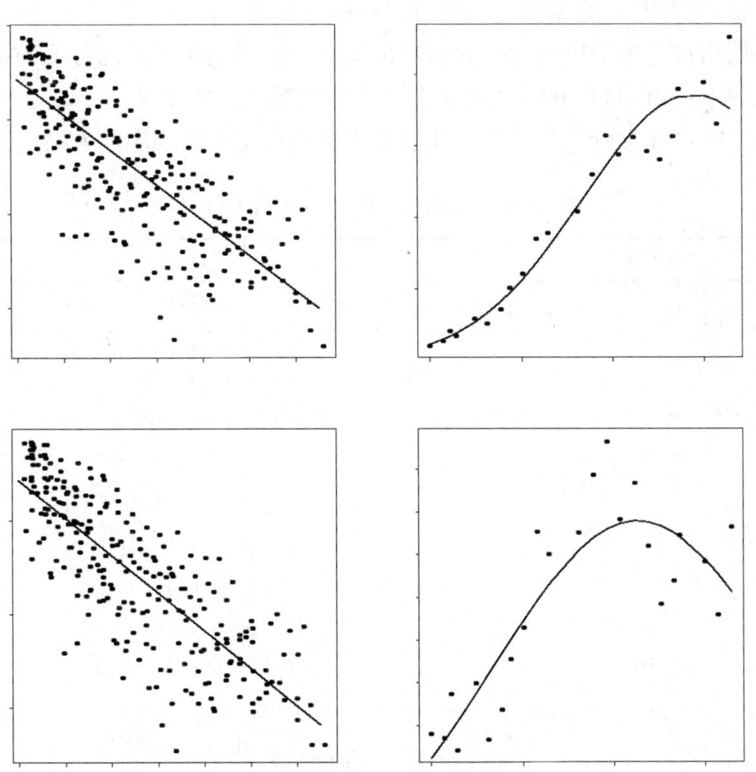

图 11.4 体重的协方差结构 (上) 以及它们的对数变换结果 (下). 散点表示样本估计值, 实线表示最小二乘拟合结果

[180] 对于方差, 我们有

$$\hat{\sigma}^2(t) = \exp(4.73 + 0.097t - 0.00083t^2). \tag{11.27}$$

根据 (11.26) 和 (11.27), 我们假设协方差结构可以通过下式

$$\rho(\Delta) = \phi_1 + \phi_2\Delta \text{ 以及 } \sigma^2(t) = \exp(\nu_1 + \nu_2 t + \nu_3 t^2) \tag{11.28}$$

表达. 那么, 估计协方差结构的问题变成了估计 (11.28) 中的参数 ϕ 和 ν, 因为样本内协方差矩阵 Σ_i 是 $\rho(\Delta)$ 和 $\sigma^2(t)$ 的函数.

我们首先将 (11.26) 和 (11.27) 用作初始估计. 在随后的迭代中, 可以通过固定 $\hat{\mathbf{f}}$ 极大化对数似然函数来推导出估计值. 正如表 11.7 展示的结果, 第二步迭代的协方差估计为

$$\hat{\rho}(\Delta) = 0.96 - 0.0078\Delta \text{ 以及 } \hat{\sigma}^2(t) = \exp(5.09 + 0.06t - 0.00045t^2). \tag{11.29}$$

在很多应用中, 数据都是根据特定目标收集的. 比如在该例中, 主要的兴趣是检验服用铁、感染以及这二者潜在的交互效应对奶牛发育的影响. 在这种情况下, 我们在前向过程开始之前加入 3 个临床感兴趣的变量 $x_1 \sim x_3$ 不会有任何损失. 表 11.5 展示了第一次迭代的前向过程中按先后顺序加入的基函数.

表 11.5 前向算法过程中加入的基函数

步骤	基函数
1	常数项
2	x_1, x_2 和 x_3
3	t 和 $(t-6)^+$
4	$(t-17.4)^+$
5	$(t-9.7)^+$
6	tx_2 和 $(t-23.2)^+x_2$
7	$(t-17.7)^+x_2$
8	$(t-4.4)^+x_2$
9	$(t-25.8)^+$
10	tx_1 和 $(t-12.5)^+x_1$
11	$(t-62.7)^+x_2$
12	tx_3 和 $(t-44.7)^+x_3$
13	$(t-41.4)^+x_3$
14	$(t-50.5)^+x_3$

我们固定住表 11.5 中的 20 项, 然后每次移除其中最不显著的一项. 这种 [182]
删除方法可以产生 19 个简化模型, 然后我们从中挑选 GCV 指标最小的模型. 初始迭代过程中筛选出的模型是表 11.6 中的第一个模型. 后来筛选出的两个模型也在该表中给出. 除此之外, 表 11.7 展示了所有迭代过程中估计的协方差参数. 这些表格表明拟合过程在第二次迭代过程中收敛了, 因为第二步迭代和第三步迭代的差异非常小. 因此, 我们将最终的 MASAL 模型确定为

$$\begin{aligned}&117+9.1t-6.1(t-5.7)^+ +2.2(t-9.7)^+ -1.9(t-25.8)^+\\&-\{2.3t-2.1(t-4.4)^+ +4.2(t-17.4)^+ -4.3(t-23.2)^+\}x_2.\end{aligned}\tag{11.30}$$

表 11.6 奶牛体重的模型拟合

迭代步骤	拟合的模型	l_r
1	$117+9.1t-6.4(t-6)^+ +2.5(t-9.7)^+$	
	$-1.9(t-25.8)^+ -2.2x_2t+2x_2(t-4.4)^+$	
	$-4.4x_2(t-17.7)^+ +4.5x_2(t-23.2)$	-3197
2	$117+9.1t-6.1(t-5.7)^+ +2.2(t-9.7)^+$	
	$-1.9(t-25.8)^+ -2.3x_2t+2.1x_2(t-4.4)^+$	
	$-4.2x_2(t-17.4)^+ +4.3x_2(t-23.2)^+$	-3134
3	$117+9.1t-6.1(t-5.7)^+ +2.2(t-9.7)^+$	
	$-1.9(t-25.8)^+ -2.3x_2t+2.1x_2(t-4.4)^+$	
	$-4.2x_2(t-17.4)^+ +4.3x_2(t-23.2)^+$	-3134

表 11.7 协方差矩阵估计

迭代步骤	协方差结构估计
1	$\hat{\rho}(\Delta)=0.94-0.0037\Delta$
	$\hat{\sigma}^2(t)=\exp(4.73+0.097t-0.00083t^2)$
2	$\hat{\rho}(\Delta)=0.96-0.0078\Delta$
	$\hat{\sigma}^2(t)=\exp(5.09+0.06t-0.00045t^2)$
3	$\hat{\rho}(\Delta)=0.96-0.0079\Delta$
	$\hat{\sigma}^2(t)=\exp(5.09+0.06t-0.00045t^2)$

为了评估模型 (11.30) 的准确度, 我们在图 11.5 中展示了残差图和拟合曲线. 在左图中, 残差和预测值都通过表 11.7 第三步迭代的协方差矩阵进行了变换. 右图中的两条生长曲线分别表示受感染的和未受感染的奶牛. 这两组的体重在前半年基本没有区别. 但是, 在第六月到第八月, 受感染的奶牛则比未受感
[183] 染的奶牛发育得慢, 这也造成了这两组的差异. 在研究的最后两三个阶段, 这种差异的程度基本一样.

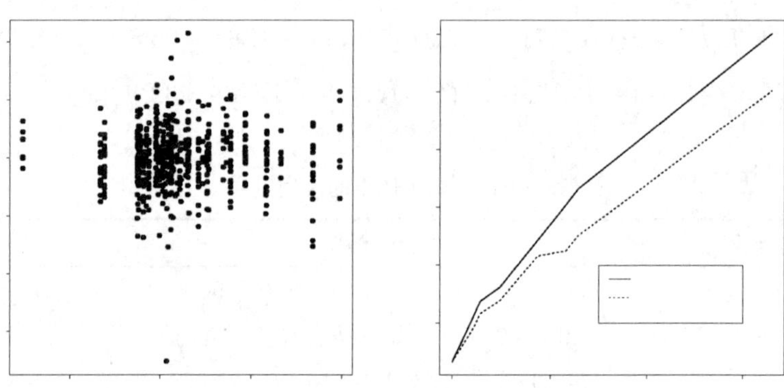

图 11.5　残差图 (左) 及拟合曲线图 (右)

为了更直接地看出模型对数据的拟合有多好, 我们在图 11.6 中分别为受感染的和未受感染的奶牛作出了预测曲线以及奶牛体重的观测散点图. 为了进行比较, 我们还在图中展示了均值曲线. 未受感染的奶牛的均值曲线比拟合曲线波动更大, 但尽管如此还是很接近. 受感染的奶牛的拟合曲线基本和均值曲线一致. 因此, 从图 11.5 和图 11.6 中很明显可以看出模型 (11.30) 对拟合数据提供了很大的帮助.

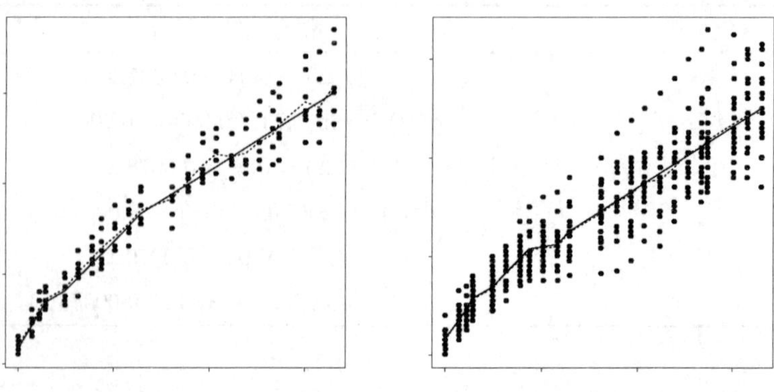

图 11.6　被观测数据点环绕的拟合发育曲线 (实线) 以及均值曲线 (虚线)

模型 (11.30) 筛选的模型的项真的具有统计显著性吗? 我们需要理解 MASAL 不是基于传统的显著性标准来筛选模型的, 而是利用 GCV 选变量. 这两个标准有相关性, 但是它们通常会选出不同结果. 实际上, 由于涉及结点的自适应分配以及基函数的全局搜索问题, GCV 准则通常比表 11.8 中的显著性水平检验更加严格. 对 (11.30) 中的项指定精确的显著性水平是一个公开的问题. 于是, 我们使用了一种直接并且可能存在偏差的方法.

首先, 我们在模型 (11.30) 中固定 8 个基函数, 就好像它们是根据先验知识筛选出来的. 那么, 模型 (11.30) 则是一个线性回归模型. 表 11.8 展示了每一项的相关显著性水平信息. 所有的 p 值都远低于传统的阈值 0.05.

表 11.8 固定基函数的参数显著性

基函数	t 统计量	p 值
常数项	47.5	$< 10^{-9}$
t	25.6	$< 10^{-9}$
$(t-5.7)^+$	−11.8	$< 10^{-9}$
$(t-9.7)^+$	6.1	$< 10^{-8}$
$(t-25.8)^+$	−6.2	$< 10^{-8}$
tx_2	−5.0	$< 10^{-6}$
$(t-4.4)^+x_2$	4.0	0.00007
$(t-17.4)^+x_2$	−10.0	$< 10^{-9}$
$(t-23.2)^+x_2$	8.6	$< 10^{-9}$

如果我们崇尚 p 值, 那么模型 (11.30) 中所有项均是高度显著的. 那么是否服用铁以及与是否感染的交互项是不是不够显著呢? 为了回答这个问题, 我们将 x_2 和 x_3 加入了模型 (11.30). 事实证明 x_2 和 x_3 并没有对模型 (11.30) 中存在的项的系数产生影响, 并且它们一点也不显著 (p 值大于 0.5). 这也证实了 Diggle 等人 (1991) 的想法. 有趣的是, Zhang (1997) 发现当对对数变换后 [185]
的体重进行拟合时, 交互项起到了重要的作用.

例 11.3 血糖水平 (blood glucose level)

该例的数据来源 Crowder 和 Hand (1990) 文章的表 2.3 中. 萨里大学 (Surrey University) 的 6 名学生以接受血糖水平测量为条件获得了免费的用餐. 6 次测试用餐分别在早上 10 时, 下午 2 时, 早上 6 时, 傍晚 6 时, 凌晨 2 时以及晚上 10 时被分发给每一名学生. 每次用餐之都会记录 10 次血糖水平. 第一次是在用餐前 15 分钟, 接着是在用餐时间进行测量. 接下来 4 次测量在半小时内完成, 最后 4 次 (有些 5 次) 测量则是在 1 小时内完成. 图 11.8 展示了不同用餐时间后 8 次血糖水平测量结果的曲线.

时间如何影响血糖变化模式是首要问题. 既然测量时间具有周期性, 我们便使用 x_1 指代上午的时间, x_2 指代下午的时间. 另外, 我们使用了三个额外的哑变量 $x_3, \cdots, x_5$ 来区分早上、中午以及晚上的两次用餐. 我们一开始便将 $x_1, \cdots, x_5$ 加入到模型中, 因为这些因素是我们最关心的.

Crowder 和 Hand (1990, p. 13) 使用 AUC 指标进行了初步的分析. 具体来说, 如果我们选取一个样本, 我们就会得到一条血糖水平曲线. 在一个合理选定的基准水平上, 曲线下会有面积. 曲线的信息则转化为了面积这个单值. 在数据压缩后, 我们便可使用简单的 t 检验. AUC 明显是一种可解释的曲线特征, 尽管它包含的信息有限. Crowder 和 Hand 还指出了使用 AUC 的缺陷. 这里, 我们尝试将血糖模式拟合成用餐时间和测量时间的函数. 另外, 我们将前两次测量 (用餐之前和用餐时的测量) 当作预测因子而不是响应, 这是因为它们可能反映了样本最新的物理状态.

在使用 MASAL 之前, 我们需要探索协方差结构. 我们最初使用的是下面将要提到的第一手残差样本协方差矩阵作为估计. 在每一个用餐时间和测量时间, 我们可以从 6 名学生中得到 6 个血糖水平. 那么很容易计算出这 6 个水平的均值. 则第一手残差等于他们的血糖水平减去平均血糖水平. 我们通过该残差在图 11.7 中作出了样本方差与时间的关系图 (左), 以及样本自相关系数与滞后的关系图 (右). 图中还展示了最小二乘法估计出的曲线:

$$\hat{\sigma}^2(t) = \exp(0.535 - 0.0008t - 6.2t^2/10^5 + 1.4t^3/10^7), \tag{11.31}$$

$$\hat{\rho}(\Delta) = \sin(0.71 - 0.074\Delta + 1.4\Delta^2/10^5), \tag{11.32}$$

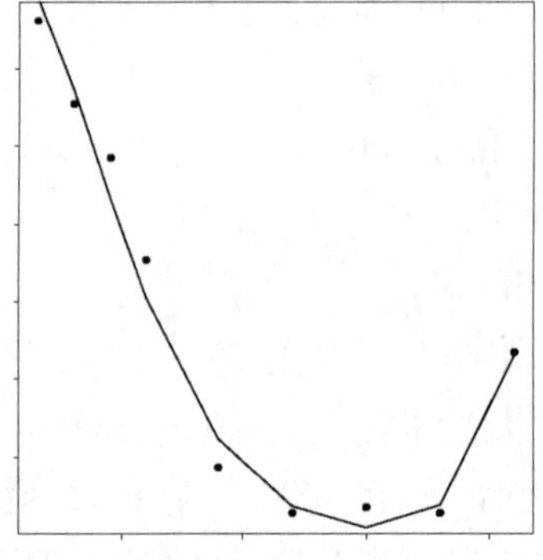

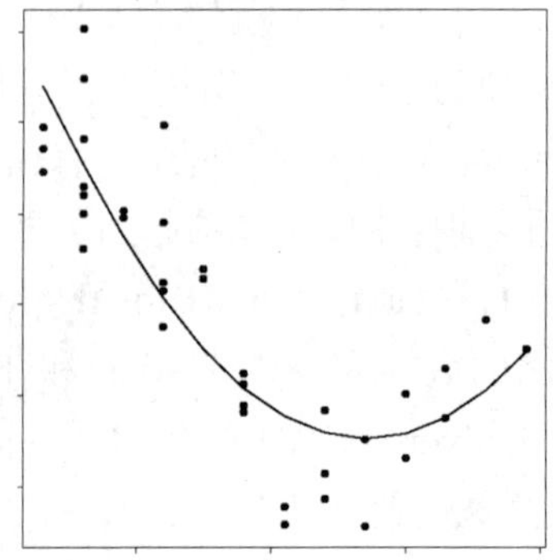

图 11.7　初始协方差结构. 散点表示样本估计值, 曲线表示拟合值

其中 t 是时间, 单位为分钟, Δ 是时间滞后. 注意在 (11.32) 中我们用正弦函数来确保相关系数在 -1 到 1 之间, 尽管曲线呈现的是平方趋势. [186]

我们用 (11.31) 和 (11.32) 去建立协方差矩阵的初始估计. 在随后的迭代中, 我们将基于 MASAL 模型得到的残差对协方差矩阵进行极大似然估计.

该例我们采取了三步的迭代. 迭代之间的改变其实很小. 实际上, 这三次迭代得到的基函数几乎一样. 从初次迭代到第二次迭代的过程中协方差参数的估计有改变, 但是很小. 下面的 MASAL 模型是第三次迭代得到的:

$$8.5 - 0.5x_1 - 0.49x_2 - 0.017t + 0.016(t-220)^+, \tag{11.33}$$

该模型用到的协方差结构为

$$\hat{\sigma}^2(t) = \exp(1 - 0.0024t - 9.17t^2/10^5 + 1.87t^3/10^7)$$

和

$$\hat{\rho}(\Delta) = \sin(0.793 - 0.00857\Delta + 1.65\Delta^2/10^5).$$

从 (11.33) 中, 我们可以看出晚上用餐的血糖水平会更高, 但是早上和下午用餐不会有太大影响, 因为 x_1 和 x_2 的系数很接近. 血糖水平在用餐后的 3.5 小时内呈线性下降, 然后保持平稳.

图 11.8 比较了模型 (11.33) 与 6 个不同时间段血糖水平的原始变化路径. [187]
看到上午 10 时的图像, 你会发现模型并没有对真实的趋势充分地拟合. 晚上 10 时的一些细节特征也好像在 MASAL 模型中丢失了. 但总体来说, MASAL 模型看上去反映出了血糖水平的潜在变化趋势.

在进行完 AUC 的分析之后, Crowder 和 Hand 总结出了在早上 10 时和晚上 10 时用餐后血糖水平会有显著差异的结论. 这在某种程度上和我们上面所陈述的相契合. 最后, 我们回到首要问题上: 不同用餐时间的血糖水平有多不同. 为了回答这个问题, 我们使用老把戏, 将 x_3, x_4 和 x_5 一起加入到模型. 表 11.9 只报告了 5 个哑变量的信息. 其中 x_3, x_4 和 x_5 的系数非常小, 并且统计上也不显著. 因此, 晚上是否用餐才是有用的因素.

表 11.9 不同用餐时间血糖的差异

哑变量	系数	标准误	p 值
x_1	−0.46	0.142	0.001
x_2	−0.43	0.141	0.003
x_3	0.02	0.142	0.896
x_4	−0.03	0.147	0.863
x_5	0.10	0.135	0.447

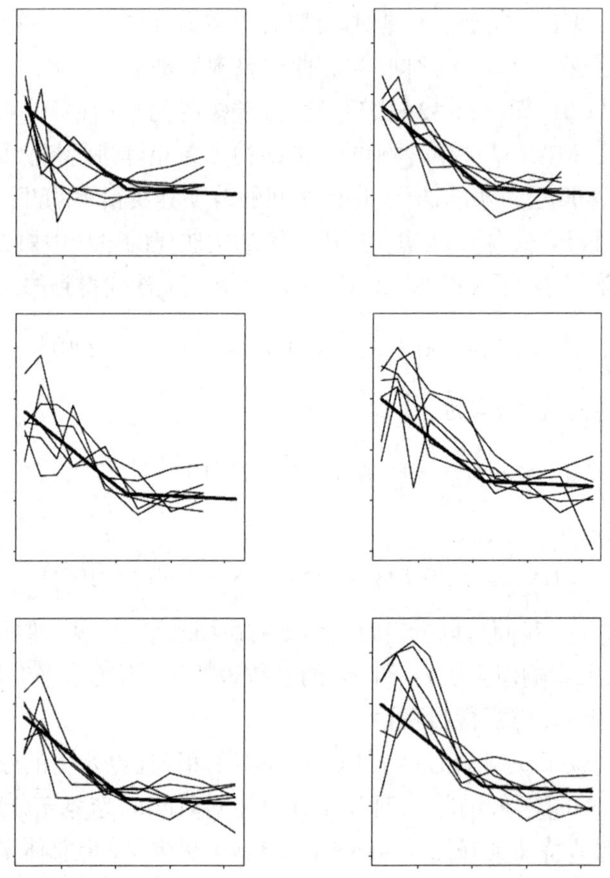

图 11.8　一天 6 个时间段血糖水平变化情况以及模拟曲线. 横坐标表示日期, 纵坐标表示血糖水平. 细线表示样本血糖水平变化路径, 粗线表示拟合曲线

11.5.5　婴儿生长曲线分析

在之前的例子中, 我们用 MASAL 拟合了定期收集的生长曲线数据. 在例 11.3 中, 6 个样本在同一时间进行血糖水平测量. 但是在更多的情况下, 比如 11.1 节的例子, 数据由于各种实际因素的限制往往来源于不规律的时期. 现在是时候详细地看一看 11.1 节展示的生长曲线了.

和例 11.2 与例 11.3 相反的是, 图 11.1 揭示了数据显著的不规则特征: 不同孩子在研究期间看医生的年龄 (单位为天) 不同. 这种不规律性使得我们很难精确计算协方差结构.

为了分析 1 到 540 天任意时间点 d 的方差趋势, 我们收集了很多体重的横断面数据, 记作 $\mathbf{z}_d$. 它来自所有最后一次看医生在 d 天之后的孩子. 如果一个孩子在第 d 天看医生, 则该小孩的体重包含在了 $\mathbf{z}_d$ 中. 倘若一个小孩是在第 d 天以前或以后看医生, 而不是在第 d 天看医生, 我们则用包含第 d 天的最短时间区间中的两个相邻时间体重的插值 (interpolated value) 作为该天的估 [189]
计. 以上的收集方式可以看作是对图 11.1 中的生长曲线在每个时间段进行垂直切割, 然后将所有交点收集到 $\mathbf{z}_d$ 中. Zhang (1999) 发现方差确实随着年龄的增长而增加, 并且该变化模式可以用三次多项式充分表达.

为了完全确定协方差结构, 我们还需要估计任意两天的体重自相关系数. 由于测量时间的不规律性, 利用变差函数 (variogram)(Diggle 等人 1991, pp. 50–51) 来检验自相关系数是一种有效手段. 对于随机过程 $Y(t)$, 变差函数可以定义为

$$\gamma(\Delta) = \frac{1}{2}E\{Y(t) - Y(t-\Delta)\}^2, \quad \Delta \geqslant 0.$$

如果 $Y(t)$ 是平稳的且方差为 σ^2, 则自相关系数是变差函数的一个简单变形:

$$\rho(\Delta) = 1 - \gamma(\Delta)/\sigma^2.$$

尽管我们已经意识到了方差和时间不是常数关系, 我们还是希望变差函数能为自相关结构提供信息.

为了得到样本变差与时间滞后的函数关系, 我们按照 Diggle 等人 (1991, p. 51) 描述的方法中的两个步骤进行操作. 首先, 我们将每个时间 d_{ij} 的观测值 Y_{ij} 减去对应一周的平均值, 从而得到初始的残差 r_{ij}, $j = 1, \cdots, T_i$, $i = 1, \cdots, n$. 那么, 样本变差可以通过

$$v_{ijk} = \frac{1}{2}(r_{ij} - r_{ik})^2$$

计算得到, 相应的滞后为 $\Delta_{ijk} = d_{ij} - d_{ik}$. 对于每一个滞后取值 Δ, v 的平均值可以作为一个样本变差的估计 $\hat{\gamma}(\Delta)$. 引人注意的是, Zhang (1999) 发现自相关系数关于滞后有线性趋势.

在经过这些研究后, 对协方差结构假设以下的结构似乎就很合理了:

$$\sigma^2(d) = \exp(\nu_0 + \nu_1 d + \nu_2 d^2 + \nu_3 d^3), \ d = \text{day}\,1, \cdots, \text{day}\,540 \tag{11.34}$$

以及

$$\rho(\Delta) = \phi_0 + \phi_1 \Delta, \ \Delta = \text{lag}\,1, \cdots, \text{lag}\,539. \tag{11.35}$$

以 (11.34) 和 (11.35) 为基础得到协方差矩阵后, 再完成前面几个例子中的迭代过程便得到了模型 (11.1).

那么 MASAL 模型对该数据拟合得如何呢? 我们通过作图来回答该问题. 在图 11.9 中, 我们作出了残差与预测值的关系图. 正如我们所预料, 在原始的单位下, 大一些的预测值的波动性更大 (左图). 使用协方差矩阵对残差和进
[190] 行变换后, 在变换后的残差与变换后的预测值的关系图中看不出明显的关系结构. 因此, 这些残差图表明筛选出的 MASAL 模型和协方差结构 (11.34) 和 (11.35) 是合适的. 我们还在图 11.10 中作出了拟合曲线图, 用来进一步评估 MASAL 模型. 四张图分别表示男生或女生, 以及胎龄为 36 周或 40 周的曲线, 并且曲线被观测点所环绕. 这里选择 36 周和 40 周是因为 40 周分娩是典型的完全足月分娩, 而 36 周则比足月分娩 (37 周或者更久) 短一周. 很明显拟合曲线在观测值的中间区域拟合效果良好, 尽管仍然存在不可解释的波动. 因此, 从图 11.9 和图 11.10 中明显可以看出筛选出的 MASAL 模型是精确并且有用的.

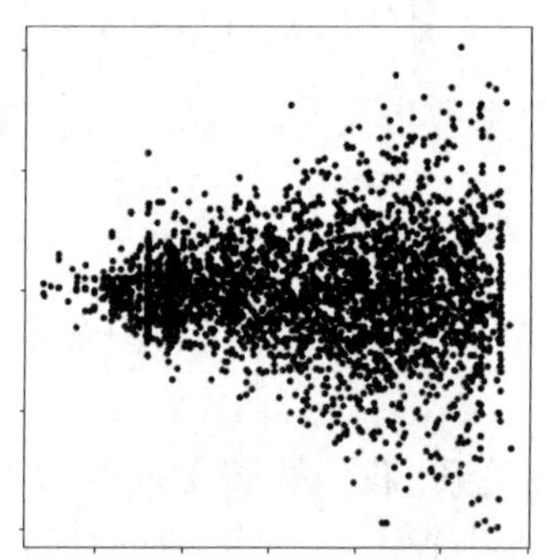
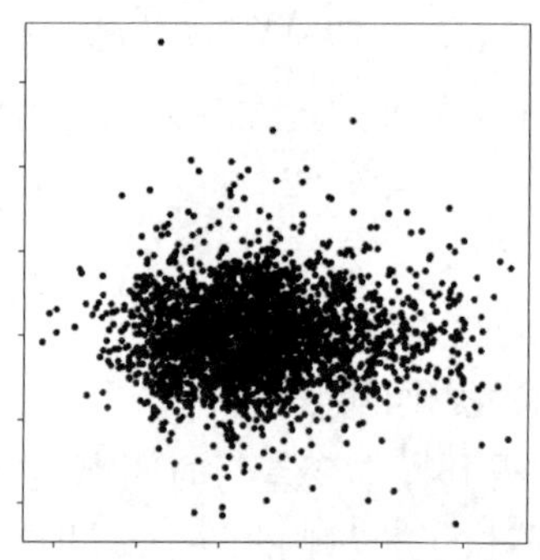

图 11.9 残差与预测值关系图. 左边是原始数据结果, 右边是标准化数据结果

我们开始便提到了我们对孕妇使用可卡因是否会影响孩子的发育非常感兴趣. 与是否使用可卡因有关的变量 c 在模型中并不显著. 这表明该因素的影响非常有限. 还应该注意我们的模型建立和变量筛选过程和传统的方式不一样. 那么在传统模型中, 使用可卡因会对婴儿发育产生显著影响吗? 为了回答该问题, 我们将模型 (11.1) 当作基模型. 具体来说, 我们先将该模型中的所有项固定下来, 然后将 c 作为主效应, 或者将它与模型 (11.1) 以外的某个变量形成的交互项引入模型, 以此检验 c 的显著性. 表 11.10 展示了这些单独项的显著性. 其中的 p 值是基于双边 t 检验计算出来的. 在定检验数量的情况下, 两个涉及吸毒和胎龄的项或许值得进一步探究. 总的来说, 我们的数据不能支撑孕妇服用可卡因会显著影响婴儿发育的假设.

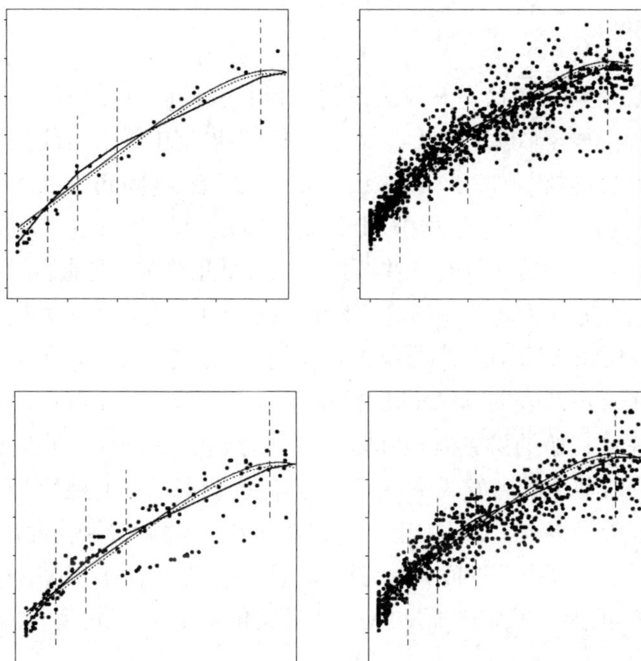

图 11.10 出生在第 36 周或第 40 周的男孩或女孩的观测值以及预测值. 粗线产生自 MASAL 模型 (11.1), 垂直线表示结点的位置. 细线产生自模型 (11.6), 并且实线表示可卡因使用组, 虚线表示非可卡因使用组. 除了观测值的数量, 在每一幅图中还给出了模型 (11.1) 和 (11.6) 的加权残差平方和 (RSS). 该图是根据 Zhang (1999) 的图 4 重新生成的

表 11.10 使用可卡因对婴儿发育的影响

加入的项	系数	t 值	p 值
c	0.162	2.42	0.016
cd	0.0004	1.37	0.17
$c(d-120)^+$	0.0003	0.96	0.34
$c(g_a-28)^+$	0.0166	2.69	0.007
$cd(g_a-28)^+$	0.00003	1.37	0.17
$c(d-60)^+(g_a-28)^+$	0.00005	1.68	0.093
$c(d-490)^+d(g_a-28)^+$	0.0001	0.35	0.73
csd	0.0002	1.10	0.27
$cs(d-120)^+$	0.0004	0.71	0.48
$c(d-200)^+$	0.0002	0.52	0.60

注: 该表是根据 Zhang (1999) 重新生成的.

11.5.6 评论

[192] 有很多研究问题在这里并没有探讨. 最重要的问题是估计协方差矩阵的迭代过程是否依概率收敛, 以及收敛有多快. 当模型中除了时间没有别的协变量时, 我们的迭代过程类似于 Altman (1992) 研究的 Cochrane-Orcutt 迭代过程. 在相关误差的一维光滑过程中, Truong (1991) 和 Altman (1992) 证明了第一次迭代后的协方差估计具有一些渐进性质和数值性质. 把他们的理论结果扩展到我们的迭代方法上将非常有趣. Truong (1991) 对误差假设了具体的结构. 当我们将 MASAL 应用在纵向数据分析上时, 考虑这些结构将非常有用.

我们的例子不断表明 MASAL 模型在第二步迭代几乎收敛. 这绝非偶然, 只要我们在建立初始的协方差矩阵时经过深思熟虑. 接下来, 我们提出了一个支撑迭代过程收敛性的启发式论点. 该论点同样会揭示在何种情况下不收敛.

这里的收敛是指 (11.22) 中定义的似然函数 l_r 将随着迭代而逐渐上升. 假设我们以初始协方差矩阵 Ψ_0 开始迭代, 而 f_0 为初始 MASAL 模型的结果. 则协方差矩阵可以通过固定 f_0 和 Ψ_0 并最大化 l_r 的方式得到新的估计. 具体一点,

$$l_r(f_0, \Psi_1) = \max_{\Psi} l_r(f_0, \Psi) \geqslant l_r(f_0, \Psi_0). \tag{11.36}$$

[193] 接下来, 给定 Ψ_1 我们通过极小化 (11.12) 中定义的 WSS, 或极大化 l_r 来建立另一个 MASAL 模型 f_1. 如果我们有

$$l_r(f_1, \Psi_1) = \max_{f \text{ 在 (10.6) 中}} \geqslant l_r(f_0, \Psi_1), \tag{11.37}$$

则 $l_r(f_1, \Psi_1) \geqslant l_r(f_0, \Psi_0)$. 这表明 l_r 不会在迭代过程中下降. 如果我们假设出一个参数协方差结构, 那么 (11.36) 中的关系就可以得到保证. 但是要注意 MASAL 不能保证表达式 (11.37), 因为它具有阶梯性. 另外, MASAL 函数 f 是从一个无限维的函数集合中选取的, 因此盲目地极大化 l_r 没有太大的意义. 因为高自由度的模型总是比低自由度的模型具有更多优势. 还要注意的是如果 $l_r(f_1, \Psi_1) \geqslant l_r(f_0, \Psi_1)$, 则 $l_r(f_1, \Psi_1) \geqslant l_r(f_0, \Psi_0)$. 如果有必要, 可以对 MASAL 模型进行改进, 来确保满足后一个不等式. 关键的想法是在计算 f_1 时将 f_0 作为参考. 而在原始的做法中, f_1 并没有任何限制. 还需要更多考证的是在保证 l_r 的递增的步骤中是否错过更好的模型.

11.6 回归树在纵向数据中的应用

Segal (1992) 改进了 10.2 节中描述的回归树模型, 并用它来分析纵向数据. 如果连续性不是我们主要关心的问题, 那么回归树对发育曲线的分层提供了有用的帮助, 并且还帮助我们回答了一些问题, 比如 "例 11.2 中的奶牛体重发育曲线是否存在特定的变量簇". MASAL 没有按照协变量来提取发育曲线中有意义的子群, 尽管我们仍可以从 MASAL 模型中直接推断出子群.

理论上, 回归树模型可以被 (10.6) 中的函数所表达, 即 MARS 模型. 实际上, 基于树的模型和自适应样条条使用了不同的模型构造技巧. 因此, 它们不一定得到同样的模型.

澄清回归树与 MASAL 的适用条件也很重要. 因为我们已经知道 MASAL 对数据结构没有任何限制. 而相比之下, Segal (1992) 指出回归树只能在规范的结构下应用于纵向数据分析上. 也就是说, 所有样本应该具有同样数目的观测值, 并且应该在确定好而且一致的时间下安排测量. 一些放宽的限制将在之后讨论.

在 10.2 节中, 我们描述了普通回归设定下的回归树模型. 同样, 这里我们需要定义一棵树生长时的结点内不纯度, 以及一个剪枝的成本复杂度标准. 所以, 我们首先建立了这两个关键的准则. 然后通过解决其他更技术性问题来扩展我们的介绍. [194]

对于任意的结点 τ, 令 $\Psi(\theta_\tau)$ 为结点内部的纵向响应变量的协方差矩阵, $\bar{\mathbf{y}}(\tau)$ 为结点内响应变量的样本平均向量. 其中 $\boldsymbol{\theta}_\tau$ 是一个依赖结点的参数向量. 那么, 一种通过最小二乘法计算出来的结点内不纯度是

$$SS(\tau) = \sum_{i \in \tau} (\mathbf{y}_i - \bar{\mathbf{y}}(\tau))' \Psi^{-1}(\theta_\tau)(\mathbf{y}_i - \bar{\mathbf{y}}(\tau)). \tag{11.38}$$

我们通过极小化 $SS(\tau_L)$ 和 $SS(\tau_R)$ 以使结点 τ 分裂为两个子结点 τ_L 和 τ_R. 换句话说, 我们要极大化分裂函数

$$\phi(s, \tau) = SS(\tau) - SS(\tau_L) - SS(\tau_R), \tag{11.39}$$

其中 s 表示可行的分裂点. 另外, 树的成本函数的一个合理定义是

$$R(\mathcal{T}) = \sum_{\tau \in \tilde{\mathcal{T}}} SS(\tau), \tag{11.40}$$

则成本复杂度可由 (4.7) 计算得到.

为了在回归树中使用 (11.38), 我们需要计算出协方差矩阵 $\Psi(\boldsymbol{\theta}_\tau)$, 正如我们在 MASAL 中所做的那样. 从概念上来看, $\Psi(\boldsymbol{\theta}_\tau)$ 对于不同结点可以不一样. 但是这种放宽的条件可能造成一些问题. 分裂函数 $\phi(s,\tau)$ 不能保证非负. 成本函数的计算复杂度也将会很高. 最重要的是, 随着结点内样本越来越少, 想要准确估计结点内协方差矩阵将变得越来越不现实. 因此在实践中, 我们更可能对所有结点选择一个合并的样本协方差结构. 和 MASAL 不一样的是, Segal (1992) 的回归树不能迭代地更新协方差和树的结构.

我们一开始就指出, Segal 的回归树需要规范的数据结构. 但是当数据结构不是很规范的时候, 我们该怎么做呢? 例 11.3 中的血糖水平数据便是这种情况. 该数据的响应变量有少量的缺失值, 并且从晚上 10 时到早上 6 时的三次用餐时间均有一次额外的测量. Segal (1992) 建议使用 EM 算法 (McLachlan 和 Krishnan 1997) 来填充响应变量的缺失值. 但是这种解决方法的优势不是很明确. 更严重的是, 填充值依赖协方差结构的选择. 如果填充步骤对协方差矩阵的错误设定不是很敏感, 那么产生合理并且稳健的结果是有可能的. 这些问题大部分还未经过彻底的探究.

11.6.1 案例: 旧金山的艾滋病毒

[195] 在这一节, 我们将用一个改编自 Segal (1992) 的应用. 我们要特别感谢加州大学旧金山分校 Mark Segal 教授, 他慷慨地将他的 postscript 文件发给了我们, 这才使我们作出了图 11.11—图 11.13.

在第 8 章中, 我们强调了估计从艾滋病毒感染发展到艾滋病毒发作之间的潜伏期的重要性. 艾滋病的症状源自免疫系统的恶化. 因此, 为了进行治疗效果评价, 开展流行病课程等, 理解免疫功能的衰退过程非常重要.

艾滋病毒的潜伏期长 (中位数约为 10 年), 并且因人而异. 这种差异性假定是因为不同子群表现出不同的免疫功能衰退模式. 这种衰退模式是通过标记进行测量的, 比如 β_2 微球蛋白. Segal (1992) 利用回归树来决定是否存在子群, 如果存在, 那么这些子群是否可以被某些协变量所表征.

这些研究参与者的年度报告中包含了患者社会地位、病历以及免疫标志物在内的信息. 这 96 个对象被选中的原因是他们在前五年看病时都提供了 β_2 微球蛋白的数据, 这些构成了响应变量. 基于树的分析中包含了协变量年龄 (age)、教育程度 (education)、种族 (race); 过去的梅毒 (syphilis)、淋病 (gonorrhea)、生殖器疱疹 (genital herpes) 以及乙肝 (hepatitis B) 分别的发病次数; 上一年的男性性伴侣个数; 输血史 (history of blood transfusion) 以及是

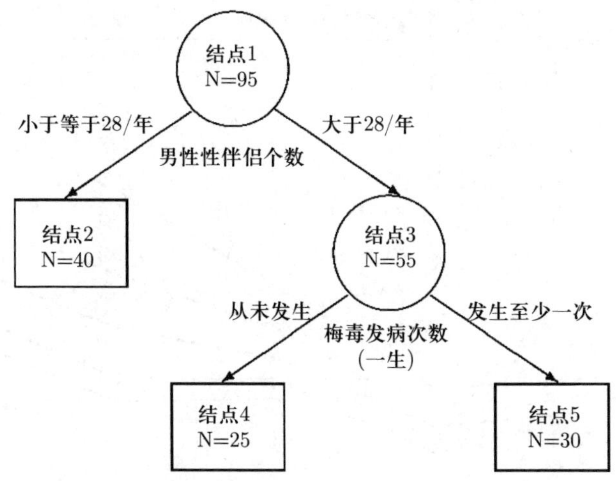

图 11.11 β_2 微球蛋白回归树. 取自 Segal (1992)

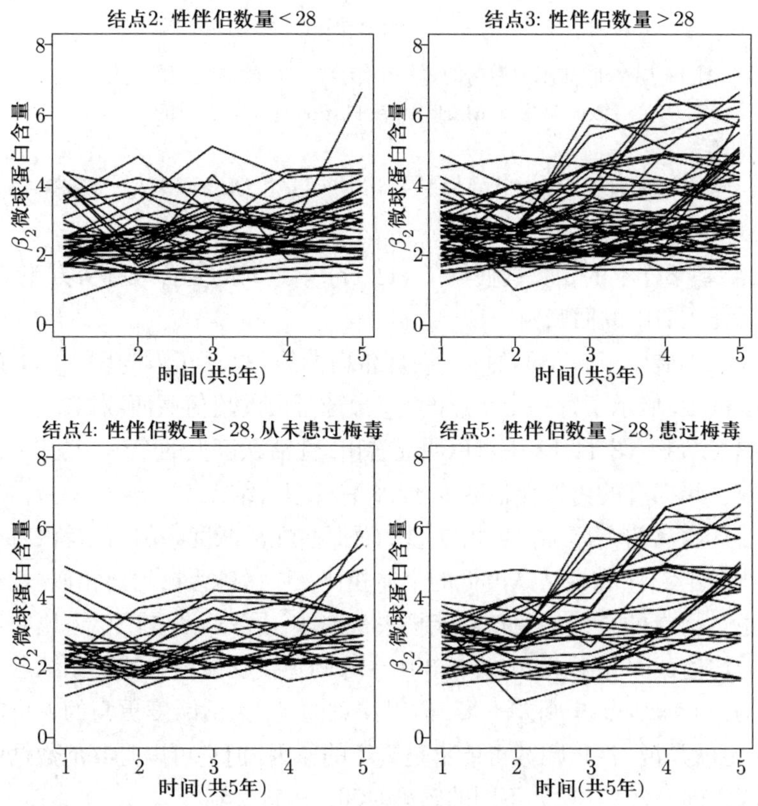

图 11.12 图 11.11 中树的四个结点内所有个体的 β_2 微球蛋白的变化模式. 该图是根据 Mark Segal 的 postscript 生成的

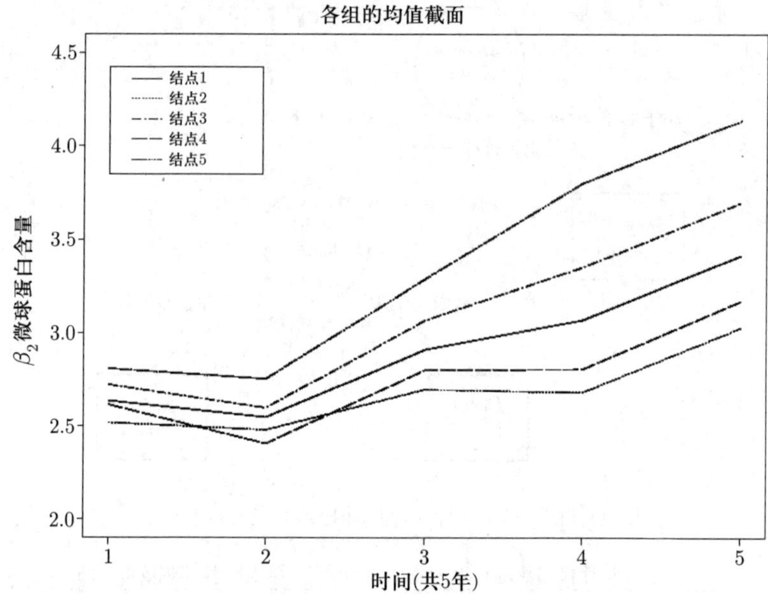

图 11.13 图 11.11 中树的每一个结点内 β_2 微球蛋白的均值截面.
该图是根据 Mark Segal 的 postscript 生成的

否抽烟、喝酒. 所有这些协变量都是基准协变量. Moss 等人 (1988) 描述详细的设计.

Segal 基于样本的相关性使用了 (11.17) 中定义的复合对称协方差结构, 并建立了图 11.11 中的回归树.

图 11.12 展示了各子群的 β_2 微球蛋白曲线. 这些子群与图 11.11 的结点有关. 图 11.13 展示了每一个结点的 β_2 微球蛋白的均值截面数据.

从图 11.11—图 11.13 中可以明显看出, 性活跃度低的个体, 具体来说就是那些在前一年拥有的男性伴侣数少于 28 的个体 (结点 2), β_2 微球蛋白均值比那些性活跃度高的个体 (结点 3) 要少. 而那些性活跃度高的, 但是没有患过梅毒的个体 (结点 4) 和性活跃度低的个体相比, β_2 微球蛋白均值相似. 性活跃度高并且患过梅毒的个体的免疫功能损失最严重. 另外, 图 11.13 还说明不同结
[196] 点对应的均值截面并不平行. 结点 3 中个体的免疫功能损失速率比结点 2 中要高. 而结点 4 和结点 5 则差不多. 值得注意的是, 性活跃度更高的人可能更早受感染. 也就是说, 性伴侣数可能不是真正的原因, 但它可以是其他数据中没有出现的因素的替代品, 比如不同的感染时间.

第 12 章　多元离散响应分析

在第 11 章中我们介绍了当代的一些分析纵向数据的方法，主要用来处理 [199]
响应变量为连续型的情况. 实际上，大部分人谈到纵向数据时指的都是响应变量为连续型的情况. 而离散型纵向数据分析相对比较新鲜，虽然也很活跃. 对方法论发展感兴趣的读者可能会在本章找到很多未解的问题. 本章的目的是让大家了解这个发展中的题材. 在统计文献中，该题材可能被标记为聚类或相关的离散或二分型响应变量. 最近，二分型响应模型取得了很大的进展. 这便是本章的焦点.

有时，具有相关性的离散响应变量是通过对每个个体在某一个时域或空域重复测量从单个端点产生的. 该响应被称为纵向离散响应 (longitudinal discrete response). 例 12.1 和例 12.2 代表这一类数据. 在其他情况下，如例 12.3 和第 12.3 节中，相关的响应变量由不同的端点组成. 近年来，我们见证了越来越多关于这类型响应的研究，比如例 12.4.

例 12.1　为了调查不同种族失明的原因的差异，Sommer 等人 (1991) 使用了一个随机筛选、分层，并且经过多级聚类的样本. 该样本包括了东巴尔的摩地区年龄超过 40 岁的 2395 名黑人和 2913 名白人. 这 5208 个样本接受了一个小组详细的眼科检查. 在研究中，作者观察了每个样本在一个空域中的双变量二分响应，即左眼和右眼是否失明. 作者发现未做手术的患老年性白内障、
原发性开角型青光以及老年性黄斑变性是失明的主要原因. 他们还推断出巴尔 [200]
的摩市区黑人和白人的失明模式可能不同. 白人更可能患有老年性黄斑变性，而黑人则更可能患有原发性开角型青光. 随后，Liang, Zeger 和 Qaqish (1992)

重新分析了这些数据, 并且比较了不同的统计方法.

例 12.2 从 1974 年到 1977 年, 一个调查团队在美国 6 个城市的小孩和成年人中开展了呼吸系统健康与大气污染关系的纵向数据研究. Ferri (1979) 以及 Sommer 等人 (1984) 报道了研究设计. 城市的筛选标准是要满足覆盖各种程度的空气质量. 空气质量用历史最高污染值来衡量. 在除了一个小城市外的所有城市中, 初次检查都包括了一年级和二年级的学生. 在那个小城市中, 接受检查的是不超过五年级的学生. 研究的个体将每年重新检查, 为期三年. 每次随访, 调查者都会收集关于家庭居住人口数、家庭吸烟习惯、父母职业、教育背景、家庭做饭使用的燃料、肺功能、呼吸疾病史和病状史等信息. Ware 等人 (1984) 从报名者中筛选了 10106 名 6 岁到 9 岁的孩子, 然后分析了他们的气喘状况 (是或否) 并将该状况作为纵向二分响应. 另外, Zeger, Liang 和 Albert (1988) 以及 Fitzmaurice 和 Laird (1993) 等人也进行了相关分析.

例 12.3 该例研究的是两种不同但是可能相关的疾病风险, 例如患有轻度维生素 A 缺乏症的孩子的呼吸系统疾病和腹泻情况. 在 1977 年 3 月至 1978 年 12 月期间, Sommer 和他的同事 (Sommer 等人 1983, 1984) 对印度尼西亚的一个乡村入口的 4600 名不超过 6 岁的孩子进行了一次前瞻性的纵向研究. 他们的研究团队在 18 个月中每 3 个月会为这些孩子做体检. 平均 3135 名孩子没有被检查到呼吸系统疾病和腹泻. 在每次检查期间, 他们记录了该区间段的病历间隔病史、体重、身高、总体健康状况和视觉状况. 他们发现患有呼吸系统疾病和腹泻的风险与维生素 A 状况的联系比总体营养状况更紧密.

例 12.4 基因是许多症状和疾病的起因. 人们进行了大量的遗传流行病学研究, 试图推断出各种综合征的遗传学基础. 多簇响应 (multiple clustered response) 便是从这样的研究中产生的. 例如, Scourfield 等人 (1996) 利用一个数据集检验了药物滥用病症 (disorders of substance abuse)、焦虑障碍共病 (comorbidity anxiety) 以及感觉寻求 (sensation seeking) 在不同性别上的差异. 该数据集来源于耶鲁大学医学院的遗传流行病学研究单位 (Genetic Epi-
[201] demiology Research Unit, Yale University School of Medicine, New Haven, Connecticut), 由 Kathleen Merikangas 教授所管理. 数据集中包含了 262 名先证者, 并且他们家庭的其他成员是由他们确定的. 所有先证者及他们亲人 (父母、兄弟姐妹、子孙等) 的一系列关于精神疾病和性别等协变量的信息都被记录了下来. 系谱图 (图 12.1) 展现出了典型的家庭结构. 我们应该注意, 在记录中第一个先证者有 6 个亲戚, 而第二个先证者则有 4 个. 换句话说, 系大小因家系而异. 我们需要注意的是一个家庭的每个成员都被记录了多种症状, 比如

这里是 3 种.

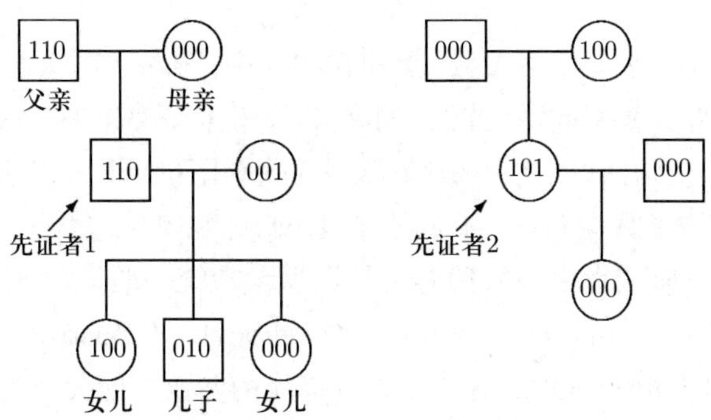

图 12.1　两个不同规模家庭的系谱图. 每一个正方形或者圆圈表示一个家庭成员. 左边的系谱图指出了先证者与亲人间的关系. 每一个正方形或圆圈内都展示了一个 3 比特 (0 或 1) 的序列, 分别标记是否存在药物滥用病症、焦虑障碍共病以及感觉寻求

12.1　参数方法: 二分响应

假设 $\mathbf{Y}_i = (Y_{i1}, \cdots, Y_{iq_i})'$ 为样本 i 的二分响应向量, $i = 1, \cdots, n$. 在例 12.1 中, 对于所有的 2913 个样本有 $q_i = 2$, 而 (Y_1, Y_2) 表示左眼和右眼是否失明. 类似地, 我们很容易定义出例 12.2 和例 12.3 的响应向量.

参数模型主导了涉及多元二分响应的应用. 对数线性模型和边际模型在文献中广受关注. 我们简单地讨论一下这两种模型, 并且强烈推荐阅读本章引用的相关文献和书籍.

12.1.1　对数线性模型

对数线性模型 (log-linear model) 是处理多维二元响应问题最流行并且概念简单的模型之一. 它假设 $\mathbf{Y}_i$ 的联合概率有如下形式: [202]

$$\mathbb{P}\{\mathbf{Y}_i = \mathbf{y}_i\} = \exp\left[\sum_{j=1}^{q_i} \theta_{ij} y_{ij} + \sum_{j_1 < j_2} \theta_{i j_1 j_2} y_{i j_1} y_{i j_2} + \cdots + \theta_{i1\cdots q_i} y_{i1} \cdots y_{i q_i} + A_i(\boldsymbol{\theta}_i)\right], \tag{12.1}$$

其中

$$\boldsymbol{\theta}_i = (\theta_{i1}, \cdots, \theta_{iq_i}, \theta_{i12}, \cdots, \theta_{i,q_i-1,q_i}, \cdots, \theta_{1\cdots q_i})$$

是一个 $2^{q_i-1}-1$ 维的典型参数 (canonical parameters) 向量, 而 $\exp[A_i(\boldsymbol{\theta}_i)]$ 是标准化常数.

模型 (12.1) 似乎有很多参数. 然而在实践中, 该参数向量通常被大大简化. 简化过程中有两步至关重要. 首先, 如果 $\boldsymbol{\theta}_i$ 的坐标是固定的, 意味着大部分数据都是正则的. 换句话说, $\boldsymbol{\theta}_i$ 不依赖 i, 因此这个下标可以被移除. 在例 12.1—例 12.3 中, 典型参数向量 $\boldsymbol{\theta}_i$ 不依赖 i. 比如, 例 12.3 包含了 $2^2-1=3$ 个参数. 其次, 和三阶或者更高阶项有关的典型参数统一假设为 0. 最后的模型被称为二次指数模型 (quadratic exponential model, 见 Zhao 和 Prentice 1990, Fitzmaurice 和 Laird 1995). 估计那些被移除的参数可能会成为数据分析的一个巨大挑战.

在例 12.4 的家庭研究中, 典型参数向量 $\boldsymbol{\theta}_i$ 可能不具有固定的坐标系. 尽管每个人都具有 3 个感兴趣的症状, 但是当整个家谱被当作一个单位或群体时, 该家谱的规模是不同的. 在这种情况下, 建立一个能反映 $\mathbf{Y}_i$ 特性的参数系统非常重要, 但是这种做法取决于个别的应用.

接下来让我们看一下二次指数模型. 该模型中的典型参数具有固定的坐标系:

$$\mathbb{P}\{\mathbf{Y}=\mathbf{y}\}=\exp\left[\sum_{j=1}^{q}\theta_j y_j+\sum_{j<k}\theta_{jk}y_j y_k+A(\boldsymbol{\theta})\right], \tag{12.2}$$

其中

$$\boldsymbol{\theta}=(\theta_1,\cdots,\theta_q,\theta_{12},\cdots,\theta_{q-1,q}).$$

基于模型 (12.2), 典型参数有了明确的解读. 更准确地说, 我们有

$$\log\left[\frac{\mathbb{P}\{Y_j=1|Y_k=y_k,Y_l=0,l\neq j,k\}}{\mathbb{P}\{Y_j=0|Y_k=y_k,Y_l=0,l\neq j,k\}}\right]=\theta_j+\theta_{jk}y_k.$$

[203] 因此, θ_j 表示当 Y 的其他分量为 0 时, $Y_j=1$ 的对数优势. 另外, θ_{jk} 被称为关联参数 (association parameter). 这是因为在假设 Y 的其他分量都为 0 时, 这个条件对数优势比描述了 Y_j 和 Y_k 之间的关系. 将典型参数理解为一定条件下的对数优势或者优势比非常重要, 但是我们还应该清楚这些条件不一定总成立.

为什么模型 (12.1) 被称为对数线性模型呢? 让我们看一个二元变量的例子. 从模型 (12.2) 可以看出 n 个二元随机变量的联合概率为

$$\exp[\theta_1(n_{21}+n_{22})+\theta_2(n_{12}+n_{22})+nA(\boldsymbol{\theta})], \tag{12.3}$$

其中 $n_{11}=\sum_{i=1}^{n}(1-y_{i1})(1-y_{i2})$, $n_{12}=\sum_{i=1}^{n}(1-y_{i1})y_{i2}$, $n_{21}=\sum_{i=1}^{n}y_{i1}(1-y_{i2})$, $n_{22}=\sum_{i=1}^{n}y_{i1}y_{i2}$ 分别为下面的 2×2 表中的元素:

		Y_2	
		0	1
Y_1	0	n_{11}	n_{12}
	1	n_{21}	n_{22}

容易看出 (12.3) 中的表达式等于

$$\frac{n!}{n_{11}!n_{12}!n_{21}!n_{22}!}m_{11}^{n_{11}}m_{12}^{n_{12}}m_{21}^{n_{21}}m_{22}^{n_{22}},$$

其中

$$\log(m_{jk})=\mu+\lambda_j^{Y_1}+\lambda_k^{Y_2}+\lambda_{jk}^{Y_1Y_2}, \tag{12.4}$$

$$\mu=(\theta_1+\theta_2)/2+\theta_{12}/4+A(\boldsymbol{\theta}), \tag{12.5}$$

$$\lambda_1^{Y_1}=-\theta_1/2-\theta_{12}/4+A(\boldsymbol{\theta}), \tag{12.6}$$

$$\lambda_1^{Y_2}=-\theta_2/2-\theta_{12}/4+A(\boldsymbol{\theta}), \tag{12.7}$$

$$\lambda_{11}^{Y_1Y_2}=\theta_{12}/4, \tag{12.8}$$

另外, $\lambda_2^{Y_1}=-\lambda_1^{Y_1}$, $\lambda_2^{Y_2}=-\lambda_1^{Y_2}$, $\lambda_{12}^{Y_1Y_2}=\lambda_{21}^{Y_1Y_2}=-\lambda_{22}^{Y_1Y_2}=-\lambda_{11}^{Y_1Y_2}$. 换句话说, $(n_{11},n_{12},n_{21},n_{22})$ 服从多项式分布, 均值由 (12.4) 的对数线性效应决定. 通常对数线性模型都是这样介绍的 (比如 Agresti 1990, 第 5 章). 进一步, 等式 (12.5)—(12.8) 提供了另一种理解典型参数的方式.

12.1.2 边际模型

我们之前就提过, 对数线性模型中典型参数的解释依赖确定的条件, 但是这些条件不一定具有临床意义. 另一方面, 在对 (12.4) 中的对数线性模型进行 [204]
改进后, 典型参数便和 (12.5)—(12.8) 中的 "边际" 参数有了一一对应的关系. 这里, 边际参数指的是模型 (12.4) 中的主效应和交互效应. 对于调查者来说, 最重要的问题是响应变量边际分布的参数, 而不是考虑所有响应变量的典型参数.

一种可行方案是用边际均值和相关系数等对对数线性模型进行重新参数化. Bahadur 表示是另一种对数线性模型的典型表示方法. 考虑到 $\mathbf{Y}$ 的分量间的关系 (Bahadur 1961, Fitzmaurice 等人 1993, Diggle 等人 1991), 该模型通过引入额外的乘积因子直接对多项分布进行扩展. 其数学表达式为

$$\mathbb{P}\{\mathbf{Y}=\mathbf{y}\}=\prod_{j=1}^{q}\mu_j^{y_j}(1-\mu_j)^{1-y_j}\times\left(1+\sum_{j_1<j_2}\rho_{j_1j_2}r_{j_1}r_{j_2}\right.$$
$$\left.+\sum_{j_1<j_2<j_3}\rho_{j_1j_2j_3}r_{j_1}r_{j_2}r_{j_3}+\cdots+\rho_{1\cdots q}r_1\cdots r_q\right),$$

其中

$$\begin{aligned}\mu_j&=E\{Y_j\},\\ r_j&=(y_j-\mu_j)/\sqrt{\mu_j(1-\mu_j)},\\ \rho_{j_1\cdots j_l}&=E\{R_{j_1}\cdots R_{j_l}\},\end{aligned}$$

$j=1,\cdots,q$.

Bahadur 表示向前迈进了一大步. 它将对数线性模型建立为均值和相关系数这些参数的函数, 而过去只有在连续型响应变量分析中我们才看到这种想法. 然而这种表示有一个严重的缺陷, 因为高阶的相关系数项包含了低阶的相关系数以及均值. 并且在有协变量的情况下该方法的问题特别大. 为了解决参数可解释性以及方法可行性的问题, Liang 等人 (1992) 提出了一种边际模型, 该模型包含均值、优势比以及优势比差等参数. 具体来说, 令

$$\begin{aligned}\gamma_{j_1j_2}&=OR(Y_{j_1},Y_{j_2})=\frac{\mathbb{P}\{Y_{j_1}=1,Y_{j_2}=1\}\mathbb{P}\{Y_{j_1}=0,Y_{j_2}=0\}}{\mathbb{P}\{Y_{j_1}=1,Y_{j_2}=0\}\mathbb{P}\{Y_{j_1}=0,Y_{j_2}=1\}},\\ \zeta_{j_1j_2j_3}&=\log[OR(Y_{j_1},Y_{j_2})|Y_{j_3}=1]-\log[OR(Y_{j_1},Y_{j_2}|Y_{j_3}=0)],\end{aligned}$$

一般地,

$$\zeta_{j_1\cdots j_l}=\sum_{y_{j_3},\cdots,y_{j_l}=0,1}(-1)^{b(\mathbf{y})}\log[OR(Y_{j_1},Y_{j_2}|y_{j_3},\cdots,y_{j_l})],$$

[205] 其中 $b(\mathbf{y})=\sum_{k=3}^{l}y_{j_k}+l-2$.

遗憾的是, 基于新的参数集 μ_j, $\gamma_{j_1j_2}$ 和 $\zeta_{j_1\cdots j_l}$ 估计整个似然函数通常比较复杂. 为了了解困难所在, 让我们通过二元响应变量的例子来进行具体分析. 我们需要假设概率 $P\{Y_1=y_1,Y_2=y_2\}\overset{\text{def}}{=}p(y_1,y_2)$ 对 (y_1,y_2) 的四种可能组合都成立. 那么通过下列等式我们可以得到四个概率的唯一解:

$$\begin{aligned}p(1,1)+p(1,0)&=\mu_1,\\ p(0,1)+p(1,1)&=\mu_2,\\ p(1,1)+p(1,0)+p(0,1)+p(0,0)&=1,\\ p(1,1)p(0,0)&=\gamma_{12}p(0,1)p(1,0).\end{aligned}$$

从前面三个等式可以得到 $p(1,0) = \mu_1 - p(1,1)$, $p(0,1) = \mu_2 - p(1,1)$ 和 $p(0,0) = 1 - \mu_1 - \mu_2 + p(1,1)$. 如果我们将它们代入最后一个等式, 可以得到一个 $p(1,1)$ 的二次等式,

$$(1-\gamma_{12})p^2(1,1) + [1+(\gamma_{12}-1)(\mu_1+\mu_2)]p(1,1) - \gamma_{12}\mu_1\mu_2 = 0,$$

$p(1,1) \stackrel{\text{def}}{=} \mu_{11}$ 的解 (Dale 1986) 为

$$\begin{cases} \dfrac{1+(\gamma_{12}-1)(\mu_1+\mu_2) - \{[1+(\gamma_{12}-1)(\mu_1+\mu_2)]^2 + 4(1-\gamma_{12})\gamma_{12}\mu_1\mu_2\}^{-1/2}}{2(1-\gamma_{12})}, & \text{如果 } \gamma_{12} \neq 1, \\ \mu_1\mu_2, & \text{如果 } \gamma_{12} = 1. \end{cases}$$

利用该解很容易得到

$$p(y_1, y_2) = \mu_1^{y_1}(1-\mu_1)^{1-y_1}\mu_2(1-\mu_2)^{1-y_2} + (-1)^{y_1-y_2}(\mu_{11} - \mu_1\mu_2).$$

当响应变量个数超过 2 时, 如果我们不适当地降低参数维度, 比如设定 $\gamma_{j_1j_2} = \gamma$, 那么该问题将变得很复杂.

*12.1.3 参数估计

在对数线性模型和边际模型中, 我们没有引入协变量. 实际上, 我们最感兴趣的问题是如何在存在协变量的情况下拟合 $\mathbf{Y}$ 的分布, 就像前几章一样. 原则上都是直接将协变量 $\mathbf{x}$ 加入到模型中. 对数线性模型 (12.2) 中的典型参数 θ 和边际模型中的边际参数都可以定义为 $\mathbf{x}$ 的函数. 该函数在广义线性模型 (McCullagh 和 Nelder 1989, p.27) 中被称为关联函数 (link function).

设定好关联函数后, 找到参数的极大似然估计并非不可能, 详见 12.2.3 节. 不过更加常见的做法是利用所谓的广义估计方程 (generalized estimating
equation, GEE). 它不仅可以简化估计参数的过程, 还能使估计 (Liang 和 Zeger [206]
1986) 保留一些重要的渐进性质. 下面将对该估计进行详细的阐述.

现在, 让我们回头看一下模型 (12.2) 并解释如何利用广义估计方程的想法. 首先, 我们将概率重新写成下面的向量形式:

$$\mathbb{P}\{\mathbf{Y} = \mathbf{y}\} = \exp[\boldsymbol{\theta}'\mathbf{z} - A(\boldsymbol{\theta})], \tag{12.9}$$

其中 $\mathbf{z} = (\mathbf{y}', \mathbf{w}')'$, $\mathbf{w}$ 是一个 $\binom{q}{2}$ 维的向量, 由 $(y_1y_2, \cdots, y_{q-1}y_q)'$ 构成.

对于模型 (12.9), 我们假设存在一个矢量关联函数 $\boldsymbol{\eta}$, 它可以把 $\mathbf{x}'\boldsymbol{\beta}$ 转化为 θ, 即 $\boldsymbol{\theta} = \boldsymbol{\eta}(\mathbf{x}'\boldsymbol{\beta})$. 则 GEE 方法试图解决无偏估计方程组 (Godambe 1960,

Zhao 和 Prentice 1990)

$$U(\boldsymbol{\beta}) = \sum_{i=1}^{n} JV_i^{-1} \begin{pmatrix} \mathbf{y}_i - \boldsymbol{\mu} \\ \mathbf{w}_i - \boldsymbol{\omega} \end{pmatrix} = 0, \tag{12.10}$$

其中 $\omega = IE\{w\}, V_i = \text{Cov}(z_i), J = \frac{\partial \theta}{\partial \beta}$.

Liang 等人 (1992) 称 (12.10) 为 GEE2, 因为它是 Liang 和 Zeger (1986) 提出的估计方程的二阶展开. 然而, 如果我们令 (12.10) 中 J 和 V_i 的块对角以外的元素为 0, 则 (12.10) 变成了 GEE1. 在错误设定关联函数的时候, GEE1 相比 GEE2 效率更低. 我们应该注意协方差矩阵 V_i 的非块对角元素不应由 $\boldsymbol{\mu}$ 和 $\boldsymbol{\omega}$ 决定. 为了避免估计其他的参数, 通常用工作矩阵 (working matrice) 来替换潜在的矩阵 (Zhao 和 Prentice 1990).

当 $n \to \infty$ 时, (12.10) 的解渐进服从多元正态分布. 该多元正态分布的均值为 0, 协方差矩阵可以用

$$\left(\sum_{i=1}^{n} JV_iJ' \right)^{-1} \left(\sum_{i=1}^{n} JV_i \begin{pmatrix} \mathbf{y}_i - \boldsymbol{\mu} \\ \mathbf{w}_i - \boldsymbol{\omega} \end{pmatrix} \begin{pmatrix} \mathbf{y}_i - \boldsymbol{\mu} \\ \mathbf{w}_i - \boldsymbol{\omega} \end{pmatrix}' V_iJ' \right) \left(\sum_{i=1}^{n} JV_iJ' \right)^{-1}$$

估计, 并且该估计具有一致性 (Liang 等人 1992). 还可以看出 $U(\boldsymbol{\beta})$ 与 (9.5) 中 McCullagh 和 Nelder (1989) 提出的拟计分函数 (quasi-score function) 非常相似.

同样, 如果我们对配对优势比 (pairwise odds ratio) 感兴趣, 并且还是使用边际函数, 则我们可以假设一个参数 μ_j, γ_{jk} 和协变量 $\mathbf{x}$ 的关联函数. 余下的 GEE 推导过程与上面是一致的.

12.1.4 脆弱性模型

在例 12.4 中, 不同测量单位下的二分响应变量个数可能不同, 比如以家庭
[207] 为单位. 设家庭 i 的数据由二分响应变量 Y_{ij} 和协变量 $\mathbf{x}_{ij}$, $j = 1, 2, \cdots, n_i$, $i = 1, 2, \cdots, I$ 组成. 这里 I 表示家庭总数, n_i 表示第 i 个家庭中的亲属个数.

在这样的家庭研究中, 亲属健康状况的关联性是人们感兴趣的话题. 建立 12.1.1 节的对数线性模型并引入更高阶的交互项是一种建模手段. 基于 Connolly 和 Liang (1988), 我们可以假设

$$\log\mathbb{P}\{Y_{ij} = 1 | Y_{il}, l \neq j, \mathbf{x}_i\} = F_{n_i}(W_{ij}; \theta) + \mathbf{x}_{ij}\boldsymbol{\beta}, \tag{12.11}$$

其中 $W_{ij} = \sum_{l \neq j}^{n_i} Y_{il}$, F_{n_i} 可以是任意的函数, θ 是一个参数. 可得第 i 个家庭

的响应的联合概率为

$$\log \mathbb{P}\{\mathbf{Y}_i = \mathbf{y}_i | \mathbf{x}_i\} = \alpha + \sum_{j=1}^{n_i} y_{ij}\mathbf{x}_{ij}\boldsymbol{\beta} + \sum_{l=0}^{W_i+y_{ij}-1} F_{n_i}(l;\theta). \tag{12.12}$$

Bonney (1986, 1987) 介绍了几种和 (12.12) 有关的逆向逻辑斯谛回归模型. 他假设家庭成员性状之间具有简单的马尔可夫依赖结构 (Markovian structures of dependence). 本质上, 除了 "协变量" 来源于一些常识性的协变量以及其他家庭成员的响应, 这些逻辑斯谛回归模型就是一般的逻辑斯谛回归. 逻辑斯谛回归模型在实践中非常受欢迎而且在分离分析 (segregation analysis) 中被广泛使用.

Babiker 和 Cuzick (1994) 指出了模型 (12.12) 以及相似模型的两个主要问题. 首先, 模型的参数化依赖家庭人数 n_i, 因此不同家庭得到的系数是不相容的. 其次, 他们指出条件系数通常不易被转化为人们感兴趣的参数, 即使家庭人数是相同的. 因为这些顾虑, 他们建议使用一种简单的单脆弱模型 (one-frailty model). 然而, 在绝大多数家庭研究中, 他们的简单脆弱模型不能解决重点问题. 因此, 通过考虑亲属之间的关系来加强简单脆弱模型非常有效.

以图 12.1 中的三代系谱图为例, 我们引入三种类型的未观测到的脆弱因子 U_1^i, U_2^i 和 U_3^i, 它们分别代表一般的、不可测量的环境因素, 家庭始祖的遗传易感性因素以及从父母到孩子的相关遗传物质传输. 这里, 家庭始祖指的是那些系谱图中没有父母的个体. 为了避免技术上的复杂度, 我们假设这些脆弱因子是独立的伯努利随机变量, 即

$$\mathbb{P}\{U_k^i = 1\} = \theta_k = 1 - P\{U_k^i = 0\},$$

$k = 1, 2, 3$. 一个关键的假设是对于第 i 个家庭, 在给定所有可能的 U_k^i(记为
U^i) 的条件下, 所有家庭成员的健康状况是独立的 [208]

$$\log(\mathbb{P}\{Y_j^i = 1 | U^i\}) = \mathbf{x}_j^i\boldsymbol{\beta} + \mathbf{a}_j^i\gamma, \tag{12.13}$$

其中 $\boldsymbol{\beta}$ 和 γ 都是参数向量, 并且

$$\mathbf{a}_j^i = (U_1^i, U_{2,2j-1}^i + U_{2,2j}^i, U_{2,2j-1}^i U_{2,2j}^i)'$$

含有所有脆弱因子. $\mathbf{a}_j^i$ 的构建需要基于易感基因位点 A 和 a 存在的假设. 下面将会进行阐述.

令等位基因 A 的频率为 θ_2, $(U_{2,2j-1}^i, U_{2,2j}^i)$ 指示第 i 个家庭第 j 个成员的两条染色体上的等位基因 A 是否存在. 基于孟德尔遗传定律, $\theta_3 = 0.5$. 模型

(12.13) 中参数的理解非常重要. 参数 β 衡量的是在给定脆弱因子的条件下, 性状与协变量间关联的强弱. γ 表示家族遗传对性状的作用. 记 $\boldsymbol{\gamma} = (\gamma_1, \gamma_2, \gamma_3)'$. 如果 $\gamma_2 = 0$, $\gamma_3 \neq 0$, 那么它表示隐性性状, 因为遗传效应只有在两个等位基因 A 出现时才会表达. 另一方面, 如果性状由完全显性基因决定, 则基因型 Aa 和 AA 会产生同样的效应, 这表示 $\gamma_2 = 2\gamma_2 + \gamma_3$, 即 $\gamma_2 = -\gamma_3$.

脆弱模型 (12.13) 与很多分离分析用到的模型紧密相关. 我们可以回顾经典的 Elston-Stewart 模型 (1971), 它是一种系谱数据遗传分析模型. Elston-Stewart 模型最初是在不考虑协变量的情况下用来确定感兴趣的性状的遗传方式. 脆弱模型 (12.13) 和 Bonney (1986, 1987) 的 D 类逻辑斯谛回归模型非常相似. 主要区别在于拟合家族相关性与残余遗传效应和环境的关系的手段. 回归模型利用了亲本性状并且假设同胞的亲本性状具有条件独立性. 相比之下, 脆弱模型假设所有家庭成员的脆弱变量具有条件独立性. 从概念上讲, 这里定义的脆弱变量与 Cannings 等人 (1978) 在系谱分析中介绍的表型 (ousiotype) 非常相似. 每个个体唯一的表型被假设为代表未观测到的遗传效应. 包括 Bonney (1986, 1987) 在内的许多其他作者都将表型作为基因型. 脆弱模型 (12.13) 可以被看作是将表型进一步分解为重点关注的基因型和其余未观测到的效应.

在计算方面, 当 U 和 Y 都能被观测时, 完全对数似然函数很容易推导. 那么 EM 算法 (Dempster, Laird 和 Rubin 1977) 可以用来估计参数. 脆弱模型的具体发展情况将在别处 (Zhang 和 Merikangas 1999) 提及.

12.2　分类树: 多维二分响应

[209] 很多参数模型都具有一个明显的共同特征, 那就是模型中通常只会涉及很少的协变量并且很少对模型选择进行讨论. 尽管理论上模型不受协变量个数的限制, 但是事实上指定候选的参数模型并且从中筛选出最终模型是一个很大的挑战. 为了解决实际问题, Zhang (1998a) 在树的基础上考虑了各种各样的自适应方法并以此作为对现有参数方法的补充. 这里的讨论将基于 Zhang (1998a) 的工作.

12.2.1　结点内同质性

毫无例外的是, 为了将分类树扩展到多元离散响应数据的分析, 我们需要定义一个新的分裂函数和成本复杂度. 首先, 我们说明如何利用对数线性模型 (12.9) 对现在的情形建立熵标准 (4.3). 这里我们使用了和推导 (2.1) 一样的想法. 为了简化问题, 我们假设 $\mathbf{Y}$ 的联合分布只依赖线性项和二阶交互项之和.

也就是说, 我们假设 $\mathbf{Y}$ 的联合概率分布为

$$f(\mathbf{y};\Psi,\theta)=\exp(\Psi'\mathbf{y}+\theta w-A(\Psi,\theta)), \tag{12.14}$$

其中 $w=\sum_{i<j}y_iy_j$. 现在, 我们定义广义熵标准或者说结点 τ_L 的同质度为该分布的对数似然函数的最大值

$$h(\tau_L)=\sum_{i\in\tau_L}(\hat{\Psi}'\mathbf{y}_i+\hat{\theta}w_i-A(\hat{\Psi},\hat{\theta})), \tag{12.15}$$

其中 $\hat{\Psi}$ 和 $\hat{\theta}$ 可以被视为 Ψ 和 θ 的极大似然估计. 明显地, 结点 t_R 中的同质度可以进行类似定义. 如果你愿意的话, 可以将结点不纯度 $i(\tau)$ 选为 $-h(\tau)$. 定义好同质度 (或不纯度) 度量后, 我们将它代入到 (2.3). 这样便建立好了分裂准则.

除了同质度 (12.15), 还有其他值得考虑的方案. 如果响应变量是连续的, 自然可以用协方差矩阵来衡量结点同质度. 因此, 通过协方差矩阵为回归树挖掘一种同质度度量是合理的.

在结点 τ 内, 我们可以根据 $\mathbf{Y}$ 的分布度量结点的同质度 (反变差)

$$h_1(\tau)=-\log|V_\tau|, \tag{12.16}$$

其中 V_τ 表示结点内 $\mathbf{Y}$ 的样本协方差矩阵的行列式. 使用对数是为了确保次可
加性 [210]

$$n_\tau h_1(\tau)\leqslant n_{\tau_L}h_1(\tau_L)+n_{\tau_R}h_1(\tau_R),$$

其中 n_τ, n_{τ_L} 和 n_{τ_R} 分别表示结点 τ 内的样本数以及它的左孩子结点和右孩子结点的样本数.

当我们的二分响应变量是一维的时候, 标准 (12.16) 本质上是 (4.4) 中的基尼指数. 这是因为

$$|V_\tau|=\frac{n_\tau}{n_\tau-1}p_\tau(1-p_\tau),$$

p_τ 表示结点 τ 中患病样本的比例.

另外, 另一种结点内同质度度量值得我们注意, 它直接对处理连续型纵向数据的树方法中用到的标准 (11.38) 进行扩展

$$h_2(\tau)=-\frac{1}{n_\tau}\sum_{i\in\tau}(\mathbf{y}_i-\bar{\mathbf{y}}(\tau))'V^{-1}(\mathbf{y}_i-\bar{\mathbf{y}}(\tau)), \tag{12.17}$$

其中 V^{-1} 表示根结点中 $\mathbf{Y}_i$ 的协方差矩阵.

最后, 基于前几节的讨论, 在我们处理多维二分响应的时候, 用配对优势比构建的矩阵替代协方差矩阵 V_τ 将会更合适. 效果有待进一步研究.

12.2.2 终端结点

为了建立一个有效的树结构, 需要一个严格的规则来决定终端结点或者说树的规模. 正如第 4.2.2 节 (4.7) 所介绍的, 我们需要准备一棵树的成本复杂度

$$R_\alpha(\mathcal{T}) = R(\mathcal{T}) + \alpha|\tilde{\mathcal{T}}|,$$

Zhang (1998a) 考虑过三种成本 $R(\mathcal{T})$, 分别与 h, h_1 和 h_2 相关. 他用 $h(\tau)$ 定义了

$$R(\mathcal{T}) = -\sum_{\tau\in\tilde{\mathcal{T}}}\sum_{i\in\tau}\log f(\mathbf{y}_i;\hat{\Psi},\hat{\theta}), \tag{12.18}$$

其中 f 在 (12.14) 有介绍, $\hat{\Psi}$ 和 $\hat{\theta}$ 需要从训练样本中估计. 但是要注意, 样本 i 不一定包含在训练样本中.

Zhang 通过 $h_1(\tau)$ 引入了

$$R_1(\mathcal{T}) = -\sum_{\tau\in\tilde{\mathcal{T}}} n_\tau \log|V_\tau|,$$

[211] 其中 V_τ 是结点 τ 内 $\mathbf{Y}$ 的协方差矩阵, 它和均值都是从训练样本得到的, 尽管 $\mathbf{Y}$ 可能不包含在训练样本中. $h_1(\tau)$ 和 $R_1(\mathbf{T})$ 被证明不如其他选择有效. 对于 12.3 节中的数据, (12.16) 中的 $h_1(\tau)$ 会造成一个不期许的终端削减偏好问题. 2.2 节的结尾将该现象描述为使用基尼指数处理一维二分响应产生的副作用. 由于 $h_1(\tau)$ 可以被视为广义的基尼指数, 因此 $h_1(\tau)$ 会有这样的问题并不奇怪. 于是我们将不再对 $h_1(\tau)$ 和 $R_1(\mathcal{T})$ 进行深入探究.

同样, 对于 $h_2(\tau)$, 我们有

$$R_2(\mathcal{T}) = -\sum_{\tau\in\tilde{\mathcal{T}}}\sum_{i\in\tau}(\mathbf{y}_i - \bar{\mathbf{y}}(\tau))'V^{-1}(\mathbf{y}_i - \bar{\mathbf{y}}(\tau)), \tag{12.19}$$

V 和 $\bar{\mathbf{y}}(\tau)$ 是从训练样本中估计的.

在定义好 $R_\alpha(\mathcal{T})$ 后, 余下的过程和第 4.2.3 节是一致的. 然而, 我们应该清楚 $R(\mathcal{T})$ 标准误的理论推导看起来很难. Zhang (1998a) 首先建议重复 10 次交叉验证步骤. 该过程可以产生标准误的经验估计. 尽管没有明确说明, 但这实际上引入了袋装法的想法. 除此之外, 它还能决定树的规模.

*12.2.3 计算问题

由于每一个结点都有多种可能的分裂点, 那么必须要对同质度 (12.15) 计算很多次. 因此, 设计高效的算法来尽可能多地降低计算量至关重要. 而计算 $\mathbf{y}$

和 w 相对简单, 所以关键的是找到估计值 $\hat{\Psi}$ 和 $\hat{\theta}$. 为了简化符号, 我们将 w 和 $\mathbf{y}$, θ 和 Ψ 合并, 并令

$$\mathbf{z} = (\mathbf{y}', w)', \quad \Phi = (\Psi', \theta)',$$

根据 Fitzmaurice 和 Laird (1993), 可以通过下面的更新公式得到 $\hat{\Phi}$

$$\Phi^{(J+1)} = \Phi^{(J)} + V^{-1}(\mathbf{y})(\bar{\mathbf{y}} - \boldsymbol{E}\{\mathbf{Y}\}), \tag{12.20}$$

其中 $\boldsymbol{E}\{\mathbf{Y}\}$ 和 $V^{-1}(\mathbf{y})$ 分别表示在给定模型参数为 $\Phi^{(J)}$ 的条件下 $\mathbf{Y}$ 的均值和协方差矩阵. $\bar{\mathbf{y}}$ 是给定的结点内 $\mathbf{Y}$ 的样本平均值. $V(\mathbf{Y})$ 需要更多的计算时间, 这一点也不奇怪. 另外, $V(\mathbf{Y})$ 的估计依赖当前的 $\Phi^{(J)}$ 并且会使更新准则更易受糟糕的 Φ 的初始值的影响. 数值结果和理论依据都表明最好用给定结点内 $\mathbf{Y}$ 的样本协方差矩阵 V_0 来替代 $V(\mathbf{Y})$ 的理论值. 在我们的程序中, 使用 V_0 可以产生令人满意的数值结果. 从理论的观点来看, 当 $\Phi^{(J)}$ 收敛到一个稳定的点并且样本量充分大时, $\boldsymbol{E}\{\mathbf{Y}\}$ 和 $V(\mathbf{Y})$ 应该与 $\bar{\mathbf{y}}$ 和 V_0 很接近. 所以, 下面的简化更新公式取代了 (12.20) 式 [212]

$$\Phi^{(J+1)} = \Phi^{(J)} + V_0^{-1}(\bar{\mathbf{y}} - \boldsymbol{E}\{\mathbf{Y}\}). \tag{12.21}$$

*12.2.4 参数解释

我们开始便声明了与条件优势或优势比有关的典型参数以及这些优势的条件可能不太合适. 于是我们将在这里说明如何将典型参数转化为具有更清晰解释的边际参数.

令 $\gamma = \boldsymbol{E}(w)$, $\boldsymbol{\mu} = (\mu_1, \cdots, \mu_p)' = \boldsymbol{E}(\mathbf{Y})$. 现在我们介绍一种配对相关系数的 "总体" 度量:

$$\rho = \frac{\gamma - \sum_{i<j} \mu_i \mu_j}{\sqrt{\sum_{i<j} \mu_i (1-\mu_i) \mu_j (1-\mu_j)}}. \tag{12.22}$$

接下来, 我们来说明如何通过 $\Phi = (\Psi', \theta)'$ 的估计推导出边际分布参数 $\boldsymbol{\mu}$, ρ 以及它们标准误的估计. $\hat{\boldsymbol{\mu}}$ 和 $\hat{\rho}$ 可以通过将 $\hat{\Phi}$ 代入分布函数的方式直接计算出来. 下面解释的是如何找到标准误的估计.

很容易看出

$$\frac{\partial \boldsymbol{\mu}}{\partial \Phi'} = \mathrm{Cov}(\mathbf{Y}, \mathbf{Z}'), \quad \frac{\partial \gamma}{\partial \Phi'} = \mathrm{Cov}(w, \mathbf{Z}'),$$

由链式法则, 我们得到

$$\begin{aligned}\frac{\partial \rho}{\partial \Phi'} &= \frac{\partial \rho}{\partial \gamma}\frac{\partial \gamma}{\partial \Phi'} + \frac{\partial \rho}{\partial \boldsymbol{\mu}'}\frac{\partial \boldsymbol{\mu}}{\partial \Phi'} \\ &= \mathrm{Cov}(w, \mathbf{Z}')\frac{\partial \rho}{\partial \gamma} + \frac{\partial \rho}{\partial \boldsymbol{\mu}'}\mathrm{Cov}(\mathbf{Y}, \mathbf{Z}').\end{aligned}$$

因此,

$$\begin{pmatrix} \dfrac{\partial \boldsymbol{\mu}}{\partial \Phi'} \\ \dfrac{\partial \rho}{\partial \Phi'} \end{pmatrix} = \begin{pmatrix} \mathbf{I} & 0 \\ \dfrac{\partial \rho}{\partial \boldsymbol{\mu}'} & \dfrac{\partial \rho}{\partial \gamma} \end{pmatrix} \mathrm{Cov}(\mathbf{Z}) \stackrel{\mathrm{def}}{=} JV.$$

V 是和 Φ 有关的信息矩阵, 而 $\boldsymbol{\mu}$ 和 ρ 的信息矩阵为

$$\mathcal{I}(\boldsymbol{\mu}, \rho) = (VJ')^{-1}V(JV)^{-1} = (J^{-1})'V^{-1}J^{-1}.$$

根据 Fitzmaurice 和 Laird (1993) 以及 Zhao 和 Prentice (1990) 的讨论, 模型可能被错误识别, 我们应该对 $\hat{\boldsymbol{\mu}}$ 和 $\hat{\rho}$ 协方差矩阵采用一种更稳健的估计. 下面
[213] 是 Royall (1986) 提出的方法:

$$\begin{aligned}\hat{V}(\hat{\boldsymbol{\mu}}, \hat{\rho}) &= [n_\tau \mathcal{I}(\hat{\boldsymbol{\mu}}, \hat{\rho})]^{-1} \sum \left[(\hat{V}\hat{J}')^{-1} \begin{pmatrix} \mathbf{y}_i - \hat{\boldsymbol{\mu}} \\ w_i - \hat{\gamma} \end{pmatrix} \right. \\ &\quad \left. \times \begin{pmatrix} \mathbf{y}_i - \hat{\boldsymbol{\mu}} \\ w_i - \hat{\gamma} \end{pmatrix}' (\hat{J}\hat{V})^{-1} \right] [n_\tau \mathbf{I}(\hat{\boldsymbol{\mu}}, \hat{\rho})]^{-1} \\ &= \frac{1}{n_\tau^2} \hat{J} \sum \begin{pmatrix} \mathbf{y}_i - \hat{\boldsymbol{\mu}} \\ w_i - \hat{\gamma} \end{pmatrix} \begin{pmatrix} \mathbf{y}_i - \hat{\boldsymbol{\mu}} \\ w_i - \hat{\gamma} \end{pmatrix}' \hat{J}',\end{aligned}$$

其中 n_τ 表示结点 τ 中的样本数, 求和项针对的是结点 τ 内所有样本. 从以上公式可以直接计算出 $\hat{\boldsymbol{\mu}}$ 和 $\hat{\rho}$ 的标准误.

12.3 应用: BROCS 数据的分析

12.3.1 背景

由建筑物居住者报道的 BROCS (building-related occupant complaint syndrome) 是一种非特异性不适症状. 该症状出现在世界各地的办公楼、医院等建筑中. BROCS 最普遍的症状包括眼鼻喉的刺激、头痛以及反胃. BROCS 的起因尚不明确. 为了加强对 BROCS 的理解, Zhang (1998a) 分析了一个数据子集. 该数据集来源于 1989 年对美国 6800 名国会图书馆和环保署指挥部员

工开展的调查. 此处的讨论与 Zhang (1998a) 的分析类似. 在 Zhang 的分析中, 他用整个样本集合来构建树. 但是为了对树的效果进行检验, 我们将样本均等地分为了两个数据集: 一个用来构建树, 另一个用来检验该树的效果. 并且, 我们还考虑了作为 BROCS 的风险因素的 22 个解释变量 (表 12.1 中的 22 个问题) 和 6 个二分响应变量 (表 12.2 中给出了每一个响应变量包含的一些特定的不适症状). 我们的目的是通过确定影响因素来预测 BROCS 的风险.

表 12.1 BROCS 研究中的解释变量

解释变量	问题
x_1	你的工作场所是什么类型?
	(带门的封闭式工作室、小隔间、栈等)
x_2	你的工作场所是如何共享的?
	(单人、多人共享等)
x_3	你的桌子金属制品吗?(是或否)
x_4	你的工作区域有新设备吗?(是或否)
x_5	你对花粉敏感吗?(是或否)
x_6	你对灰尘敏感吗?(是或否)
x_7	你对模具敏感吗?(是或否)
x_8	你年龄多大?(16 至 70 岁)
x_9	性别 (男性或女性)
x_{10}	你的工作区域空气是否过于流通?
	(从不, 很少, 有时, 经常, 总是)
x_{11}	你的工作区域空气是否不太流通?
	(从不, 很少, 有时, 经常, 总是)
x_{12}	你的工作区域是否过于干燥?
	(从不, 很少, 有时, 经常, 总是)
x_{13}	你的工作区域是否太闷?(从不, 很少, 有时, 经常, 总是)
x_{14}	你的工作区域是否太吵?(从不, 很少, 有时, 经常, 总是)
x_{15}	你的工作区域灰尘很多吗?
	(从不, 很少, 有时, 经常, 总是)

续表

解释变量	问题
x_{16}	你是否在工作中被翻过白眼?(从不, 有时, 经常, 总是)
x_{17}	你的椅子有多舒适?
	(刚好合适, 稍微合适, 非常不舒服, 没有专用椅)
x_{18}	你的椅子容易调整吗?(是, 否, 不能调整)
x_{19}	你在分配设备上有话语权吗?
	(很少, 少, 中等, 多, 非常多)
x_{20}	你家里有孩子吗? (是或否)
x_{21}	照顾孩子方面你负主要责任吗?(是或否)
x_{22}	你做的是什么类型的工作?(管理型, 专职型, 技术型等)

该表根据 Zhang (1998a) 的表 1 重新生成.

表 12.2 BROCS 中的六个类别

响应变量	症状类别	症状
y_1	CNS	记忆困难, 注意力不集中, 头晕,
		抑郁, 紧张, 焦躁
y_2	上呼吸道 (U.A.)	流鼻涕, 鼻塞, 打喷嚏, 咳嗽, 喉咙痛
y_3	疼痛 (Pain)	肌肉、关节疼痛, 背部、肩部、颈部疼痛,
		手部、腕部疼痛
y_4	流感症状 (Flu-like)	恶心, 发冷, 发烧
y_5	眼部 (Eyes)	眼部干燥、痒或撕裂, 眼部疼痛、紧张,
		视力模糊, 眼部灼热
y_6	下呼吸道 (L.A.)	胸部喘息, 气短, 胸闷

该表根据 Zhang (1998a) 的表 2 生成.

12.3.2 树的构建

因为一些预测因子有缺失信息, 树的构建过程采用了 4.8.1 节描述的联合缺失策略. 为了确保每个结点内的样本数合理, Zhang (1998a) 结合了实验样本大小以及响应变量个数后建议不对样本数少于 60 的结点进行分裂. 除此之
[215] 外, 为了分析各种方法的性能, 整个样本集合被等分为一个训练集和一个验证

集. 训练集用来构建树, 而验证集则用来比较树的预测能力.

当 (12.15) 中的 h_τ 被当作结点同质度的度量时, 我们得到了一棵有 65 个结点的初始树. 将 (12.18) 中的 $R(\mathcal{T})$ 作为树的成本时, 我们从初始树中得到了 33 棵嵌套最优子树. 图 12.2(a) 作出了这些子树的对数成本与复杂度之间的关系图. 作为对比, 我们还用 $h_2(\mathcal{T})$ 构造出了一棵具有 199 个结点的初始树并利用 (12.19) 中的 $R_2(\mathcal{T})$ 从该初始树中得到了 69 棵嵌套最优子树. 成本与复杂度的关系见图 12.2(b).

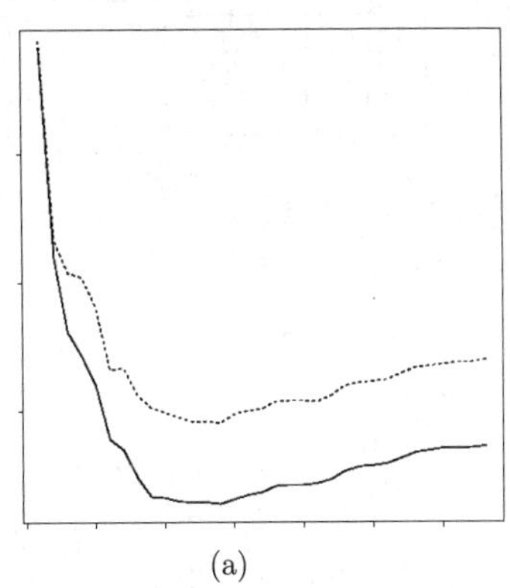
(a)

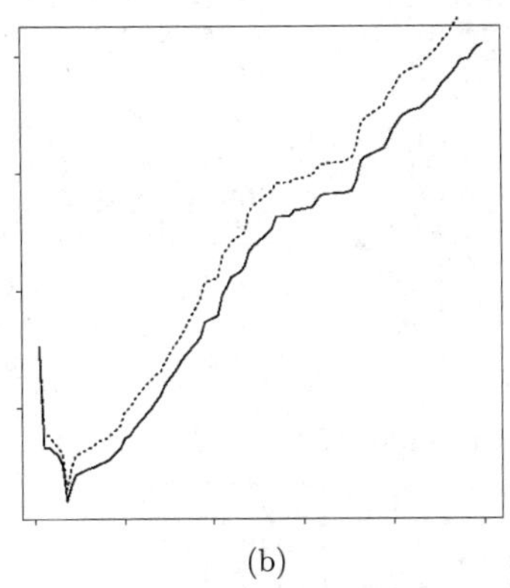
(b)

图 12.2 两个子树的成本复杂度. 图 (a) 和图 (b) 分别来自使用 $h_1(\tau)$ 和 $h_2(\tau)$ 的树. 实线表示成本的对数交叉验证估计. 虚线表示成本的对数交叉验证估计加上一倍标准误的对数

子树的成本估计和标准误是通过重复 10 次 5 折交叉验证得到的. 每一次, 对于每一棵子树我们都有一个 5 折交叉验证的成本估计. 重复 10 次可以得到 10 个这样的估计. 那么我们可以用这 10 次估计的均值和样本方差的平方根作为树的成本估计和标准误. 基于图 12.2, 我们最终从 $h(\tau)$ 对应的初始树中筛选出了一棵具有 6 个终端结点的子树, 并从另一棵初始树中筛选出了一棵具有 7 个终端结点的子树. 它们分别展示在图 12.3 和图 12.4 中.

12.3.3 数值结果说明

表 12.3 说明图 12.3 中的终端结点 7 中的样本麻烦最大. 该终端结点中的个体抱怨的问题比别人更多. 这是因为他们工作区域的空气质量很差, 或者说很闷并且很多灰尘. 基于同样的原因, 终端结点 5 和 6 中的样本相对具有更多症状. 相比之下, 终端结点 10 中的个体的工作环境最舒适, 因为他们的工作区域空气质量最好. 总体来说, 图 12.3 和表 12.3 阐明了工作区域空气质量的重 [218]
要性.

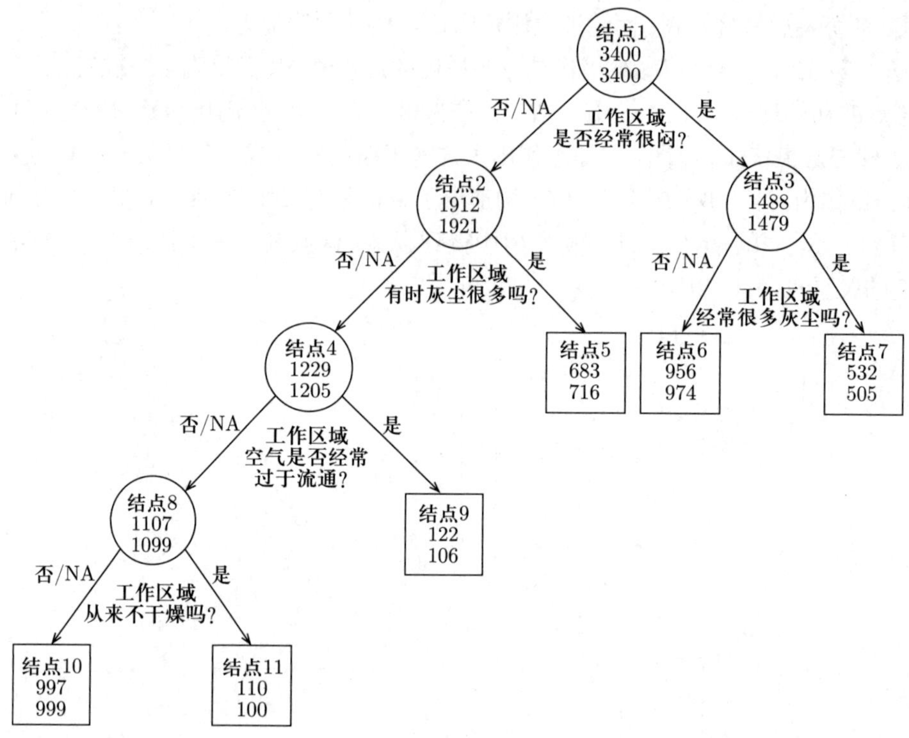

图 12.3　基于 $h(\tau)$ 的 BROCS 风险因素的树结构. 每一个结点 (圆圈或正方形) 内是结点编号以及训练集 (上) 和验证集 (下) 的数目. 分裂问题在结点下

表 12.3　图 12.3 对应的树的终端结点中症状流行率的估计

终端结点 #	症状类别					
	CNS	U.A.	Pain	Flu-like	Eyes	L.A.
5	0.14†	0.29	0.29	0.15	0.03	0.10
	0.14¶	0.24	0.24	0.14	0.02	0.08
6	0.21	0.30	0.35	0.16	0.05	0.07
	0.20	0.31	0.35	0.19	0.05	0.07
7	0.29	0.49	0.51	0.29	0.08	0.12
	0.27	0.49	0.47	0.25	0.06	0.11
9	0.10	0.19	0.16	0.15	0.02	0.27
	0.08	0.20	0.17	0.13	0.01	0.18
10	0.07	0.09	0.10	0.06	0.01	0.03
	0.07	0.11	0.12	0.06	0.01	0.02
11	0.21	0.26	0.24	0.17	0.05	0.09
	0.08	0.14	0.26	0.08	0.04	0.04

†基于训练样本.

¶基于验证样本.

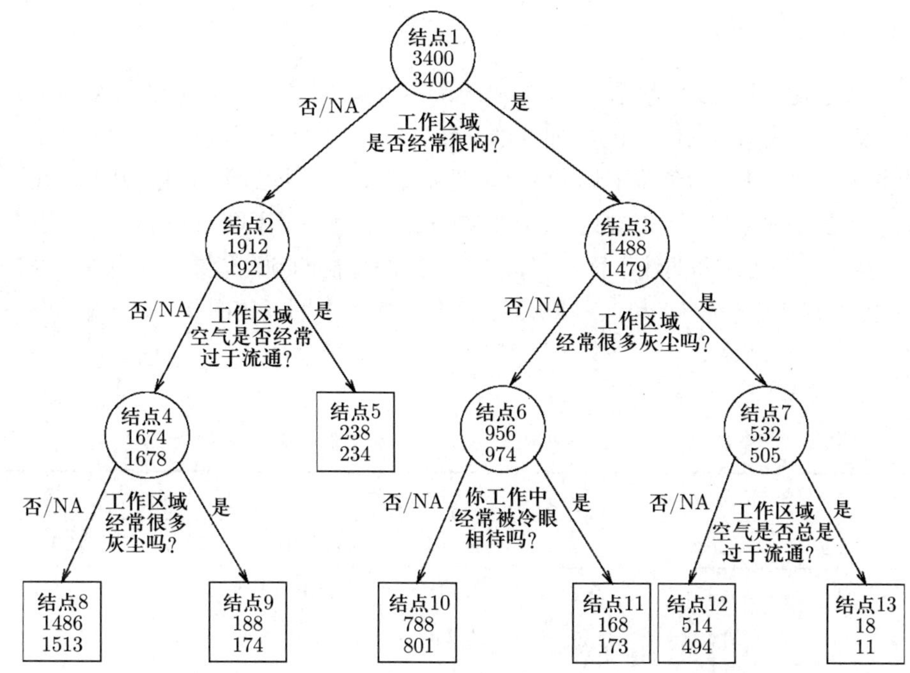

图 12.4 基于 $h_2(\tau)$ 的 BROCS 风险因素的树结构. 每一个结点 (圆圈或正方形) 内是结点编号以及训练集 (上) 和验证集 (下) 的数目. 分裂问题在结点下

图 12.4 基于另一个标准 $h_2(\tau)$ 再一次展示了空气质量的重要性. 除了 “遭遇过白眼” 这个因子之外, 它和图 12.3 几乎使用了相同的分裂点. 通过比较图 12.4 中的终端结点 10 和 11, 可以看出 “遭遇过白眼” 会引发更多的不适症状.

12.3.4 备选方法

我们在前几章提到了两种备选方法, 它们都是直接利用树方法处理单响应变量. 首先, 我们可以对每个单独的症状类别分别构建树, 然后对这些信息进行总结. Zhang (1998a) 认为这种方法依赖症状类别的种类数, 因此可能会很费时, 并且不一定那么有效. 第二种方法是建立一个替代的响应变量. 替代的响应变量可以是 6 个类别的正响应之和, 或者是通过分类主成分分析 (Kleinbaum 等人 1988, p. 604) 得到的更复杂的响应变量的线性组合. 它被称为 “分类的” 是因为响应变量是二分的, 这不满足主成分分析的条件. 那么, 我们可以将替代的响应变量转化为数值型变量, 然后建立一棵回归树. 在生成回归树后, 我们可以将它当成原始数据的分类树. 可以从 Zhang (1998a) 中查找细节.

12.3.5 预测效果

[219] 为了比较图 12.3 和图 12.4 中树的预测效果, 我们对每一个症状类别生成了 ROC 曲线 (3.2 节有 ROC 曲线的介绍). 图 12.5 展示了两种 ROC 曲线: 一个是基于图 12.3 的预测准则, 另一个是基于图 12.4 的预测准则. 另外, ROC 曲线下的面积 (AUC) 也被列了出来. 图 12.5 中每一个子图与一个症状类别有关. 从 ROC 曲线和曲线下面积可以看出, 这两棵树的预测效果非常接近, 尽管图 12.4 在 "流感症状" 和 "下呼吸道" 这两个症状类别上比图 12.3 表现得更好 (表 12.4).

表 12.4 图 12.4 对应的树的终端结点中症状流行率的估计

终端	症状类别					
结点 #	CNS	U.A.	Pain	Flu-like	Eyes	L.A.
5	0.15[†]	0.27	0.27	0.21	0.04	0.24
	0.12[¶]	0.25	0.26	0.18	0.02	0.21
8	0.09	0.13	0.14	0.08	0.01	0.04
	0.08	0.14	0.15	0.07	0.01	0.03
9	0.16	0.41	0.34	0.20	0.04	0.10
	0.18	0.29	0.28	0.17	0.01	0.05
10	0.19	0.29	0.30	0.13	0.04	0.06
	0.18	0.30	0.32	0.16	0.04	0.06
11	0.31	0.36	0.57	0.28	0.10	0.08
	0.28	0.37	0.51	0.30	0.08	0.08
12	0.28	0.48	0.51	0.28	0.08	0.10
	0.27	0.49	0.47	0.25	0.06	0.11
13	0.56	0.61	0.44	0.56	0.22	0.61
	0.18	0.45	0.36	0.18	0.18	0.27

†基于训练样本.

¶基于验证样本.

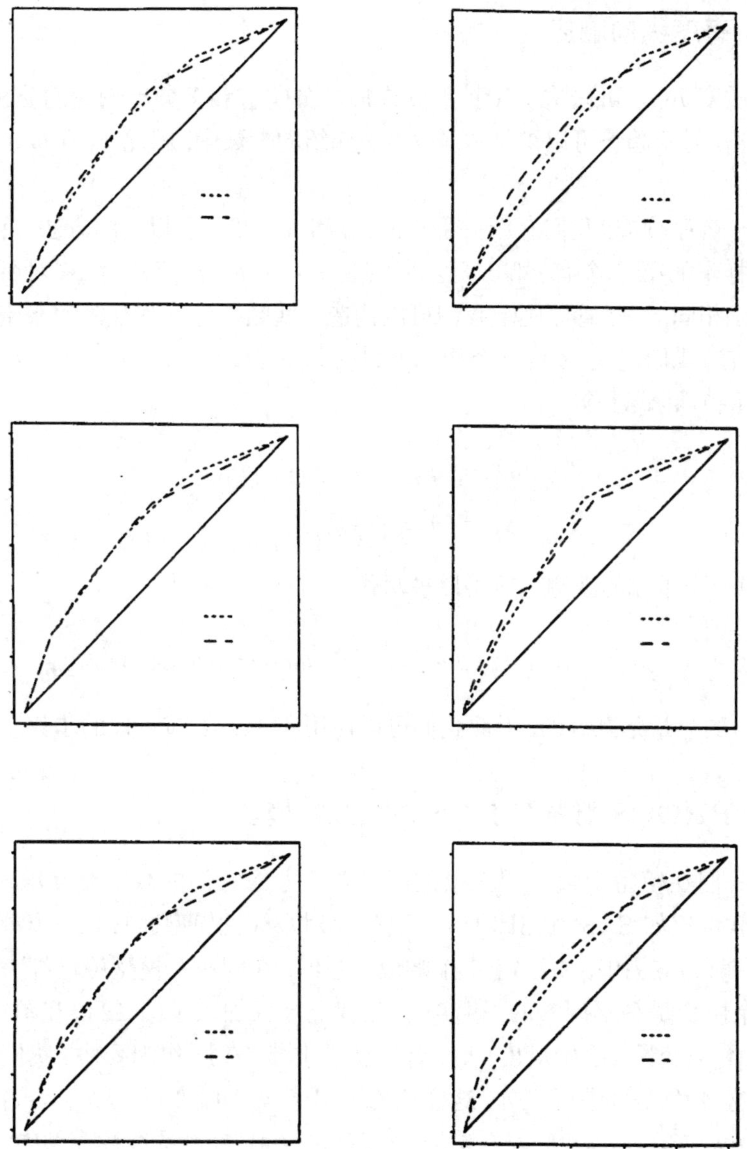

图 12.5 比较图 12.3 和图 12.4 中的单集群分类树的 ROC 曲线. ROC 曲线以假阳性概率 (FPP) 为横轴, 真阳性概率 (TPP) 为纵轴. 实线表示随机预测的表现. 虚线和短划线代表分别来自图 12.3 和图 12.4 的 ROC 曲线

12.4 有序纵向响应

同质度 $h(\tau)$ 可以进一步扩展到纵向二分响应和多分类响应的分析. 对于纵向数据, 时间趋势可以被纳入 (12.14) 介绍的参数中, 因此 $h(\tau)$ 成了时间的函数.

对于有序响应, 我们介绍一种 Zhang 和 Ye (2008) 提出的方法. 令 z_{ij} 为第 i 个样本的第 j 个有序响应, 它可以取 $1, \cdots, K$. 注意这里 K 对所有响应变量都是相同的, 尽管原则上我们可以构造一些频率为 0 的额外水平来调整出
[221] 不同的 K. 我们定义 $K-1$ 个指示变量 $y_{ijk} = I(z_{ij} > k)$, $k = 1, \cdots, K-1$. $I(\cdot)$ 表示指示函数. 令

$$\begin{aligned} y_{ij} &= (y_{ij,1}, \cdots, y_{ij,K-1})', \\ \mathbf{y}_i &= (y'_{i1}, \cdots, y'_{in})', \end{aligned} \tag{12.23}$$

那么, 第 i 个单元的观测响应可以被写作

$$\mathbf{y}_i = (y_{i1,1}, \cdots, y_{ik,K-1}, \cdots, y_{in,1}, \cdots, y_{in,K-1})'.$$

现在, $\mathbf{y}_i$ 的分量是二分的, 因此我们可以使用和 12.2.1 节一样的步骤.

12.5 BROCS 数据集分析: 对数线性模型

当我们在模型中引入了大量的因子并且考虑它们的高阶交互项时, 使用标准的软件比如 SAS 和 SPLUS 建立一个对数线性模型通常是一个艰难的任务. 在目前的应用中, 当给定 6 个响应变量时, 在同一个模型中详细考察所有的 22 个协变量是不现实的. 事实上, 当我们仅仅加入了图 12.3 和图 12.4 中出现的 4 个变量 (原始尺度) 时, 计算仍然非常费时. 作为妥协, 我们基于分裂点将这 4 个变量进行二分, 这样便构造出了 4 个哑变量: $z_1 = I(x_{10} > 3)$, $z_2 = I(x_{12} > 3)$, $z_3 = I(x_{13} > 3)$, $z_4 = I(x_{15} > 3)$. 在对数线性模型中, 我们假设 y 和 z 形成的 2^{10} 个交叉分类单元的样本计数是相互独立的泊松随机变量. 需要对它们的期望值进行拟合.

我们初始构造的模型考虑了 6 个响应变量中的 2 个变量与 4 个哑变量中的 1 个变量的三阶交互项. 表 12.5 中 SAS 程序中的第一行命令 PROC CATMOD 计算出了初始模型的估计. 不显著项 (p 值 $\geqslant 0.05$) 按顺序被移出了

模型, 最终模型的单元计数期望为 [222]

$$
\begin{aligned}
&\exp\Bigg[\mu+\sum_{k=1}^{6}\lambda_{ik}^{y_k}+\sum_{k=1}^{4}\lambda_{jk}^{z_k}+\Bigg(\sum_{k=4,6}\lambda_{j_1i_k}^{z_1y_k}+\sum_{k\neq 3,5}\lambda_{j_2i_k}^{z_2y_k}+\sum_{k\neq 2,5}\lambda_{j_3i_k}^{z_3y_k}+\sum_{k=1}^{4}\lambda_{j_4i_k}^{z_4y_k}\Bigg)\\
&\quad+\Bigg(\sum_{l=1,2}\sum_{k=3}^{6}\lambda_{i_li_k}^{y_ly_k}+\sum_{k=4}^{6}\lambda_{i_3i_k}^{y_3y_k}+\sum_{k=5}^{6}\lambda_{i_4i_k}^{y_4y_k}+\sum_{k=1}^{4}\lambda_{j_5i_6}^{y_5y_6}\Bigg)\\
&\quad+\Bigg(\lambda_{j_2i_2i_4}^{z_2y_2y_4}+\sum_{k=4,6}\lambda_{j_3i_3i_k}^{z_3y_3y_k}+\sum_{k=1,3}\lambda_{j_4i_ki_4}^{z_4y_ky_4}\Bigg)\Bigg].
\end{aligned}
\tag{12.24}
$$

表 12.5 中 SAS 程序的第二个 PROC CATMOD 进行模型 (12.24) 的计算. 表 12.6 基于模型 (12.24) 的分组项将结果按 5 个类别进行归纳.

由于响应变量和协变量的相互关系, 想要详尽并且严密地理解表 12.6 会比较困难, 甚至无法做到. 我们这里只是尝试提取主要信息, 并展现易于理解的形式. 表 12.6 展示了 6 个响应变量间的相关系数. 在以其他信息为条件的情况下, 第一个响应变量 (CNS) 似乎与第二个响应变量 (下呼吸道) 无关, 因为最终的模型没有包含交互项: $y_1 * y_2$. 14 个显著的响应变量相关系数中有 5 个可能会受到 3 个哑变量 z_2, z_3, z_4 的影响. 哑变量 z_1(空气流通) 只是对症状类别 "流感症状" 和 "下呼吸道" 的频率均值有显著影响. 空气干燥 (z_2) 可能不与疼痛 (y_3) 和下呼吸道 (y_6) 症状显著相关. 尽管我们在基于树方法的分析中发现了空气闷热 (z_3) 的重要性, 但对数线性模型并没有表明它对上呼吸道 (y_3) 和眼部 (y_5) 症状有显著影响. 最后, 含尘空气 (z_4) 没有表现出与眼部 (y_5) 和下呼吸道 (y_6) 症状的显著关系, 即使我们期望含尘空气会对眼部不适产生作用. 有人或许认为可能是出现眼部问题的样本很少限制了模型的能力, 然而, 该模型揭示了眼部问题与空气干燥 (z_2) 之间的显著关系. 图 12.4 给出了一个很好的解释: 我们可以发现含尘空气 (z_4) 与空气流通 (z_1) 相结合会导致更多的眼部问题. 因为实际因素的限制, 不可能在初始模型中考虑协变量之间的交互关系. 实际上, 如果我们知道要将 $z_2 * z_4 * y_5$ 加入模型, 该交互项将非常显著. [225]

回顾起来, 对数线性模型为我们提供了挖掘属性变量关系的机会. 由于模型的复杂性, 我们通常局限于选择简单化的对数线性模型, 并且不得不放弃挖掘一些重要关系的机会. 基于树的分析方法为对数线性模型提供了充分的补充, 特别是在降维和模型设定的时候.

表 12.5 SAS 程序: BROCS 数据分析

```
data one;
infile 'BROCS.DAT';
input x1-x22 y1-y6;
run;
data two; set one;
where x10 ne . and x12 ne . and x13 ne . and x15 ne .;
z1 = (x10 > 3); z2 = (x12 > 3);
z3 = (x13 > 3); z4 = (x15 > 3);
proc sort; by z1 z2 z3 z4 y1 y2 y3 y4 y6;
proc freq noprint;
     tables z1*z2*z3*z4*y1*y2*y3*y4*y5*y6
            /list out=counts;
run;
proc catmod data=counts; weight count;
model z1*z2*z3*z4*y1*y2*y3*y4*y5*y6 = _response_
      /ml noprofile noresponse noiter;
loglin y1|y2|z1 y1|y2|z2 y1|y2|z3 y1|y2|z4
       y1|y3|z1 y1|y3|z2 y1|y3|z3 y1|y3|z4
       y1|y4|z1 y1|y4|z2 y1|y4|z3 y1|y4|z4
       y1|y5|z1 y1|y5|z2 y1|y5|z3 y1|y5|z4
       y1|y6|z1 y1|y6|z2 y1|y6|z3 y1|y6|z4
       y2|y3|z1 y2|y3|z2 y2|y3|z3 y2|y3|z4
       y2|y4|z1 y2|y4|z2 y2|y4|z3 y2|y4|z4
       y2|y5|z1 y2|y5|z2 y2|y5|z3 y2|y5|z4
       y2|y6|z1 y2|y6|z2 y2|y6|z3 y2|y6|z4
       y3|y4|z1 y3|y4|z2 y3|y4|z3 y3|y4|z4
       y3|y5|z1 y3|y5|z2 y3|y5|z3 y3|y5|z4
       y3|y6|z1 y3|y6|z2 y3|y6|z3 y3|y6|z4
       y4|y5|z1 y4|y5|z2 y4|y5|z3 y4|y5|z4
       y4|y6|z1 y4|y6|z2 y4|y6|z3 y4|y6|z4
       y5|y6|z1 y5|y6|z2 y5|y6|z3 y5|y6|z4;
run;
proc catmod data=counts; weight count;
model z1*z2*z3*z4*y1*y2*y3*y4*y5*y6 = _response_
      /ml noprofile noresponse noiter;
loglin y1*z2 y1*z3 y2*z4 y1*y3 y2*y3 y4*z1 y5*z2
       y2*y5 y3*y5 y1|y4|z4 y1|y5 y1|y6 y6|z1
       y2|y4|z2 y2|y6 y3|y4|z3 y3|y4|z4 y3|y6|z3
       y4|y5 y4|y6 y5|y6;
run;
```

表 12.6 SAS 程序: BROCS 数据分析

Effect	Estimate	Error	Prob.	Effect	Estimate	Error	Prob.
Y1	0.218	0.049	0.0000	Y2	-0.212	0.055	0.0001
Y3	-0.230	0.058	0.0001	Y4	0.137	0.055	0.0125
Y5	1.116	0.054	0.0000	Y6	0.427	0.053	0.0000
Z1	0.604	0.030	0.0000	Z2	0.019	0.038	0.6161
Z3	-0.103	0.029	0.0004	Z4	0.322	0.022	0.0000
Z1*Y4	0.112	0.028	0.0001	Z1*Y6	0.421	0.028	0.0000
Z2*Y1	0.117	0.019	0.0000	Z2*Y2	0.157	0.019	0.0000
Z2*Y4	0.080	0.020	0.0000	Z2*Y5	0.137	0.038	0.0002
Z3*Y1	0.146	0.020	0.0000	Z3*Y3	0.106	0.028	0.0001
Z3*Y4	0.100	0.021	0.0000	Z3*Y6	-0.090	0.026	0.0007
Z4*Y1	0.068	0.022	0.0016	Z4*Y2	0.214	0.018	0.0000
Z4*Y3	0.085	0.022	0.0001	Z4*Y4	0.090	0.022	0.0001
Y1*Y3	0.210	0.020	0.0000	Y1*Y4	0.277	0.023	0.0000
Y1*Y5	0.202	0.043	0.0000	Y1*Y6	0.166	0.031	0.0000
Y2*Y3	0.345	0.017	0.0000	Y2*Y4	0.137	0.022	0.0000
Y2*Y5	0.290	0.047	0.0000	Y2*Y6	0.157	0.030	0.0000
Y3*Y4	0.189	0.023	0.0000	Y3*Y5	0.197	0.050	0.0001
Y3*Y6	0.088	0.032	0.0053	Y4*Y5	0.127	0.047	0.0061
Y4*Y6	0.250	0.032	0.0000	Y5*Y6	0.257	0.052	0.0000
Z2*Y2*Y4	0.079	0.019	0.0000				
Z3*Y3*Y4	0.063	0.020	0.0015	Z3*Y3*Y6	0.111	0.026	0.0000
Z4*Y1*Y4	0.067	0.021	0.0018	Z4*Y3*Y4	0.093	0.020	0.0000

第 13 章　附　　录

[227] 在这一章中, 我们将会展示一些代码脚本来教大家如何运行 RTREE 程序以及如何解释程序运行的结果. 第 2 章中所展示的分析结果是这些代码脚本运行所得的.

13.1　自动运行 RTREE 的代码脚本

为了运行 RTREE, 在下载完成之后, 打开程序, 根据在线的指导输入要分析的数据集. 除此之外, 程序可能会要求其他一些输入参数. 在下面的代码脚本中, 我们对用户需要输入的部分加粗显示, 方便读者辨别.

在这个代码脚本中, 要分析的数据集为 “example.dat”, 保存在和 RTREE 程序同样的路径下. 用户需要在程序中指定要分析的数据文件名称. 我们在第 4 章中已经提及, 结点分裂的准则有很多种, RTREE 程序默认使用不纯度熵 (entropy impurity) 或者基尼指数. 用户可以选择自动运行或者手动运行程序. 如果选择了自动运行, 用户将直接得到储存在同一个路径下的两个文件 “example.inf” 和 “example.ps”. 我们之后会介绍 “example.inf” 文件, 图 2.4 就是由 “example.ps” 文件绘制而成的.

自动运行 RTREE 的代码脚本

```
============================================================
*This RTREE program implements the ideas expressed in:     *
*1. Zhang and Bracken (1995) Amer. J. of Epidemio., 141, 70-78.*
*2. Zhang, Holford, and Bracken (1995) Statistics in Medicine, *
```

```
*   15, 37-50.                                                *
*This program is meant to be a research tool, and the users are*
*responsible for the correctness of their own analysis. Also,  *
*please send emails to:                                        *
*              heping.zhang@yale.edu                           *
*should you find any bugs or have any suggestions. If you use  *
*this program for your work, it is understood (a) that you will*
*keep the author of this program informed and (b) that you will*
*refer to this program as RTREE, not any other names.Thank you.*
*@Copyrighted by Heping Zhang, 1997. Distribution not limited. *
*Last updated on April 28, 1998.                               *
================================================================
Please input datafile name: example.dat
Choose splitting rule [enter 1 for entropy(default) or 2 for
gini]: 1
     For new users, it is important to read the following ...
================================================================
*The tree is initialized. You will be asked whether you want to*
*control the tree construction process. For the first time, I  *
*would recommend you not controlling it. Instead, let the       *
*program run automatically. In that case, you should enter     *
*n as your answer. Both initial and pruned trees will be saved *
*in a file:                example.inf.                        *
*If you wish, you can print the tree output and use it as a    *
*reference to rerun the program at the controlled mode by      *
*entering y as your answer.                                    *
================================================================
*WARNING: If you don't want the file b3.inf to be overwritten,
use Ctrl-C to exit immediately.
!!!!!!!!!!!!!!!!!!!!!! Now, enjoy !!!!!!!!!!!!!!!!!!!!!!!!!!
Do you want to control the splitting [y/n(default)]? n
An initial tree with 129 nodes is grown, ready to prune
Prune is finished. There remain 13 nodes.
Ready to draw PS file.
Please view or print PS file: b3.ps
Press Enter to end this program!
```

13.2 手动运行 RTREE 的代码脚本

[229] 相比自动运行, 手动运行 RTREE 的代码脚本要更加理解理论方法. 它可以让我们在原有的统计模型中加入专业的理解, 从而使得结果更加具有针对性. 由于树方法是一步接着一步的, 因此手动运行可以让用户在每一步探索别的可能的树, 进而选择更加合适的树, 详见 Zhang (1998b). 在手动运行之前, 建议用户先阅读本书的第 4 章.

运行期间, 程序会询问用户是否需要对某个结点进行分裂, 如果是的话, 电脑会自动选择一个分裂方式供用户参考. 用户可以选择接受这个分裂方式, 也可以浏览其他备选的最优分裂方式. 在表 2.1 中, 虽然只列出来了 15 个变量, 但是程序中会显示 22 个变量, 因为有 7 个有序或者连续变量包括缺失值, 程序自动添加了 7 个新的变量, 详情请参考 4.8.1 节. 这些备选的分裂方式会根据分裂质量从高到低排序, 用户可以通过输入某个分裂方式的次序来选择该分裂方式. 之后, 关于该分裂方式的一些信息会出现在屏幕中. 如果这些分裂方式都不满意, 用户可以强制生成新的分裂方式. 但是用户需要对变量的名称以及分布十分熟悉, 从而可以较为准确地选择分裂方式. 具体如何选择请参考在线指导. 如果用户决定停止分裂, 那么只需要对问题 "是否要分裂一个结点" 全部回答否就可以了.

手动运行 RTREE 的代码脚本

```
=============================================================
*This RTREE program implements the ideas expressed in:      *
*1. Zhang and Bracken (1995) Amer. J. of Epidemio., 141, 70-78.*
*2. Zhang, Holford, and Bracken (1995) Statistics in Medicine, *
*   15, 37-50.                                               *
*This program is meant to be a research tool, and the users are*
*responsible for the correctness of their own analysis. Also,  *
*please send emails to:                                      *
*             heping.zhang@yale.edu                          *
*should you find any bugs or have any suggestions. If you use  *
*this program for your work, it is understood (a) that you will*
*keep the author of this program informed and (b) that you will*
*refer to this program as RTREE, not any other names.Thank you.*
*@Copyrighted by Heping Zhang, 1997. Distribution not limited. *
*Last updated on April 28, 1998.
=============================================================
```

```
Please input datafile name: example.dat
Choose splitting rule [enter 1 for entropy(default) or 2 for
gini]: 1
     For new users, it is important to read the following ...
=================================================================
*The tree is initialized. You will be asked whether you want to*
*control the tree construction process. For the first time, I  *
*would recommend you not controlling it. Instead, let the      *
*program run automatically. In that case, you should enter     *
*n as your answer. Both initial and pruned trees will be saved *
*in a file:                example.inf.                        *
*If you wish, you can print the tree output and use it as a    *
*reference to rerun the program at the controlled mode by      *
*entering y as your answer.                                    *
=================================================================
*WARNING: If you don't want the file b3.inf to be overwritten,
use Ctrl-C to exit immediately.
!!!!!!!!!!!!!!!!!!!!!!! Now, enjoy !!!!!!!!!!!!!!!!!!!!!!!!!!
Do you want to control the splitting [y/n(default)]? y
3861 cases in node 1. Split [y/n]? y
The impurity of the split=0.203560
The resubstitution relative risk=2.301200 and
  its 95 percent confidence interval=(1.703034, 3.109462)
A 5-fold cross validation relative risk=2.143026 and
  its 95 percent confidence interval=(1.586902, 2.894042)
This split uses categorical variable 3 and a case
goes to right for category[ies]
1
Accept this split [y/n]? y
3151 cases in node 2. Split [y/n]? y
The impurity of the split=0.175190
The resubstitution relative risk=2.510655 and
  its 95 percent confidence interval=(1.472348, 4.281182)
A 5-fold cross validation relative risk=2.525424 and
  its 95 percent confidence interval=(1.480783, 4.307023)
This split uses ordinal variable 11 and a case goes to right
if greater than 4.000000
```

```
Accept this split [y/n]? y
710 cases in node 3. Split [y/n]? y
The impurity of the split=0.317509
The resubstitution relative risk=2.074219 and
  its 95 percent confidence interval=(1.065797, 4.036776)
A 5-fold cross validation relative risk=1.131193 and
  its 95 percent confidence interval=(0.676505, 1.891481)
This split uses categorical variable 7 and a case
goes to right for category[ies]
1
Accept this split [y/n]? y
2980 cases in node 4. Split [y/n]? y
The impurity of the split=0.165181
The resubstitution relative risk=3.480179 and
  its 95 percent confidence interval=(1.615488, 7.497205)
A 5-fold cross validation relative risk=1.274209 and
  its 95 percent confidence interval=(0.833830, 1.947168)
This split uses categorical variable 12 and a case
goes to right for category[ies]
4,1,0
Accept this split [y/n]? y
rank: impurity variable no.
   1: 0.16518  12
   2: 0.16568  17
   3: 0.16569  6
   4: 0.16580  1
   5: 0.16610  14
   6: 0.16618  15
   7: 0.16618  22
   8: 0.16632  9
   9: 0.16632  18
  10: 0.16633  2
  11: 0.16637  21
  12: 0.16638  16
  13: 0.16640  5
  14: 0.16643  11
  15: 0.16643  19
  16: 0.16653  10
```

```
  17: 0.16657  8
  18: 0.16657  4
  19: 0.16659  13
  20: 0.16659  20
  21: 0.16660  7
  22: 0.16665  3
which one [enter the rank number, 0 for none of the above]? 0
Do you still want to split this node [y/n]? 0
which variable [enter the variable number]: 0
This variable has 6 categories:
0 1 2 3 4 -9
Enter a sequence of 6 0's and 1's to specify the split.
For example, 1 1 0 0 0 0 sends the first two categories to one
side and the rest to the other side.
Enter here: 0 0 1 1 0 0
The impurity of the split=0.164899
The resubstitution relative risk=5.096198 and
  its 95 percent confidence interval=(2.049671, 12.670928)
A 5-fold cross validation relative risk=1.823560 and
  its 95 percent confidence interval=(0.932500, 3.566081)
171 cases in node 5. Split [y/n]? n
no split for node 5:2
512 cases in node 6. Split [y/n]? n
no split for node 6:2
198 cases in node 7. Split [y/n]? n
no split for node 7:2
31 cases in node 8. Split [y/n]? n
no split for node 8:2
2949 cases in node 9. Split [y/n]? n
no split for node 9:2
There remain 9 nodes.
Ready to draw PS file.
Please view or print PS file: example.ps
Press Enter to end this program!
```

13.3 .inf 文件

[233] 这个.inf 文件是自动运行 RTREE 所得到的文件. 该文件共由三部分组成. 第一部分是检查和概括变量的信息; 第二部分提供了未剪枝的树的信息; 第三部分包含了剪枝之后得到的树的信息. 后两个部分的信息具有同样的格式, 都包含了六列. 第一列是结点数 (结点 1 是根结点); 第二列是每个结点里的样本; 第三列是左边子结点数; 第四列是右边子结点数; 第五列是结点分裂用到的变量; 最后一列中, 如果该结点是内部结点, 则储存的是该结点分裂时用到的变量所对应的值, 如果该结点是终端结点, 则是数字 0 或者 1. 对于内部结点来说, 如果变量是连续或者有序的, 则对应的值是浮点数据类型; 如果是分类变量, 则对应的值是一系列的整数. 图 2.4 绘制的是该文件中第三部分的信息, 即剪枝过后的树.

.inf 文件

```
There are 15 covariates
Original status of variables are
1 3 3 3 1 1 3 3 1 3 1 3 1 1 1
1 refers to an ordinal covariate and a positive integer
i means a nominal one that has i categories.
For an ordinal covariate, the min. and max. will be given;
For a nominal one, the counts corresponding to each level will be listed.
1: 13.000000 46.000000
2: 3017(1) 68(2) 69(3) 1(4) 703(5) 3(-9)
3: 3008(1) 710(2) 109(3) 21(4) 6(5) 7(-9)
4: 3488(0) 369(1) 4(-9)
5: 1.000000 9.000000
6: 4.000000 27.000000
7: 1521(0) 1957(1) 1(2) 382(-9)
8: 1116(0) 1221(1) 1524(-9)
9: 0.000000 66.000000
10: 2146(0) 1700(1) 15(-9)
11: 1.000000 10.000000
12: 3072(0) 30(1) 32(2) 1(3) 680(4) 46(-9)
13: 0.000000 3.000000
14: 12.600000 1273.000000
15: 0.000000 7.000000
```

```
The initial tree:
  node  #cases   left   right  split var  cutoff
     1    3861      2       3      3         {2}
     2    3151      4       5     11          4.00000
     3     710      6       7      7         {1}
     4    2980      8       9     12         {4, 1, 0}
     5     171     10      11      6         15.00000
     6     512     12      13      1         26.00000
     7     198     14      15     10         {0}
     8      61 terminal node with distribution: 53 8
     9    2919     16      17      6         12.00000/NA
    10     127     18      19      7         {1}
    11      44 terminal node with distribution: 43 1
    12     443     20      21     14         45.50000
    13      69 terminal node with distribution: 65 4
    14     120     22      23     14         187.20000/NA
    15      78     24      25     14         12.60000
    16     983     26      27     14         12.60000/NA
    17    1936     28      29      1         32.00000
    18      83     30      31     14         187.20000/NA
    19      44 terminal node with distribution: 35 9
    20     258     32      33      1         19.00000
    21     185     34      35      7         {0}
    22      61 terminal node with distribution: 58 3
    23      59 terminal node with distribution: 59 0
    24      39 terminal node with distribution: 32 7
    25      39 terminal node with distribution: 38 1
    26      43 terminal node with distribution: 43 0
    27     940     36      37     15          1.00000
    28    1602     38      39      1         30.00000
    29     334     40      41     14         174.60001/NA
    30      43 terminal node with distribution: 37 6
    31      40 terminal node with distribution: 39 1
    32     130     42      43      1         17.00000
    33     128     44      45     13          0.00000
    34      47 terminal node with distribution: 35 12
    35     138     46      47     15          0.00000
```

```
36    772    48    49     6      11.00000
37    168    50    51    14      307.50000/NA
38   1320    52    53    15      1.00000
39    282    54    55    15      0.00000
40    206    56    57     6     16.00000
41    128    58    59    15      0.00000
42     61 terminal node with distribution: 57 4
43     69 terminal node with distribution: 56 13
44     59 terminal node with distribution: 57 2
45     69 terminal node with distribution: 61 8
46     46 terminal node with distribution: 37 9
47     92    60    61    14      133.50000
48    177    62    63     7      {0}
49    595    64    65    10      {1}
50    119    66    67    14      101.60000
51     49 terminal node with distribution: 48 1
52   1223    68    69    14      147.00000/NA
53     97    70    71     8      {1,0}
54     95    72    73    14      147.00000/NA
55    187 terminal node with distribution: 187 0
56    102    74    75     6      15.00000
57    104    76    77    14      75.60000
58     50 terminal node with distribution: 48 2
59     78 terminal node with distribution: 78 0
60     45 terminal node with distribution: 39 6
61     47 terminal node with distribution: 46 1
62     75 terminal node with distribution: 65 10
63    102    78    79     6      10.00000
64    235    80    81    14      14.10000
65    360    82    83    14      378.00000/NA
66     62 terminal node with distribution: 58 4
67     57 terminal node with distribution: 48 9
68    660    84    85     9      14.00000
69    563    86    87     6      15.00000
70     44 terminal node with distribution: 38 6
71     53 terminal node with distribution: 53 0
```

```
(This second part is truncated from here to the end.)

The pruned tree:
  node  #cases   left   right  split var  cutoff
     1    3861      2       3      3      {2}
     2    3151      4       5     11       4.00000
     3     710      6       7      7      {1}
     4    2980      8       9     12      {4,1,0}
     5     171 terminal node with distribution: 154 17
     6     512 terminal node with distribution: 453 59
     7     198 terminal node with distribution: 187 11
     8      61 terminal node with distribution: 53 8
     9    2919     16      17      6        12.00000/NA
    16     983 terminal node with distribution: 932 51
    17    1936     28      29      1        32.00000
    28    1602 terminal node with distribution: 1561 41
    29     334 terminal node with distribution: 316 18
```

参考文献

[1] A. Agresti. *Categorical Data Analysis.* Wiley, New York, 1990.

[2] M.J. Aitkenhead. A co-evolving decision tree classification method. *Expert Systems with Applications*, 34:18–25, 2008.

[3] H. Akaike. A new look at the statistical model identification. *IEEE Transactions on Automatic Control*, 19:716723, 1974.

[4] U. Alon, N. Barkai, D.A. Notterman, K. Gish, S. Ybarra, D. Mack, and A.J. Levine. Broad patterns of gene expression revealed by clustering analysis of tumor and normal colon tissues probed by oligonucleotide arrays. *Proc. Natl. Acad. Sci. USA*, 96:6745–6750, 1999.

[5] E.I. Altman. *Bankruptcy, Credit Risk, and High Yield Junk Bonds.* Blackwell Publishers, Malden, Massachusetts, 2002.

[6] N.S. Altman. An iterated Cochrane–Orcutt procedure for nonparametric regression. *Journal of Statistical Computation and Simulation*, 40:93–108, 1992.

[7] D. Amaratunga, J. Cabrera, et al. Enriched random forests. *Bioinformatics*, 24:2010–2014, 2008.

[8] S.M. Ansell, B.L. Rapoport, G. Falkson, J.I. Raats, and C.M. Moeken. Survival determinants in patients with advanced ovarian cancer. *Gynecologic Oncology*, 50:215–220, 1993.

[9] S. Appavu and R. Rajaram. Detection of e-mail concerning criminal activities using association rule-based decision tree. *International Journal of Electronic Security and Digital Forensics*, 1:131–145, 2008.

[10] A. Asuncion and D.J. Newman. *UCI Machine Learning Repository.* `[http://www.ics.uci.edu/~mlearn/MLRepository.html]`, University of California, School of Information and Computer Sciences, Irvine, CA, 2007.

[11] A. Babiker and J. Cuzick. A simple frailty model for family studies with covariates. *Statistics in Medicine*, 13:1679–1692, 1994.

[12] P. Bacchetti and M.R. Segal. Survival trees with time-dependent covariates: application to estimating changes in the incubation period of AIDS. *Lifetime Data Analysis*, 1:35–47, 1995.

[13] R.R. Bahadur. A representation of the joint distribution of responses to n dichotomous items. In *Studies on Item Analysis and Prediction*, pages 158–168, Stanford, California, 1961. Stanford University Press.

[14] L.R. Bahl, P.F. Brown, P.V. de Sousa, and R.L. Mercer. Atree-based language model for natural language speech recognition. *IEEE Trans. on AS and SP*, 37:1001–1008, 1989.

[15] M. Banerjee, D. Biswas, W. Sakr, and D.P. Wood, Jr. Recursive partitioning for prognostic grouping of patients with clinically localized prostate carcinoma. *Cancer*, 89:404–411, 2000.

[16] G.E. Bonney. Regression logistic models for familial disease and other binary traits. *Biometrics*, 42:611–625, 1986.

[17] G.E. Bonney. Logistic regression for dependent binary observations. *Biometrics*, 43:951–973, 1987.

[18] G.E. Box, G.M. Jenkins, and G.C. Reinsel. *Time Series Analysis.* Wiley, New York, 3rd edition, 1994.

[19] M.B. Bracken. *Perinatal Epidemiology.* Oxford University Press, New York, 1984.

[20] M.B. Bracken, K.G. Hellenbrand, T.R. Holford, and C. Bryce-Buchanan. Low birth weight in pregnancies following induced abortion: no evidence for an association. *American Journal of Epidemiology*, 123:604–613, 1986.

[21] M.B. Bracken, K. Belanger, K.G. Hellenbrand, et al. Exposure to electromagnetic fields during pregnancy with emphasis on electrically heated beds: association with birthweight and intrauterine growth retardation. *Epidemiology*, 6:263–270, 1995.

[22] L. Breiman. Bagging predictors. *Machine Learning*, 26:123–140, 1996.

[23] L. Breiman. Random forests. *Machine Learning*, 45:5–32, 2001.

[24] L. Breiman, J.H. Friedman, R.A. Olshen, and C.J. Stone. *Classification and Regression Trees.* Wadsworth, California, 1984.

[25] N. Brennan, P. Parameswaran, et al. *A Method for Selecting Stocks within Sectors.* Schroder Salomon Smith Barney, 2001.

[26] N. Breslow. Contribution to the discussion of paper by D.R. Cox. *Journal of the Royal Statistical Society-B*, 34:216–217, 1972.

[27] R. Brookmeyer. Reconstruction and future trends of the AIDS epidemic in the United States. *Science*, 253:37–42, 1991.

[28] J. Buckley and I. James. Linear regression with censored data. *Biometrika*, 66:429–436, 1979.

[29] P. Buhlmann and B. Yu. Analyzing bagging. *Annals of Statistics*, 30:927–961, 2002.

[30] P. Buhlmann and B. Yu. Boosting with the l-2 loss: regression and classification. *Journal of the American Statistical Association*, 98:324–339, 2003.

[31] W. Buntine and T. Niblett. A further comparison of splitting rules for decision-tree induction. *Machine Learning*, 8:75–85, 1992.

[32] C. Cannings, E.A. Thompson, and M.H. Skolnick. Probability functions on complex pedigrees. *Advances in Applied Probability*, 10:26–61, 1978.

[33] D. Carmelli, H.P. Zhang, and G.E. Swan. Obesity and 33 years of coronary heart disease and cancer mortality in the Western Collaborative Group Study. *Epidemiology*, 8:378–383, 1997.

[34] D. Carmelli, J. Halpern, G.E. Swan, et al. 27-year mortality in the Western Collaborative Group Study: construction of risk groups by recursive partitioning. *Journal of Clinical Epidemiology*, 44:1341–1351, 1991.

[35] C. Carter and J. Catlett. Assessing credit card applications using machine learning. *IEEE Expert*, 2:71–79, 1987.

[36] P. Cashin and R. Duttagupta. The anatomy of banking crises. In *IMF Working Papers*, pages 1–37. International Monetary Fund, 2008.

[37] L.-S. Chen and C.-T. Su. Using granular computing model to induce scheduling knowledge in dynamic manufacturing environments. *International Journal of Computer Integrated Manufacturing*, 21:569–583, 2008.

[38] X. Chen, C. Liu, M. Zhang, and H. Zhang. A forest-based approach to identifying gene and gene–gene interactions. *Proc. Natl. Acad. Sci. USA*, 104:19199–19203, 2007.

[39] X. Chen, A. Rusinko, and S.S. Young. Recursive partitioning analysis of a large structure-activity data set using three-dimensional descriptors. *J. Chem. Inf. Comput. Sci.*, 38:1054–1062, 1998.

[40] X. Chen, M. Wang, and H.P. Zhang. Weighted random forest in genomewide association studies. *Technical Report*, 2010.

[41] H. Chipman, E.I. George, and R. McCulloch. Bayesian CART model search. *Journal of the American Statistical Association*, 93:935–948, 1998.

[42] S.C. Choi, J.P. Muizelaar, T.Y. Barnes, et al. Prediction tree for severely head-injured patients. *Journal of Neurosurgery*, 75:251–255, 1991.

[43] P.A. Chou, T. Lookabaugh, and R.M. Gray. Optimal pruning with applications to tree-structured source coding and modeling. *IEEE Transactions on Information Theory*, 35:299–315, 1989.

[44] A. Ciampi, A. Couturier, and S.L. Li. Prediction trees with soft nodes for binary outcomes. *Statistics in Medicine*, 21:1145–1165, 2002.

[45] A. Ciampi, A. Hogg, S. McKinney, and J. Thiffault. A computer program for recursive partition and amalgamation for censored survival data. *Computer Methods and Programs in Biomedicine*, 26:239–256, 1988.

[46] A. Ciampi, J. Thiffault, J.P. Nakache, and B. Asselain. Stratification by stepwise regression, correspondence analysis and recursive partition: a comparison of three methods of analysis for survival data with covariates. *Computational Statistics and Data Analysis*, 4:185–204, 1986.

[47] W.G. Cochran. Some methods of strengthening the common χ^2 test. *Biometrics*, 10:417–451, 1954.

[48] M.A. Connolly and K.Y. Liang. Conditional logistic regression models for correlated binary data. *Biometrika*, 75:501–506, 1988.

[49] E. Alfaro Cortés, M. Gámez Martínez, and N. García Rubio. Multiclass corporate failure prediction by adaboost.m1. *International Advances in Economic Research*, 13:301–312, 2007.

[50] P.C. Cosman, R.M. Gray, and R.A. Olshen. Vector quantization: Clustering and classification trees. *Proceedings of the IEEE*, 82:919–932, 1994.

[51] D.R. Cox. Regression models and life-tables (with discussion). *Journal of the Royal Statistical Society-B*, 34:187–220, 1972.

[52] D.R. Cox and E.J. Snell. *The Analysis of Binary Data*. Chapman and Hall, London, 2nd edition, 1989.

[53] P. Craven and G. Wahba. Smoothing noisy data with spline functions. *Numerical Mathematics*, 31:377–403, 1979.

[54] N. Cressie and S.N. Lahiri. The asymptotic distribution of REML estimators. *Journal of Multivariate Analysis*, 45:217–233, 1993.

[55] N. Cristianini and J. Shawe-Taylor. *An Introduction to Support Vector Machines and Other Kernel-based Learning Methods*. Cambridge University Press, Cambridge, 2000.

[56] M.J. Crowder and D.J. Hand. *Analysis of Repeated Measures*. Chapman and Hall, London, 1990.

[57] J. Crowley, M. LeBlanc, R. Gentleman, and S. Salmon. Exploratory methods in survival analysis. In *IMS Lecture Notes—Monograph Series 27*, pages 55–77, H.L. Koul and J.V. Deshpande, eds. IMS, Hayward, CA, 1995.

[58] W.J. Curran, C.B. Scott, J. Horton, et al. Recursive partitioning analysis of prognostic factors in three radiation therapy oncology group malignant glioma trials. *Journal of the National Cancer Institute*, 85:704–710, 1993.

[59] J.R. Dale. Global cross-ratio models for bivariate, discrete, ordered responses. *Biometrics*, 42:909–917, 1986.

[60] J. Danesh, R. Collins, P. Appleby, and R. Peto. Association of fibrinogen, c-reactive protein, albumin, or leukocyte count with coronary heart disease. *Journal of American Medical Association*, 279:1477–1482, 1998.

[61] R. Davis and J. Anderson. Exponential survival trees. *Statistics in Medicine*, 8:947–962, 1989.

[62] T.R. Dawber. *The Framingham Study: The Epidemiology of Atherosclerotic Disease.* Harvard University Press, Cambridge, 1980.

[63] A.P. Dempster, N.M. Laird, and D.B. Rubin. Maximum likelihood from incomplete data via the EM algorithm. *Journal of the Royal Statistical Society-B*, 39:1–22, 1977.

[64] D.G.T. Denison, B.K. Mallick, and A.F.M. Smith. A Bayesian CART algorithm. *Biometrika*, pages 363–378, 1998.

[65] G.L. Desilva and J.J. Hull. Proper noun detection in document images. *Pattern Recognition*, 27:311–320, 1994.

[66] L. Devroye, L. Gyorfi, and G. Lugosi. *A Probability Theory of Pattern Recognition.* Springer, New York, 1996.

[67] R. Díaz-Uriarte and S. Alvarez de Andrés. Gene selection and classification of microarray data using random forest. *BMC Bioinformatics*, 7:3, 2006.

[68] P.J. Diggle, K.Y. Liang, and S.L. Zeger. *Analysis of Longitudinal Data.* Oxford Science Publications, Oxford, 1991.

[69] D.L. Donoho. Cart and best-ortho-basis: a connection. *Annals of Statistics*, 25:1870–1911, 1997.

[70] B. Efron. Estimating the error rate of a prediction rule: Improvement on cross-validation. *Journal of the American Statistical Association*, 78:316–331, 1983.

[71] R.C. Elston and J. Stewart. A general model for the genetic analysis of pedigree data. *Human Heredity*, 21:523–542, 1971.

[72] B.G. Ferris, F.E. Speizer, J.D. Spengler, D.W. Dockery, Y.M.M. Bishop, M. Wolfson, and C. Humble. Effects of sulfur oxides and respirable particles on human health. *American Review of Respiratory Disease*, 120:767–779, 1979.

[73] R.A. Fisher. The use of multiple measurements in taxonomic problems. *Annals of Eugenics*, 7:179–188, 1936.

[74] G.M. Fitzmaurice and N.M. Laird. A likelihood-based method for analysing longitudinal binary responses. *Biometrika*, 80:141–151, 1993.

[75] G.M. Fitzmaurice and N.M. Laird. Regression models for a bivariate discrete and continuous outcome with clustering. *Journal of the American Statistical Association*, 90:845–852, 1995.

[76] G.M. Fitzmaurice, N.M. Laird, and A.G. Rotnitzky. Regression models for discrete longitudinal responses. *Statistical Science*, 8:284–299, 1993.

[77] T.R. Fleming and D.P. Harrington. *Counting Processes and Survival Analysis.* Wiley, New York, 1991.

[78] S.H. Fox, G.F. Whalen, M.M. Sanders, J.A. Burleson, K. Jennings, S. Kurtzman, and D. Kreutzer. Angiogenesis in normal tissue adjacent to colon cancer. *Journal of Surgical Oncology*, 69:230–234, 1998.

[79] Y. Freund and R.E. Schapire. Game theory, on-line prediction and boosting. In *Proceedings of the Ninth Annual Conference on Computational Learning Theory*, pages 325–332. ACM Press, 1996.

[80] J.H. Friedman. A recursive partitioning decision rule for nonparametric classification. *IEEE Transaction on Computers*, C-26:404–407, 1977.

[81] J.H. Friedman. Multivariate adaptive regression splines. *Annals of Statistics*, 19:1–141, 1991.

[82] J.H. Friedman. Greedy function approximation: a gradient boosting machine. *Annals of Statistics*, 29:1189–1232, 2001.

[83] J.H. Friedman and B.W. Silverman. Flexible parsimonious smoothing and additive modeling. *Technometrics*, 31:3–21, 1989.

[84] H. Frydman, E.I. Altman, and D.-I. Kao. Introducing recursive partitioning for financial classification: the case of financial distress. In *Bankruptcy, Credit Risk, and High Yield Junk Bonds, E.I. Altman ed.*, pages 37–59, 2002.

[85] A.M. Garber, R.A. Olshen, H.P. Zhang, and E.S. Venkatraman. Predicting high-risk cholesterol levels. *International Statistical Review*, 62:203–228, 1994.

[86] D. Geman and B. Jedynak. An active testing model for tracking roads in satellite images. *IEEE Transactions on Pattern Analysis and Machine Intelligence*, 18:1–14, 1996.

[87] R. Genuer, J. M. Poggi, and C. Tuleau. Random forests: some methodological insights. *Rapport de Recherche, Institut National de Recherche en Informatique et en Automatique*, 2008.

[88] A. Gersho and R.M. Gray. *Vector Quantization and Signal Compression.* Kluwer, Norwell, Massachusetts, 1992.

[89] E. Giovannucci, A. Ascherio, E.B. Rimm, M.J. Stampfer, G.A. Colditz, and W.C. Willett. Intake of carotenoids and retinol in relation to risk of prostate cancer. *Journal of the National Cancer Institute*, 87:1767–1776, 1995.

[90] V.P. Godambe. An optimum property of regular maximum likelihood estimation. *Annals of Mathematical Statistics*, 31:1209–1211, 1960.

[91] L. Goldman, F. Cook, P. Johnson, D. Brand, G. Rouan, and T. Lee. Prediction of the need for intensive care in patients who come to emergency departments with acute chest pain. *The New England Journal of Medicine*, 334:1498–1504, 1996.

[92] L. Goldman, M. Weinberg, R.A. Olshen, F. Cook, R. Sargent, et al. A computer protocol to predict myocardial infarction in emergency department patients with chest pain. *The New England Journal of Medicine*, 307:588–597, 1982.

[93] T.R. Golub, D.K. Slonim, P. Tamayo, C. Huard, M. Gaasenbeek, J.P. Mesirov, H. Coller, M.L. Loh, J.R. Downing, M.A. Caligiuri, C.D. Bloomfield, and E.S. Lander. Molecular classification of cancer: class discovery and class prediction by gene expression monitoring. *Science*, 286:531–537, 1999.

[94] L. Gordon and R.A. Olshen. Asymptotically efficient solutions to the classification problem. *Annals of Statistics*, 6:515–533, 1978.

[95] L. Gordon and R.A. Olshen. Consistent nonparametric regression from recursive partitioning schemes. *Journal of Multivariate Analysis*, 10:611–627, 1980.

[96] L. Gordon and R.A. Olshen. Almost surely consistent nonparametric regression from recursive partitioning schemes. *Journal of Multivariate Analysis*, 15:147–163, 1984.

[97] L. Gordon and R.A. Olshen. Tree-structured survival analysis. *Cancer Treatment Reports*, 69:1065–1069, 1985.

[98] P.M. Grambsch and T.M. Therneau. Proportional hazards tests and diagnostics based on weighted residuals. *Biometrika*, 81:515–526, 1994.

[99] Early Breast Cancer Trialists' Collaborative Group. Polychemotherapy for early breast cancer: an overview of the randomised trials. *Lancet*, 352:930–942, 1998.

[100] T.L. Gruenewald, D.K. Mroczek, C.D. Ryff, and B.H. Singer. Diverse pathways to positive and negative affect in adulthood and later life: an integrative approach using recursive partitioning. *Developmental Psychology*, 44:330–343, 2008.

[101] T.L. Gruenewald, T.E. Seeman, C.D. Ryff, A.S. Karlamangla, and B.H. Singer. Combinations of biomarkers predictive of later life mortality. *Proc. Natl. Acad. Sci. USA*, 103:14158–14163, 2006.

[102] J.A. Hanley. Receiver operating characteristic (ROC) methodology: the state of the art. *Clinical Reviews in Diagnostic Imaging*, 29:307–335, 1989.

[103] J.D. Hart and T.E. Wehrly. Kernel regression estimation using repeated measurements data. *Journal of the American Statistical Association*, 81:1080–1088, 1986.

[104] T. Hastie. Comments on flexible parsimonious smoothing and additive modeling. *Technometrics*, 31:23–29, 1989.

[105] T.J. Hastie and R.J. Tibshirani. *Generalized Additive Models*. Chapman and Hall, London, 1990.

[106] E.G. Hebertson and M.J. Jenkins. Factors associated with historic spruce beetle (Coleoptera: Curculionidae) outbreaks in Utah and Colorado. *Environmental Entomology*, 37:281–292, 2008.

[107] I. Hedenfalk, D. Duggan, Y. Chen, et al. Gene-expression profiles in hereditary breast cancer. *New England Journal of Medicine*, 344:539–548, 2001.

[108] E.G. Henrichon and K.S. Fu. A nonparametric partitioning procedure for pattern classification. *IEEE Transaction on Computers*, C-18:614–624, 1969.

[109] D. Hinkley. Inference in two-phase regression. *Journal of the American Statistical Association*, 66:736–743, 1971.

[110] M. Hollander and F. Proschan. Testing to determine the underlying distribution using randomly censored data. *Biometrics*, 35:393–401, 1979.

[111] X. Huang, S.D. Chen, and S.J. Soong. Piecewise exponential survival trees with time-dependent covariates. *Biometrics*, 54:1420–1433, 1998.

[112] P. Huber. *Robust Statistics*. Wiley, New York, 1981.

[113] K. Inoue, J.W. Slaton, T. Karashima, T. Shuin, P. Sweeney, R. Millikan, and C.P. Dinney. The prognostic value of angiogenesis factor expression for predicting recurrence and metastasis of bladder cancer after neoadjuvant chemotherapy and radical cystectomy. *Clinical Cancer Research*, 6:4866–4873, 2000.

[114] O. Intrator and C. Kooperberg. Trees and splines in survival analysis. *Statistical Methods in Medical Research*, 4:237–262, 1995.

[115] H. Ishwaran, U.B. Kogalur, E.H. Blackstone, and M.S. Lauer. Random survival forests. *The Annals of Applied Statistics*, 2:841–860, 2008.

[116] A. Jamain and D. Hand. Mining supervised classification performance studies: A meta-analytic investigation. *Journal of Classification*, 25:87–112, 2008.

[117] J. Kalbfleish and R.L. Prentice. Marginal likelihoods based on Cox's regression and life model. *Biometrika*, 60:267–278, 1973.

[118] J. Kalbfleish and R.L. Prentice. *The Statistical Analysis of Failure Time Data*. Wiley, New York, 1980.

[119] E.L. Kaplan and P. Meier. Nonparametric estimation from incomplete observations. *Journal of the American Statistical Association*, 53:457–481, 1958.

[120] G.V. Kass. An exploratory technique for investigating large quantities of categorical data. *Applied Statistics*, 29:119–127, 1980.

[121] H. Kim and W.-Y. Loh. Classification trees with unbiased multiway splits. *Journal of the American Statistical Association*, 96:598–604, 2001.

[122] R.J. Klein, C. Zeiss, E.Y. Chew, J.Y. Tsai, R.S. Sackler, C. Haynes, A.K. Henning, J.P. SanGiovanni, S.M. Mane, S.T. Mayne, M.B. Bracken, F.L. Ferris, J. Ott, C. Barnstable, and C. Hoh. Complement factor H polymorphism in age-related macular degeneration. *Science*, 308:385–389, 2005.

[123] D.G. Kleinbaum, L.L. Kupper, and K.E. Muller. *Applied Regression Analysis and Other Multivariable Methods.* Duxbury Press, Belmont, California, 1988.

[124] M.R. Kosorok and S. Ma. Marginal asymptotics for the "large p, small n" paradigm: with applications to microarray data. *Annals of Statistics*, 35:1456–1486, 2007.

[125] S. Kullback and R.A. Leibler. On information and sufficiency. *The Annals of Mathematical Statistics*, 22:79–86, 1951.

[126] D.A. Kumar and V. Ravi. Predicting credit card customer churn in banks using data mining. *International Journal of Data Analysis Techniques and Strategies*, 1:4–28, 2008.

[127] C.-S. Kuo, T.P. Hong, and C.-L. Chen. Applying genetic programming technique in classification trees. *Soft Computing*, 11:1165–1172, 2007.

[128] L.W. Kwak, J. Halpern, R.A. Olshen, and S.J. Horning. Prognostic significance of actual dose intensity in diffuse large-cell lymphoma: results of a tree-structured survival analysis. *Journal of Clinical Oncology*, 8:963–977, 1990.

[129] N.M. Laird and J.H. Ware. Random-effects models for longitudinal data. *Biometrics*, 38:963–974, 1982.

[130] M. LeBlanc and J. Crowley. Relative risk trees for censored survival data. *Biometrics*, 48:411–425, 1992.

[131] M. LeBlanc and J. Crowley. Survival trees by goodness-of-split. *Journal of the American Statistical Association*, 88:457–467, 1993.

[132] M. LeBlanc and J. Crowley. A review of tree-based prognostic models. In *Recent Advances in Clinical Trial Design and Analysis*, pages 113–124, P.F. Thall, ed. Kluwer, New York, 1995.

[133] E.T. Lee. *Statistical Methods for Survival Data Analysis.* Wiley, New York, 1992.

[134] N. Levin, J. Zahavi, and M. Olitsky. Amos—a probability-driven, customer-oriented decision support system for target marketing of solo mailings. *European Journal of Operational Research*, 87:708–721, 1995.

[135] D.E. Levy, J.J. Caronna, B.H. Singer, et al. Predicting outcome from hypoxic-ischemic coma. *Journal of the American Medical Association*, 253:1420–1426, 1985.

[136] K.Y. Liang and S.L. Zeger. Longitudinal data analysis using generalized linear models. *Biometrika*, 73:13–22, 1986.

[137] K.Y. Liang, S.L. Zeger, and B. Qaqish. Multivariate regression analyses for categorical data. *Journal of the Royal Statistical Society-B*, 54:3–24, 1992.

[138] S. Lin, D. J. Cutler, M. E. Zwick, and A. Chakravarti. Haplotype inference in random population samples. *American Journal of Human Genetics*, 71:1129–1137, 2002.

[139] R.J.A. Little and D.B. Rubin. *Statistical Analysis with Missing Data.* Wiley, New York, 1987.

[140] W.Y. Loh and N. Vanichsetakul. Tree-structured classification via generalized discriminant analysis. *Journal of the American Statistical Association*, 83:715–725, 1988.

[141] W.L. Long, J.L. Griffith, H.P. Selker, and R.B. D'Agostino. A comparison of logistic regression to decision tree induction in a medical domain. *Computers and Biomedical Research*, 26:74–97, 1993.

[142] G. Lugosi and A.B. Nobel. Consistency of data-driven histogram methods for density estimation and classification. *Annals of Statistics*, 24:687–706, 1996.

[143] N. Mantel and W. Haenszel. Statistical aspects of the analysis of data from retrospective studies of disease. *Journal of the National Cancer Institute*, 22:719–748, 1959.

[144] G. Martens, H. De Meyer, B. De Baets, M. Leman, M. Lesaffre, and J.-P. Martens. Tree-based versus distance-based key recognition in musical audio. *Journal Soft Computing*, 9:565–574, 2005.

[145] G. Martens, H. De Meyer, B. Debaets, M. Leman, J.P. Martens, L. Clarisse, and M. Lesaffre. A tonality-oriented symbolic representation of musical audio generated by classification trees. In *Proceedings of the EUROFUSE Workshop on Information Systems*, pages 49–54, 2002.

[146] K.M. McConnochie, K.J. Roghmann, and J. Pasternack. Developing prediction rules and evaluating observing patterns using categorical clinical markers: two complementary procedures. *Medical Decision Making*, 13:30–42, 1993.

[147] P. McCullagh and J.A. Nelder. *Generalized Linear Models.* Chapman and Hall, London, 1989.

[148] B.S. McEwen. Interacting mediators of allostasis and allostatic load: towards an understanding of resilience in aging. *Metabolism*, 52:10–16, 2003.

[149] C.A. McGilchrist and B.R. Cullis. REML estimation for repeated measures analysis. *Journal of Statistical Computation and Simulation*, 38:151–163, 1991.

[150] G.J. McLachlan and T. Krishnan. *The EM Algorithm and Extensions.* Wiley, New York, 1997.

[151] R. Messenger and L. Mandell. A modal search technique for predictive nominal scale multivariate analysis. *Journal of the American Statistical Association*, 67:768–772, 1972.

[152] O.S. Miettinen. Stratification by a multivariate confounder score. *American Journal of Epidemiology*, 104:609–620, 1976.

[153] R.G. Miller. Least squares regression with censored data. *Biometrika*, 63:449–464, 1976.

[154] R.G. Miller. *Survival Analysis.* Wiley, New York, 1981.

[155] R.G. Miller. What price Kaplan–Meier? *Biometrics*, 39:1077–1081, 1983.

[156] P.K. Mills, W.L. Beeson, R.L. Phillips, and G.E. Fraser. Bladder cancer in a low risk population: results from the Adventist Health Study. *American Journal of Epidemiology*, 133:230–239, 1991.

[157] J. Mingers. An empirical comparison of pruning methods for decision-tree induction. *Machine Learning*, 4:227–243, 1989.

[158] J. Mingers. An empirical comparison of selection measures for decision-tree induction. *Machine Learning*, 3:319–342, 1989.

[159] J.N. Morgan and R.C. Messenger. *THAID: a sequential search program for the analysis of nominal scale dependent variables.* Institute for Social Research, University of Michigan, Ann Arbor, 1973.

[160] J.N. Morgan and J.A. Sonquist. Problems in the analysis of survey data, and a proposal. *Journal of the American Statistical Association*, 58:415–434, 1963.

[161] A.R. Moss, P. Bacchetti, D. Osmond, W. Krampf, R.E. Chaisson, D. Stites, J.Wilber, J.-P. Allain, and J. Carlson. Seropositive for HIV and the development of AIDS: three-year follow-up of the San Francisco General Hospital Cohort. *British Medical Journal*, 298:745–750, 1988.

[162] R.A. Moyeed and P.J. Diggle. Rates of convergence in semiparametric modelling of longitudinal data. *Australian Journal of Statistics*, 36:75–93, 1994.

[163] K. Nagata, Y. Okano, and Y. Nozawa. Differential expression of low mr gtp-binding proteins in human megakaryoblastic leukemia cell line, meg-01, and their possible involvement in the differentiation process. *Thrombosis and Haemostasis*, 77:368–375, 1997.

[164] W. Nelson. On estimating the distribution of a random vector when only the coordinate is observable. *Technometrics*, 12:923–924, 1969.

[165] W. Nelson. Theory and applications of hazard plotting for censored failure data. *Technometrics*, 14:945–966, 1972.

[166] A.B. Nobel. Histogram regression estimation using data-dependent partitions. *Annals of Statistics*, 24:1084–1105, 1996.

[167] A.B. Nobel and R.A. Olshen. Termination and continuity of greedy growing for tree structured vector quantizers. *IEEE Transactions on Information Theory*, 42:191–206, 1996.

[168] E.A. Owens, R.E. Griffiths, and K.U. Ratnatunga. Using oblique decision trees for the morphological classification of galaxies. *Monthly Notices of the Royal Astronomical Society*, 281:153–157, 1996.

[169] R.K. Pace. Parametric, semiparametric, and nonparametric estimation of characteristic values within mass assessment and hedonic pricing models. *Journal of Real Estate, Finance and Economics*, 11:195–217, 1995.

[170] H.D. Patterson and R. Thompson. Recovery of inter-block information when block sizes are unequal. *Biometrika*, 58:545–554, 1971.

[171] C. M. Perou, T. Sorlie, M.B. Eisen, M. van de Rijn, S.S. Jeffrey, et al. Molecular portraits of human breast tumours. *Nature*, 406:747–752, 2000.

[172] R. Peto. Experimental survival curves for interval-censored data. *Applied Statistics*, 22:86–91, 1973.

[173] R. Peto and J. Peto. Asymptotically efficient rank invariant test procedures (with discussion). *Journal of the Royal Statistical Society-A*, 135:185–206, 1972.

[174] G. Poggi and R.A. Olshen. Pruned tree-structured vector quantization of medical images with segmentation and improved prediction. *IEEE Transactions on Image Processing*, 4:734–741, 1995.

[175] J.R. Quinlan. Induction of decision trees. *Machine Learning*, 1:81–106, 1986.

[176] J.R. Quinlan. *C4.5: Programs for Machine Learning.* Morgan Kaufmann, San Mateo, California, 1993.

[177] D.R. Ragland, R.J. Brand, et al. Coronary heart disease mortality in the Western Collaborative Group Study: follow-up experience of 22 years. *American Journal of Epidemiology*, 127:462–475, 1988.

[178] M. Raty and A. Kangas. Localizing general models with classification and regression trees. *Scandinavian Journal of Forest Research*, 23:419–430, 2008.

[179] E.G. Raymond, N. Tafari, J.F. Troendle, and J.D. Clemens. Development of a practical screening tool to identify preterm, low-birthweight neonates in Ethiopia. *Lancet*, 344:520–523, 1994.

[180] J.A. Rice and B.W. Silverman. Estimating the mean and covariance structure nonparametrically when the data are curves. *Journal of the Royal Statistical Society-B*, 53:233–243, 1991.

[181] A.M. Richardson and A.H. Welsh. Asymptotic properties of restricted maximum likelihood (REML) estimates for hierarchical mixed linear models. *The Australian Journal of Statistics*, 36:31–43, 1994.

[182] R.M. Royall. Model robust inference using maximum likelihood estimators. *International Statistical Review*, 54:221–226, 1986.

[183] M. Sandri and P. Zuccolotto. A bias correction algorithm for the Gini variable importance measure in classification trees. *Journal of Computational and Graphical Statistics*, 17:611–628, 2008.

[184] I.R. Savage. Contributions to the theory of rank order statistics—the two sample case. *Annals of Mathematical Statistics*, 27:590–615, 1956.

[185] J. Scourfield, D.E. Stevens, and K.R. Merikangas. Substance abuse, comorbidity, and sensation seeking: gender difference. *Comprehensive Psychiatry*, 37:384–392, 1996.

[186] M.R. Segal. Regression trees for censored data. *Biometrics*, 44:35–48, 1988.

[187] M.R. Segal. Tree-structured methods for longitudinal data. *Journal of the American Statistical Association*, 87:407–418, 1992.

[188] M.R. Segal. Extending the elements of tree-structured regression. *Statistical Methods in Medical Research*, 4:219–236, 1995.

[189] M.R. Segal and D.A. Bloch. A comparison of estimated proportional hazards models and regression trees. *Statistics in Medicine*, 8:539–550, 1989.

[190] H.P. Selker, J.L. Griffith, S. Patil, W.L. Long, and R.B. D'Agostino. A comparison of performance of mathematical predictive methods for medical diagnosis: identifying acute cardiac ischemia among emergency department patients. *Journal of Investigative Medicine*, 43:468–476, 1995.

[191] I. Shmulevich, O. Yli-Harja, E. Coyle, D.-J. Povel, and K. Lemström. Perceptual issues in music pattern recognition: complexity of rhythm and key finding. *Computers and the Humanities*, pages 23–35, 2001.

[192] B.W. Silverman. Some aspects of the spline smoothing approach to non-parametric regression curve fitting. *Journal of the Royal Statistical Society-B*, 47:1–21, 1985.

[193] V.S. Sitaram, C.M. Huang, and P.D. Israelsen. Efficient codebooks for vector quantization image compression with an adaptive treesearch algorithm. *IEEE Transactions on Communications*, 42:3027–3033, 1994.

[194] P.L. Smith. Curve fitting and modeling with splines using statistical variable selection techniques. NASA 166034, Langley Research Center, Hampton, VA, 1982.

[195] A. Sommer, J. Katz, and I. Tarwotjo. Increased risk of respiratory disease and diarrhea in children with preexisting mild vitamin A deficiency. *American Journal of Clinical Nutrition*, 40:1090–1095, 1984.

[196] A. Sommer, I. Tarwotjo, G. Hussaini, and D. Susanto. Increased mortality in children with mild vitamin A deficiency. *Lancet*, 2:585–588, 1983.

[197] A. Sommer, J.M. Tielsch, J. Katz, H.A. Quigley, J.D. Gottsch, J.C. Javitt, J.F. Martone, R.M. Royall, K.A. Witt, and S. Ezrine. Racial differences in the cause-specific prevalence of blindness in east Baltimore. *New England Journal of Medicine*, 325:1412–1417, 1991.

[198] StatSci. *S-PLUS: Guide to Statistical and Mathematical Analyis*. MathSoft, Inc., Seattle, 1993.

[199] StatSci. *S-PLUS: Guide to Statistical and Mathematical Analyis*. MathSoft, Inc., Seattle, 1995.

[200] D.M. Stier, J.M. Leventhal, A.T. Berg, L. Johnson, and J. Mezger. Are children born to young mothers at increased risk of maltreatment? *Pediatrics*, 91:642–648, 1993.

[201] C. Strobl, A.-L. Boulesteix, T. Kneib, T. Augustin, and A. Zeileis. Conditional variable importance for random forests. *BMC Bioinformatics*, 9:307, 2008.

[202] C. Strobl, A.-L. Boulesteix, A. Zeileis, and T. Hothorn. Bias in random forest variable importance measures: illustrations, sources and a solution. *BMC Bioinformatics*, 8:25, 2007.

[203] N.R. Temkin, R. Holubkov, J.E. Machamer, H.R. Winn, and S.S. Dikmen. Classification and regression trees (CART) for prediction of function at 1 year following head trauma. *Journal of Neurosurgery*, 82:764–771, 1995.

[204] J. Terhune, D. Quin, A. DellÁpa, M. Mirhaj, J. Plötz, L. Kindermann, and H. Bornemann. Geographic variations in underwater male Weddell seal trills suggest breeding area fidelity. *Polar Biology*, 31:671–680, 2008.

[205] T.M. Therneau, P.M. Grambsch, and T.R. Fleming. Martingalebased residuals for survival models. *Biometrika*, 77:147–160, 1990.

[206] A. Tishler and I. Zang. A new maximum likelihood algorithm for piecewise regression. *Journal of the American Statistical Association*, 76:980–987, 1981.

[207] Y.K. Truong. Nonparametric curve estimation with time series errors. *Journal of Statistical Planning and Inference*, 28:167–183, 1991.

[208] M. J. van de Vijver, Y. D. He, L. J. van't Veer, H. Dai, A. A. M. Hart, et al. A gene-expression signature as a predictor of survival in breast cancer. *New England Journal of Medicine*, 347:1999–2009, 2002.

[209] M. Wang, X. Chen, and H.P. Zhang. Maximal conditional chi-square importance in random forests. *Bioinformatics*, 2010.

[210] M. Wang, M. Zhang, X. Chen, and H.P. Zhang. Detecting genes and gene-gene interactions for age-related macular degeneration with a forest-based approach. *Statistics in Biopharmaceutical Research*, 1:424–430, 2009.

[211] J.H. Ware, D.W. Dockery, A. Spiro, F.E. Speizer, and B.G. Ferris. Passive smoking, gas cooking, and respiratory health of children living in six cities. *American Review of Respiratory Disease*, 129:366–374, 1984.

[212] D.R. Wasserman and J.M. Leventhal. Maltreatment of children born to cocaine-dependent mothers. *American Journal of Diseases of Children*, 147:1324–1328, 1993.

[213] J.H. Wasson, H.C. Sox, R.K. Neff, and L. Goldman. Clinical prediction rules: applications and methodologic standards. *The New England Journal of Medicine*, 313:793–799, 1985.

[214] M. West, C. Blanchette, H. Dressman, E. Huang, S. Ishida, et al. Predicting the clinical status of human breast cancer by using gene expression profiles. *pnas*, 98:11462–11467, 2001.

[215] A. Wieczorkowska. A classification of musical sounds using decision trees. In *Proceedings of the 8th International Symposium on Sound Engineering and Mastering*, pages 1933–1941, 1999.

[216] L.C. Yeates and G. Powis. The expression of the molecular chaperone calnexin is decreased in cancer cells grown as colonies compared to monolayer. *Biochemical and Biophysical Research Communications*, 238:66–70, 1997.

[217] R.J. Young and B.A. Bod. Development of computer-directed methods for the identification of hyperactivated motion using motion patterns developed by rabbit sperm during incubation under capacitation conditions. *Journal of Andrology*, 15:362–377, 1994.

[218] S.L. Zeger and P.J. Diggle. Semiparametric models for longitudinal data with application to CD4 cell numbers in HIV seroconverters. *Biometrics*, 50:689–699, 1994.

[219] S.L. Zeger, K.Y. Liang, and P.S. Albert. Models for longitudinal data: a generalized estimating equation approach. *Biometrics*, 44:1049–1060, 1988.

[220] H.P. Zhang. *Confidence Regions in Nonlinear Regression and Geometry*. Ph.D. Dissertation, Department of Statistics, Stanford University, 1991.

[221] H.P. Zhang. Maximal correlation and adaptive splines. *Technometrics*, 36:196–201, 1994.

[222] H.P. Zhang. Splitting criteria in survival trees. In *Statistical Modelling: Proceedings of the 10th International Workshop on Statistical Modelling*, pages 305–314, Innsbruck, Austria, July 1995. Springer-Verlag.

[223] H.P. Zhang. Multivariate adaptive splines for longitudinal data. *Journal of Computational and Graphic Statistics*, 6:74–91, 1997.

[224] H.P. Zhang. Classification trees for multiple binary responses. *Journal of the American Statistical Association*, 93:180–193, 1998a.

[225] H.P. Zhang. Comments on Bayesian CART model search. *Journal of the American Statistical Association*, 93:948–950, 1998b.

[226] H.P. Zhang. Analysis of infant growth curves using MASAL. *Biometrics*, 55:452–459, 1999.

[227] H.P. Zhang. Multivariate adaptive splines in the analysis of longitudinal and growth curve data. *Statistical Methods in Medical Research*, 13:63–82, 2004.

[228] H.P. Zhang and M.B. Bracken. Tree-based risk factor analysis of preterm delivery and small-for-gestational-age birth. *American Journal of Epidemiology*, 141:70–78, 1995.

[229] H.P. Zhang and M.B. Bracken. Tree-based, two-stage risk factor analysis for spontaneous abortion. *American Journal of Epidemiology*, 144:989–996, 1996.

[230] H.P. Zhang, J. Crowley, H.C. Sox, and R.A. Olshen. Tree-structured statistical methods. *Encyclopedia of Biostatistics*, 6:4561–4573, 1998.

[231] H.P. Zhang, T. Holford, and M.B. Bracken. A tree-based method of analysis for prospective studies. *Statistics in Medicine*, 15:37–49, 1996.

[232] H.P. Zhang and K.R. Merikangas. A frailty model of segregation analysis: understanding the familial transmission of alcoholism. *Biometrics*, 56:815–823, 2000.

[233] H.P. Zhang and M.H. Wang. Searching for the smallest random forest. *Statistics and Its Interface*, 2, 2009.

[234] H.P. Zhang and Y. Ye. A tree-based method for modeling a multivariate ordinal response. *Statistics and Its Interface*, 1:169–178, 2008.

[235] H.P. Zhang and C. Yu. Tree-based analysis of microarray data for classifying breast cancer. *Frontiers in Bioscience*, 7:c63–67, 2002.

[236] H.P Zhang, C.Y. Yu, and B. Singer. Cell and tumor classification using gene expression data: construction of forests. *Proc. Natl. Acad. Sci. USA*, 100:4168–4172, 2003.

[237] H.P Zhang, C.Y. Yu, B. Singer, and M.M. Xiong. Recursive partitioning for tumor classification with gene expression microarray data. *Proc. Natl. Acad. Sci. USA*, 98:6730–6735, 2001.

[238] H.P. Zhang, C.Y. Yu, H.T. Zhu, and J. Shi. Identification of linear directions in multivariate adaptive spline models. *Journal of the American Statistical Association*, 98:369–376, 2003.

[239] M. Zhang, D. Zhang, and M. Wells. Variable selection for large p small n regression models with incomplete data: mapping qtl with epistases. *BMC Bioinformatics*, 9:251, 2008.

[240] L.P. Zhao and R.L. Prentice. Correlated binary regression using a quadratic exponential model. *Biometrika*, 77:642–648, 1990.

索　　引

(索引页码为原著页码, 见本书边栏)

书号	书名	著译者
9 787040 543377	随机模拟的方法和应用	周永道、贺平、宁建辉、方开泰
	正交数组的比较和选择（英文版）	Yu Tang, A. M. Elsawah, Kai-Tai Fang
9 787040 535730	递归划分方法及其应用	Heping Zhang, Burton Singer 著 王学钦 译
	非参数统计	王学钦、严颖
9 787040 538847	高维统计模型的估计理论与模型识别	胡雪梅、刘锋 著
9 787040 515084	量化交易：算法、分析、数据、模型和优化	黎子良 等 著 冯玉林、刘庆富 译
9 787040 513806	马尔可夫过程及其应用：算法、网络、基因与金融	Étienne Pardoux 著 许明宇 译
9 787040 508291	临床试验设计的统计方法	尹国至、石昊伦 著
9 787040 506679	数理统计（第二版）	邵军
9 787040 478631	随机场：分析与综合（修订扩展版）	Erik Vanmarke 著 陈朝晖、范文亮 译
9 787040 447095	统计思维与艺术：统计学入门	Benjamin Yakir 著 徐西勒 译
9 787040 442595	诊断医学中的统计学方法（第二版）	侯艳、李康、宇传华、周晓华 译
9 787040 448955	高等统计学概论	赵林城、王占锋 编著
9 787040 436884	纵向数据分析方法与应用（英文版）	刘宪
9 787040 423037	生物数学模型的统计学基础（第二版）	唐守正、李勇、符利勇 著
9 787040 419504	R 软件教程与统计分析：入门到精通	潘东东、李启寨、唐年胜 译

续表

书号	书名	著译者
9 787040 386721 >	随机估计及 VDR 检验	杨振海
9 787040 378177 >	随机域中的极值统计学：理论及应用（英文版）	Benjamin Yakir 著
9 787040 372403 >	高等计量经济学基础	缪柏其、叶五一
9 787040 322927 >	金融工程中的蒙特卡罗方法	Paul Glasserman 著 范韶华、孙武军 译
9 787040 348309 >	大维统计分析	白志东、郑术蓉、姜丹丹
9 787040 348286 >	结构方程模型：Mplus 与应用（英文版）	王济川、王小倩 著
9 787040 348262 >	生存分析：模型与应用（英文版）	刘宪
9 787040 345407 >	MINITAB 软件入门：最易学实用的统计分析教程	吴令云 等 编著
9 787040 321883 >	结构方程模型：方法与应用	王济川、王小倩、姜宝法 著
9 787040 319682 >	结构方程模型：贝叶斯方法	李锡钦 著 蔡敬衡、潘俊豪、周影辉 译
9 787040 315370 >	随机环境中的马尔可夫过程	胡迪鹤 著
9 787040 256390 >	统计诊断	韦博成、林金官、解锋昌 编著
9 787040 250626 >	R 语言与统计分析	汤银才 主编
9 787040 247510 >	属性数据分析引论（第二版）	Alan Agresti 著 张淑梅、王睿、曾莉 译
9 787040 182934 >	金融市场中的统计模型和方法	黎子良、邢海鹏 著 姚佩佩 译

网上购书： www.hepmall.com.cn, gdjycbs.tmall.com, academic.hep.com.cn, www.dangdang.com

其他订购办法：

各使用单位可向高等教育出版社电子商务部汇款订购。书款通过银行转账，支付成功后请将购买信息发邮件或传真，以便及时发货。购书免邮费，发票随书寄出（大批量订购图书，发票随后寄出）。

单位地址： 北京西城区德外大街4号

电　　话： 010-58581118

传　　真： 010-58581113

电子邮箱： gjdzfwb@pub.hep.cn

通过银行转账：

户　　名： 高等教育出版社有限公司

开 户 行： 交通银行北京马甸支行

银行账号： 110060437018010037603

郑重声明